W0261566

ISBN 978-3-7091-2355-3
DOI 10.1007/978-3-7091-2373-7

ISBN 978-3-7091-2373-7 (eBook)

Die „Arbeiten aus dem Neurologischen Institut"

erscheinen in zwanglosen, einzeln berechneten Heften, die zu Bänden im Gesamtumfang von etwa 25 Bogen vereinigt werden.

Manuskriptsendungen sind zu richten an die

Schriftleitung der „Arbeiten aus dem Neurologischen Institut",
z. H. Prof. Dr. Otto Marburg, Wien IX, Schwarzspanierstraße 17.

Die Herren Verfasser erhalten 50 Sonderabdrucke ihrer Arbeit kostenfrei. Über die Freiexemplare hinaus bestellte Exemplare werden berechnet. Die Herren Mitarbeiter werden jedoch in ihrem eigenen Interesse ersucht, die Kosten vorher vom Verlag zu erfragen.

Springer-Verlag Berlin Heidelberg GmbH

3./4. Heft

30. Band   Inhaltsverzeichnis

Seite

Pathologische Untersuchungen über die Einwirkung der Röntgenstrahlen auf Hirntumoren, zugleich ein Beitrag zur Histologie des Glioms

Von

Prof. Dr. **Otto Marburg**, Wien

Mit 9 Textabbildungen

Trotz vieler Mitteilungen über Heilungen und Besserungen von Hirntumoren durch Röntgenstrahlen ist man sich bis heute über das Tatsächliche solcher Vorgänge nicht im klaren. Seit vielen Jahren behaupte ich, daß bei den sogenannten Heilungsvorgängen es sich in erster Linie um Einfluß der Röntgenstrahlen auf jene Mechanismen handelt, welche den Hirndruck bedingen, und daß wir durch die Röntgentherapie im wesentlichen nur den Hirndruck beeinflussen. Es soll keineswegs geleugnet werden, daß nicht auch Tumoren selbst beeinflußt werden können. Aber es liegen — wenn man von den experimentellen Untersuchungen absieht — keine absolut sicheren Beweise vor, daß tatsächlich ein großer Hirntumor durch die Röntgenbehandlung vernichtet wurde. Es ist ein ganz anderes, wenn ein Tumornest nach Exstirpation des größten Teiles des Tumors unter dem Einfluß von Röntgenstrahlen sich zurückbildet; doch weiß man hier nicht, ob nicht die durch die Operation herbeigeführte Gefäßschädigung eher Ursache der Rückbildung war als die Röntgenstrahlen.

Von den Tumoren des Gehirns, die der Röntgentherapie besonders zugänglich sein sollen, wird immer wieder das Gliom genannt, hauptsächlich deshalb, weil es sich um ein kernreiches, sich reichlich vermehrendes Gewebe handelt und weil sich hier meist singuläre Tumoren finden.

Ich will nun zunächst im folgenden drei solche bestrahlte Gliome beschreiben, die durch die Obduktion gewonnen wurden. Die klinische Diagnose war in allen drei Fällen — soweit die Lokalisation in Frage kommt — von mir richtig gestellt worden.

Ich will die Krankengeschichten hier nicht in extenso wiedergeben, sondern mich lediglich auf den anatomischen Befund beschränken, da ich über die Fälle in anderem Zusammenhang berichten werde.

Die Bestrahlung wurde in allen Fällen im Sinne der in Wien üblichen Methoden vorgenommen, d. h. es wurde immer von mehreren Feldern aus, mindestens aber sechs bis acht, in ganz kurzen Intervallen der Tumor bestrahlt, gewöhnlich mit drei Viertel der maximalen Hauteinheitsdosis.

Im I. Falle handelte es sich um ein Zystengliom des Kleinhirns. Hier ist nur eine einmalige Bestrahlungsserie vorgenommen worden. Betrachtet man den Tumor an einer typischen Stelle, so setzt er sich aus protoplasmatischen Gliazellen zusammen, die durch ein dichtes Netzwerk von Fasern miteinander in Verbindung stehen. Der Protoplasmahof ist nicht sonderlich groß, aber in der Mehrzahl der Fälle deutlich erkennbar. Nur einzelne Zellen zeigen einen etwas größeren Plasmahof. Sehr interessant ist, daß man in diesen Fällen scheinbar die Fibrillogenese verfolgen kann. Man sieht einzelne Zellen sehr groß werden und im innersten durchsetzt von feinsten azidophilen Granulis. Die Zellkonturen lösen sich gelegentlich auf und man sieht dann diese Granuli frei werden. Einzelne dieser Zellen behalten die Form der plasmatischen Gliazellen bei, andere aber runden sich ab und zeigen dann den Charakter der Körnchenzellen, wobei aber auch das ganze Lumen mit azidophilen Granulis erfüllt ist. Deshalb ist es fraglich, ob wir hier tatsächlich nur fibrillogenetische Zellen vor uns haben, oder aber auch Abbauzellen. An anderer Stelle sieht man wieder ein dichtes Gliafasernetz gleichsam wirbelbildend, die Zellen protoplasmaarm und ihr Kern keineswegs so schön entwickelt wie in anderen Gebieten. Es macht fast den Eindruck, als wenn es sich um nackte Kerne handeln würde, doch kann man ein winziges Protoplasmahäutchen auch hier wahrnehmen. Diese dichtere Glia liegt zumeist am Rande kleiner Hohlräume, die mit einer homogenen glasigen Masse erfüllt sind. Man kann in diesen Hohlräumen bereits eine deutliche Wandbildung erkennen und sieht dann, daß die Gliawirbel eigentlich nur reaktiv um diese Hohlräume entstehen. Man kann gelegentlich erkennen, wie um ein Gefäß herum die Zellen mehr endothelialen Charakter annehmen. In der Nähe der großen Zyste sieht man auch homogene, glasige, dichtere Massen die Zystenräume erfüllen, in denen einige wellenförmige Fasern aufscheinen. In den Gefäßen ist nichts, was nicht auch sonst in Gliomen vorkommt. Sie sind dünnwandig, mitunter von Gliazellen oder Zellen mehr endothelialen Charakters eingesäumt, meist aber frei.

Es handelt sich also hier um ein typisches Gliom mit Zystenbildung und man kann nicht sagen, daß es sich in irgend einer Weise von einem der Gliome der gleichen Art unterscheidet. Auch die Wandbildung der Zysten ist die, wie ich sie im Jahre 1906 bereits genauer beschrieben habe, ganz im Sinne der von Buchholz gemachten Angaben. Mit Ausnahme einer Reihe von Zellen, die azidophile Körnchen enthalten und schließlich zugrundegehen, wobei zwei Formen vorhanden sind, solche vom Typus der Körnchenzellen und solche, die noch den Charakter der protoplasmatischen Gliazellen erkennen lassen, kann man nichts finden, was auf eine Röntgenwirkung schließen ließe.

Der II. Fall wurde allerdings nicht in Wien, aber nach Wiener Methode bestrahlt, und zwar in mehreren Serien, in Intervallen von sechs Wochen. Hier handelte es sich um ein Gliom des Temporallappens. Der Tumor zeigte zunächst, wiederum an jenen Stellen betrachtet, die das charakteristische Bild zeigen, eine etwas andere Form als im I. Fall. Er ist zellreicher. Aber auch diese Zellen gehören im Grunde genommen den plasmatischen Gliazellen an. Ihre Kerne zeigen nichts von Degeneration an jener Stelle, wo der Tumor am besten zum Ausdruck kommt.

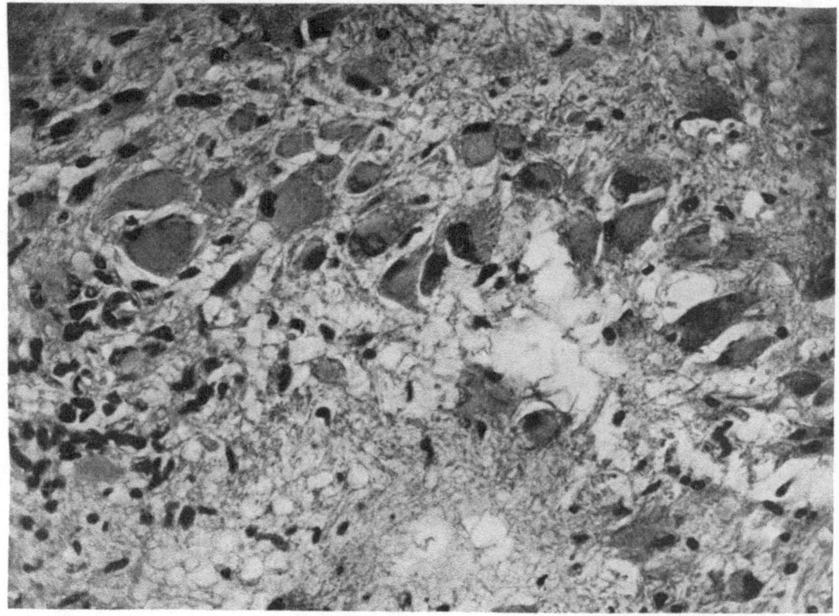

Abb. 1. Plasmatische Gliazellen im Tumor

Es zeigt sich mitotische und amitotische Kernteilung. Hier tritt aber schon etwas Besonderes hervor. Bereits in jenem Teile, wo der Tumor ungemein zellreich ist, sieht man einzelne Zellen mit einem beträchtlich großen Plasmahof. Und gegen die Peripherie des Tumors nehmen diese Zellen in unglaublicher Weise zu, so daß sie stellenweise das ganze Gebiet beherrschen (Abb. 1). Sie sind ein- oder auch mehrkernig und nähern sich am ehesten jener Form, die man als gemästete Gliazellen kennt. Einzelne von ihnen gehen wohl zugrunde, die Mehrzahl aber scheint sich fibrillogenetisch zu betätigen. Denn man kann sehen, daß sich im Gebiete solcher Zellen die kleinen Tumorzellen zurückziehen und an ihrer Stelle ein dichtes Glianetz ohne Kern besteht, nur von einem Mantel von großen plasmatischen Zellen umgeben. Das sieht man an den ver-

13*

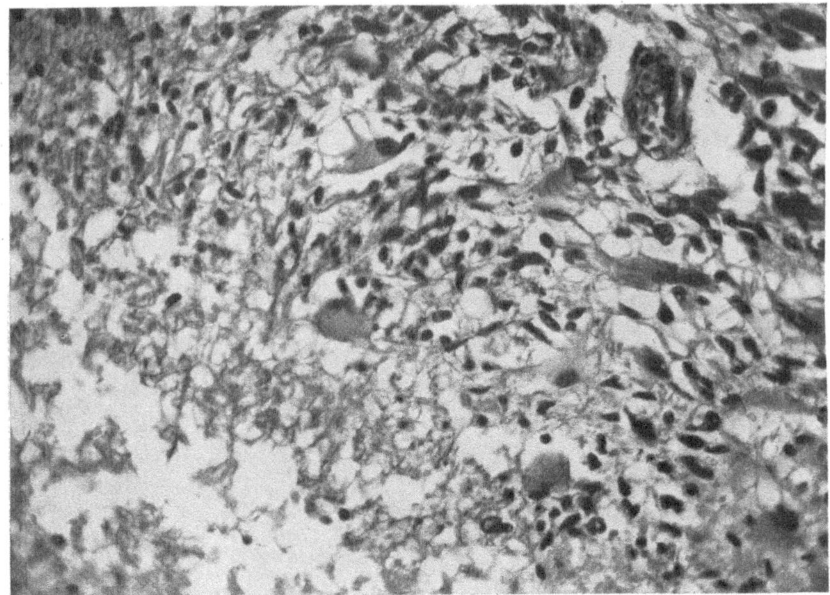

Abb. 2. Beginnende Nekrose im Tumor

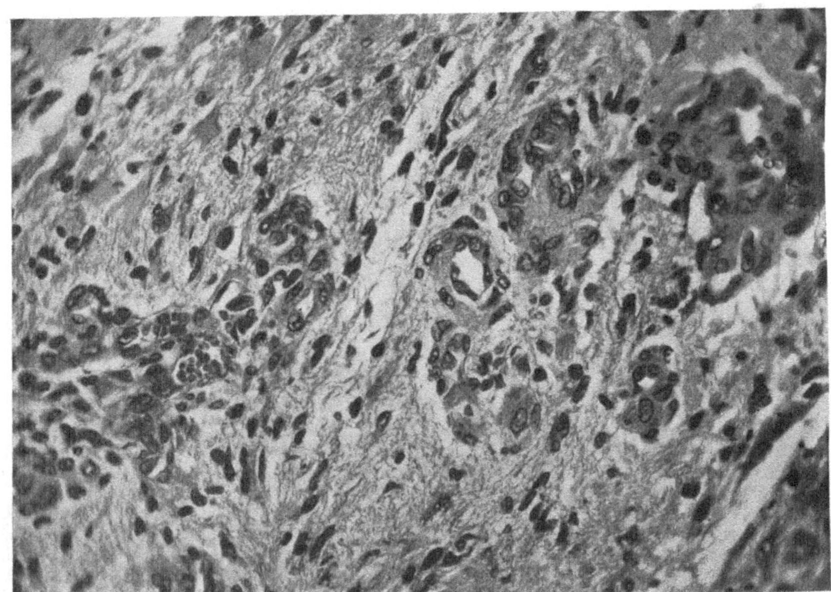

Abb. 3. Endothelähnliche Zellen an den Gefäßen

schiedensten Stellen des Tumors. Überall dort, wo sich also der Tumorcharakter verliert, tritt an seine Stelle ein einfaches Glianetz mit zahlreichen gemästeten Zellen in seiner Umgebung. Die Glianetze sind im allgemeinen nicht dicht und lassen Auflösungen erkennen, so daß auch hier die Neigung zur Bildung nekrotischer Inseln besteht (Abb. 2).

Und noch ein Zweites zeigt sich in diesem Falle. An einzelnen

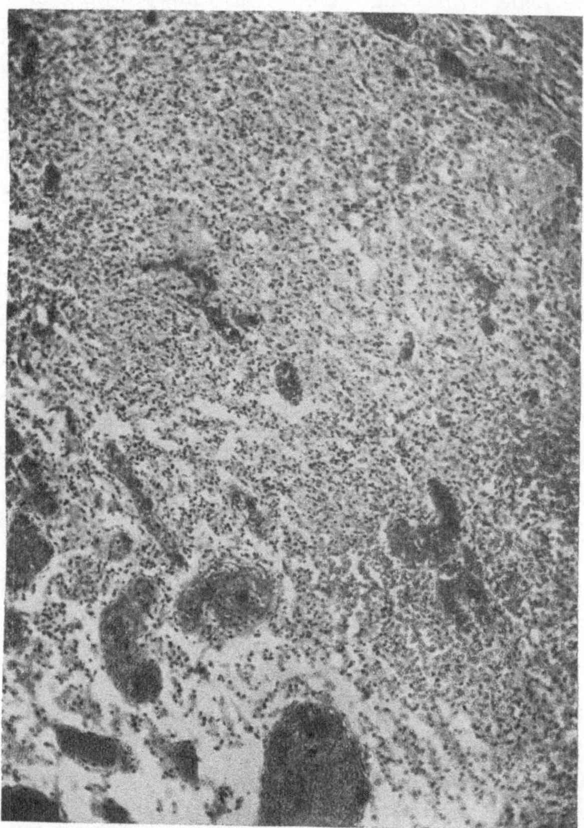

Abb. 4. Gefäßreichtum des Tumors

Stellen sind die kleinen Gefäße umscheidet von eigentümlichen, mehr endothelähnlichen Zellen (Abb. 3), die Gruppen und Häufchen bilden und gleichfalls auch Zeichen eines Unterganges erkennen lassen. Sie sind im Hämalaun-Eosinpräparat dunkler gefärbt als die umgebende Glia und treten als Knäuel und Knötchen deutlich hervor. Ihre Beziehung zu Gefäßen ist ziemlich einwandfrei. Dann gibt es aber auch Gefäße, die in solche Inseln einbrechen und die hier von länglichen Zellen, spindelartigen mit einem länglichen Kern eingescheidet sind.

Der Tumor ist überaus gefäßreich (Abb. 4), die Gefäße hyperämisch mit Neigung zu Blutungen. In einem Präparat, das nach Mallory zur Darstellung des Bindegewebes gefärbt wurde, zeigt sich in interessanter Weise, daß die Zellen, die an den Gefäßen eben beschrieben wurden, ganz identisch gefärbt sind wie die Gliazellen, daß aber entsprechend den vielen kleinen Gefäßen Bindegewebszüge zwischen diese Zellen einbrechen. Die Zelle selbst zeigt nichts von bindegewebigem Typus.

In diesem zweiten Falle zeigt sich also insoferne eine Eigentümlichkeit, als hier offenbar nach Zugrundegehen entsprechender Tumorzellen sich reaktiv plasmatische Gliazellen etwa in der Form finden, wie wir sie bei Malazien des Gehirns zu sehen pflegen. Man sieht außerdem Inseln von Gliafasern mit zentralen Nekrosen und Sklerosen, die jeder Zelle entbehren und die rings umgeben sind von großen plasmatischen Gliazellen.

Der III. Fall betrifft ein Gliom des Stirnhirns. Der Fall hat mindestens sechs Jahre gedauert, wahrscheinlich aber länger. Drei Jahre nach Beginn der Erscheinungen wurde mit der Bestrahlung begonnen. Ich habe mich deshalb nicht gleich zu einem operativen Eingriff in diesem Fall entschieden, da es sich um einen linksseitigen Frontallappentumor handelte, der ganz in der Nähe des Sprachzentrums sich entwickelte und ich fürchtete, daß bei dem operativen Eingriff schwerste Folgeerscheinungen auftreten würden. Schließlich mußte ich jedoch nach einigen Bestrahlungsserien die Einwilligung zur Operation geben und man konnte damals schon konstatieren, daß es sich um einen nicht operablen diffusen Tumor des Stirnhirns links handelte, und zwar ein Gliom. Die gefürchtete Lähmung trat auch infolge einer Blutung während der Operation ein, besserte sich aber auffällig unter Röntgenbehandlung, die nun immer in entsprechenden Intervallen durch die nächsten drei Jahre systematisch durchgeführt wurde. Es kam zu einem plötzlichen Exitus unter den Erscheinungen schweren Hirnödems.

Wie in den beiden ersten Fällen, handelt es sich auch hier in allererster Linie um einen Tumor aus protoplasmatischen Gliazellen (Abb. 5). Hier kann man alle Formen derselben wahrnehmen, und zwar Zellen, die kaum einen protoplasmatischen Hof erkennen lassen, bis zu protoplasmareichen Zellen. Es ist nun nicht ohne Interesse, daß auch in diesem Fall, genau wie in dem eben geschilderten, eine ganze Reihe gemästeter Gliazellen zu sehen sind (Abb. 6). Man muß aber diese gemästeten Gliazellen in zwei Gruppen teilen. Die einen sind typisch degenerierende Zellen. Man sieht Lücken und Vakuolen in ihnen, während die anderen ganz den Charakter jener Zellen haben, die zur Fibrillogenese in Beziehung gebracht wurden. Auch dieser Tumor ist ein Zystengliom (Abb. 7) und zeigt auf der einen Seite ein uneingeschränktes Wachstum,

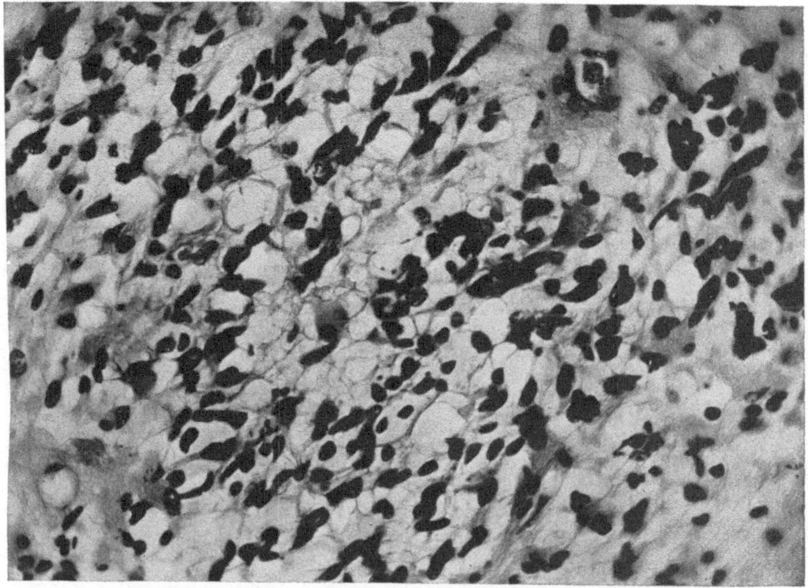

Abb. 5. Protoplasmatische Gliazellen des Tumors

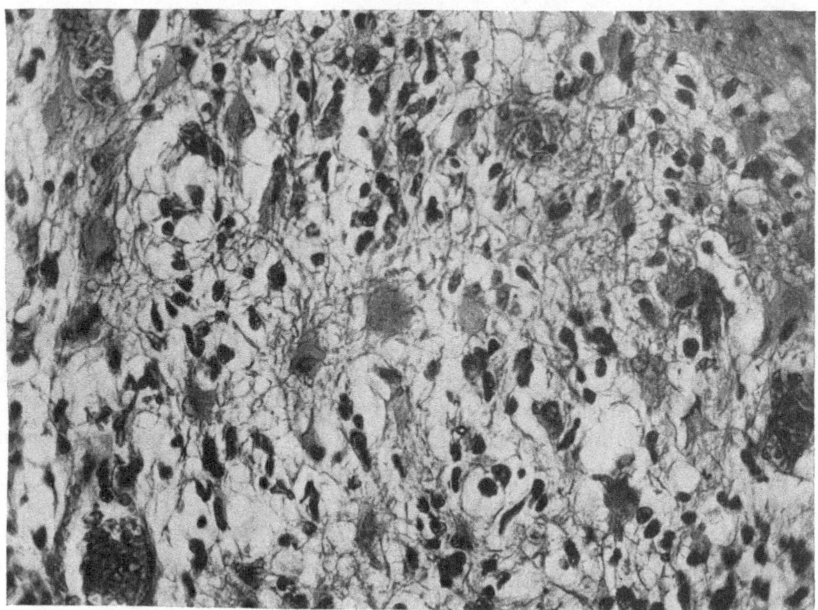

Abb. 6. Gemästete Gliazellen mit Fibrillogenese und Degeneration

wobei die Zellen die verschiedensten Formen annehmen können. Je
dichter sie liegen, desto weniger tritt ihre Astrozytenform hervor. Nur
gegen den Rand hin, wo das Gewebe lockerer wird, sieht man die protoplasmatischen Formen, und hier tritt nun auch dasselbe auf, was in dem
eben geschilderten Fall sich zeigte, nämlich eine lebhafte Fibrillogenese
mit massenhaften plasmatischen Zellen und Bildung gliöser Plaques.
Mitunter ist das Gewebe auch sehr locker und zeigt Fibrillonekrosen.
Aber in der Mehrzahl der Fälle wird es dicht und sieht dann vollständig
aus wie eine Glianarbe. An manchen Stellen hat es ganz den Anschein,

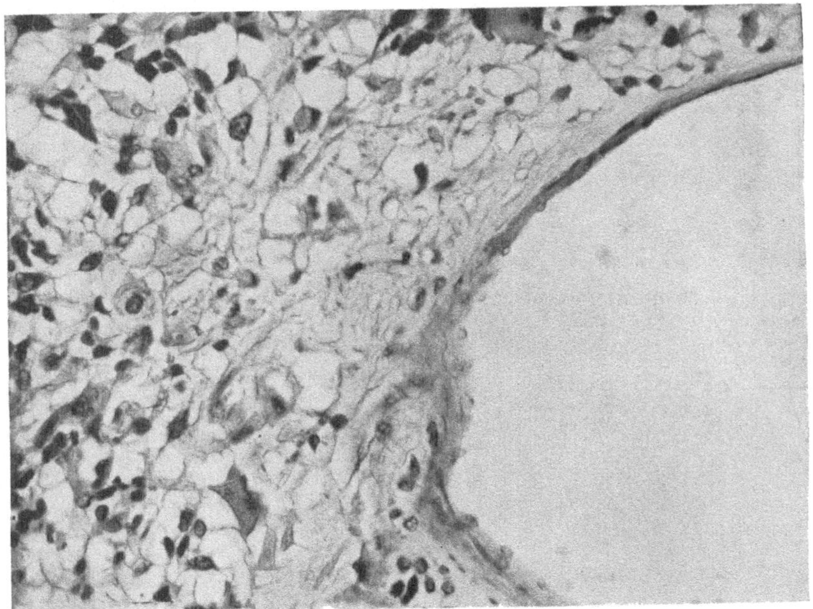

Abb. 7. Zystenrand im Gliom

als wäre der Tumor nur zusammengesetzt aus großen plasmatischen
Gliazellen. Daneben aber zeigt sich gleich wieder die ursprüngliche Form
des ungemein zellreichen Tumors, der stellenweise nicht einmal den
Charakter des Glioms deutlich hervortreten läßt. Hier ist gleichfalls
reichliche Zystenbildung, wobei man deutlich bereits Wandbildung
erkennen kann.

Faßt man also diese drei Fälle von Gliomen zusammen, so sieht man,
daß weder eine einmalige noch eine jahrelang fortgesetzte Bestrahlung,
die an der richtigen Stelle angegriffen hat, imstande war, das Wachstum
des Glioms zu beschränken. Es erhebt sich nun die Frage, welche Erscheinungen sich vielleicht als Zeichen einer durch Röntgenstrahlen hervor-

gebrachten Beeinflussung ansprechen lassen. Seitdem wir durch LOTHMAR wissen, daß amöboide oder besser dysplastische Gliazellen auch ohne Bestrahlung in Gliomen vorkommen können, ja sogar die Hauptmasse solcher Tumoren ausmachen, muß man mit einer Beziehung von fibrillogenetischen oder Abbauzellen zu einer Therapie sehr vorsichtig sein. Ich glaube aber doch, daß wir hier etwas anderes als einen gewöhnlichen Abbau vor uns haben, denn im ersten nur einmal bestrahlten Fall sieht man diese Zellen nur vereinzelt und ich muß zugeben, daß sie hier mehr den Charakter von Abbauzellen als Aufbauzellen besitzen. Aber schon im zweiten Falle treten große plasmatische Zellen auf, in deren Umgebung ein dichtes Gliafasernetz entsteht, das wohl als Narbe anzusprechen ist. In diesem Gebiete zeigt sich keine Tumorzelle. Noch mehr aber sehen wir das Hervortreten solcher Partien in dem jahrelang bestrahlten Fall. Hier sind sie stellenweise so zahlreich, daß sie den Charakter des Tumors bestimmen. Und hier kann man auch erkennen, wie sie zur Bildung eines dichten Fasernetzes beitragen, das gleichsam den Tumor substituiert, nachdem dessen Zellen entweder zugrundegegangen sind oder aber die Umwandlung in solche plasmatische Gliazellen vollzogen haben. Gleichzeitig aber sieht man auch eine Nekrose der Fasern mit Bildung von Lücken im Gewebe. Aber noch eines Momentes muß man gedenken. Wir sehen solche Glianarben meist an der Peripherie des Tumors, weniger in seinem Innern. Und da muß man sich doch die Frage vorlegen, ob nicht der Tumor als solcher bei einem gewissen Größenwachstum eine chronische Erweichung der Umgebung hervorruft und auf diesem Wege zur Bildung von großen plasmatischen Gliazellen und zu Gliasklerose Anlaß gibt. Ich kann diese Annahme nicht vollständig widerlegen, obwohl ich Partien auch mehr im Innern des Tumors gefunden habe, die vollständig identisch sind mit jenen am Rande. Was nun die Gefäße anlangt, so unterscheiden sich diese in keiner Weise von jenen bei Gliomen sonst gefundenen. Sie sind dünnwandig, sie neigen auch zu Blutungen, aber sie zeigen nichts, was eine Ursache für schwere Degenerationen im Tumor darstellen könnte.

Es erhebt sich nun die Frage, ob die Zystenbildung vielleicht als Ausdruck einer Röntgenschädigung anzusehen ist. Das käme höchstens für den III. Fall in Frage, in welchem tatsächlich Zysten zu sehen sind, die vielleicht infolge einer Nekrose durch äußere Einwirkung entstanden sind. Da wir aber im I. Falle nach einer einmaligen Bestrahlung Analoges sahen, so muß man auch in dieser Beziehung größte Vorsicht walten lassen, so daß ich schließlich vielleicht einzig in dem Umstande des Auftretens einer scheinbar reaktiven Wucherung großer plasmatischer Gliazellen bei forcierter Fibrillogenese und folgender Fibrillosklerose das einzige Moment erblicke, das ich sonst bei Gliomen nicht zu sehen gewohnt bin und das eventuell auf die Röntgenwirkung zu beziehen ist.

Roussy, Laborde und Lévy haben in ihren Untersuchungen zufälligerweise analoge Tumoren, wie ich sie eben beschrieb, durchforscht. Gleich ihr erster Fall entspricht im histologischen Aufbau scheinbar vollständig meinem III. Fall. Ohne weiter auf den histologischen Bau einzugehen, geben sie nur an, daß der Tumor, wie die Abbildung zeigt, aus zwei Teilen besteht. Der eine besitzt epitheloiden Charakter, im anderen dagegen sind die Tumorelemente mehr fusiform oder in Bündeln angeordnet. Ihr dritter Fall entspricht ungefähr meinem II. Fall. Auch hier finden sich eigenartige Zellnester, welche die Autoren ebenfalls als epitheloide bezeichnen. Leider ist weiter auf die histologische Zusammensetzung, bzw. auf die Veränderungen, die eventuell durch die Bestrahlung herbeigeführt wurden, nicht geachtet. Es wird nur aufmerksam gemacht auf die Eigentümlichkeit auffallend monströser Kerne in den Gliazellen. Da wir nun aber wissen, daß gerade die Kerne, besonders die progressiv veränderten, sehr empfindlich gegen die Röntgenstrahlen sind, so kann man in diesem Umstand eher ein Versagen als einen Erfolg der Strahlentherapie erkennen.

Hier möchte ich noch ein paar Worte über das Gliom im allgemeinen anfügen. Die überaus verdienstvolle Arbeit von Bailey und Cushing hat sich bemüht, eine gewisse Ordnung in die Klassifikation der Gliome zu bringen. Von vornherein möchte ich bemerken, daß es für die Pathologie fast unmöglich erscheint, mit so subtilen Methoden, wie die der spanischen Autoren, zu arbeiten, da wir ja nicht immer in der glücklichen Lage sind, absolut frisches Material zur Verfügung zu haben. Ich habe das schon Winkler Junius gegenüber bemerkt, der ja ein Gleiches als die genannten amerikanischen Autoren versuchte. Auch ist den genannten Autoren sowohl meine Arbeit aus dem Jahre 1906, wie jene Sanos, die unter meiner Leitung noch unter Obersteiner im Jahre 1909 erschienen ist, entgangen, ebenso wie die Mac Phersons aus dem Jahre 1925. Ich habe damals schon Sano bemerken lassen, daß in der Mehrzahl der Gliome ein einheitlicher Zelltypus nicht vorkommt und daß man höchstens von einem besonderen Hervortreten eines Typus sprechen kann. Und wenn wir die Gliazellen — die fertigen Gliazellen, — von den Ependymzellen sehe ich ab — ins Auge fassen, dann haben wir nur protoplasmatische Elemente und protoplasmaarme Elemente, die wir leicht differenzieren können. Dazu treten die Zellen der Entwicklungsstadien, die Spongioblasten, so daß wir — und das ist schon aus den Ausführungen von Sano ersichtlich — im wesentlichen drei Formen des Glioms unterscheiden: das Spongioblastom, den Tumor aus plasmareichen und den Tumor aus plasmaarmen Gliazellen. Nun haben wir aber bei diesen drei Formen, dem unausgereiften und den ausgereiften Gliomen, noch eines Umstandes zu gedenken, nämlich jenes, daß die Reifung der Zellen in abnormaler Weise erfolgen kann, wir also neben den normal ausgereiften noch solche Zellen finden können, die fehlerhaft ausgereift sind. Gewöhnlich gehen aber diese Dinge miteinander parallel, d. h. wir finden die verschiedensten Zelltypen in einem und demselben Tumor. Bei der rapiden Entwicklung einzelner dieser Tumoren wird es nicht wundernehmen, auch unausgereifte neben reifen Elementen zu finden. Ja noch mehr. Es gibt Tumoren, die ganz den Charakter des Glioms besitzen und in ihrem Innern Zellen zeigen, die Endothelzellen ähnlich sehen, wie ich es ja in den zwei vorliegenden Fällen gesehen habe. Auch das hat SANO schon beschrieben. Und solche epitheliale Zellen finden sich in der Mehrzahl der Gliome. Auch Stäbchenzellen hat SANO in Gliomen gefunden, ebenso wie ich selbst und andere Autoren. Bedenkt man nun, daß in den Gliomen auch degenerative Prozesse vorkommen können, wie das besonders LOTHMAR gezeigt hat. und reparatorische, wie in meinen eben geschilderten Fällen, dann wird man natürlich Schwierigkeiten begegnen, die einzelnen Momente gegeneinander richtig abzuwägen. Ich würde es deshalb für praktisch wertvoller halten, zunächst die Gliome einzuteilen in blastomatöse oder unausgereifte Formen, 2. in gereifte Formen und 3. in fehlgereifte Formen. Je nach dem Charakter der konstituierenden Zellen kann ich dann von Gliomen sprechen, vorwiegend aus plasmatischen oder plasmaarmen oder aus Stäbchenzellen oder aus degenerierten Zellen zusammengesetzt oder aber aus fehlgereiften Zellen. Das gibt mir nur den spezifischen Charakter des Tumors wieder. Wir können dann weiters auch noch von einem mehr faserreichen Tumor sprechen, wenn die Fibrillogenese besondere Grade erreicht und die Zellen etwas zurücktreten. Bei dem Umstande, daß alle diese Zellen auf gemeinsame Mutterzellen zurückgehen und bei dem Umstande einer überstürzten Neubildung dieser Zellen wird es sich nicht selten ereignen, daß man nebeneinander Zellen ganz verschiedener Typen findet. Denn der unausgereifte Astrozyt kann im Beginne ganz einer plasmaarmen Gliazelle gleichen. Ich wiederhole nur, daß die Konstitution des Glioms gewöhnlich eine solche ist, daß ein einheitlicher Zelltypus nnr vorwiegend, aber nicht ausschließlich hervortritt und daß wir eigentlich ein jedes Gliom, soweit es nicht blastomatös ist, als Glioma multiforme bezeichnen müssen.

Nicht ohne Interesse ist es, hier einen Fall anzuführen, der kein Gliom war, sondern ein Sarkom. Seine genauere histologische Untersuchung habe ich bereits durch HASHIMOTO veröffentlichen lassen, und zwar in Gemeinschaft mit einer Reihe anderer Tumoren, die als Zylindrome oder Peritheliome imponieren. Hier interessiert uns lediglich der Umstand, daß auch in diesem Falle eine Röntgenbestrahlung des Tumors vorgenommen wurde. Ich hatte bei der Patientin einen Tumor des linken Temporallappens in der zweiten Temporalwindung, ziemlich kaudal, angenommen, und der Tumor wurde auch bei der Operation entfernt. Er war über walnußgroß und erwies sich als ein Sarkom, bei dem die Zellen hauptsächlich perivaskulär angeordnet waren. Von besonderem Interesse ist, daß in diesem Tumor Stellen waren, die als vollständig nekrotisch angesehen werden mußten (Abb. 8), mit dickwandigen Gefäßen und einer nahezu ungefärbten Grundsubstanz zwischen denselben. Nur gegen die Ränder hin zeigte sich Tumorsubstanz. Nach Entfernung des Tumors wurde die Patientin in der eingangs angegebenen Weise auf das intensivste bestrahlt, und zwar in zwei Serien. Da der Knochendeckel über dem Tumor entfernt war, so mußte die Strahlenwirkung eine

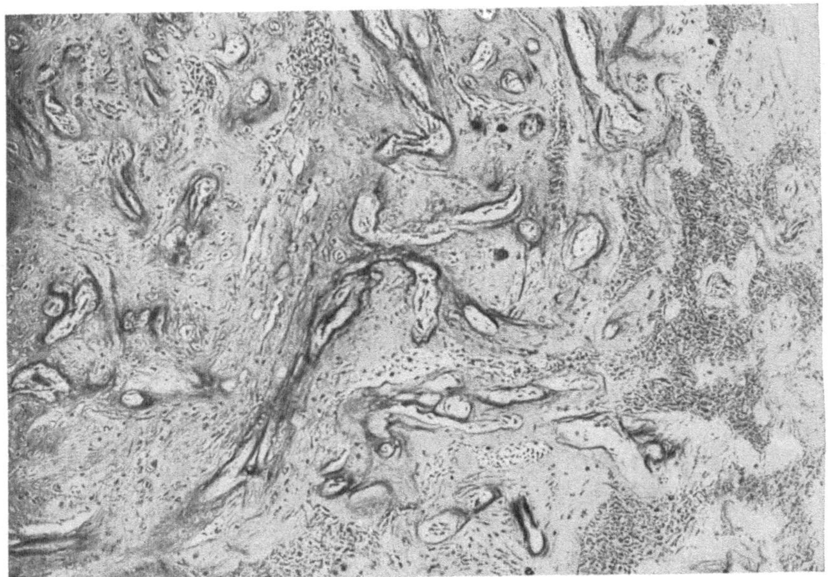

Abb. 8. Nekrotische Partie im Tumor (Sarkom)

sehr intensive sein. Trotzdem verschlimmerte sich der Zustand nach anfänglicher Besserung, und drei Monate nach der Operation mußte ich einen neuerlichen Eingriff empfehlen, und zwar an gleicher Stelle. Zum größten Erstaunen zeigte sich nun hier ein kleinapfelgroßer solider Tumor, der sich wieder leicht entfernen ließ und dessen histologische Untersuchung ein ungemein zellreiches Sarkom ergab von etwa alveolärem Bau (Abb. 9). Nun weiß man bekanntlich, daß gerade Sarkome dem Einfluß der Röntgenstrahlen leicht erliegen, weshalb der eben geschilderte Fall ganz im Gegensatz zu der geltenden Auffassung steht. Ich kann in den untersuchten Stücken des zweiten Tumors nirgends ein Zeichen finden, daß hier eine Einwirkung der Röntgenstrahlen sich in irgend einer Weise fühlbar gemacht hat.

Aus dem Angeführten geht nun hervor, daß wir durch die vorliegenden Fälle keinen sicheren Beweis erbringen können, daß die Röntgenstrahlen einen besonders schädigenden Einfluß auf Hirntumoren, besonders Gliome, ausüben, es sei denn, daß man die reaktiven Veränderungen und die mehr sklerotischen Partien als reparatorische Momente betrachtet. Ich vertrete, wie erwähnt, seit vielen Jahren den Standpunkt und habe ihm auch im Jahre 1924 bereits am Naturforscherkongreß in Innsbruck Ausdruck verliehen, daß die Hauptwirkung der Röntgenstrahlen nicht den Tumor selbst trifft, sondern in allererster Linie jene Momente

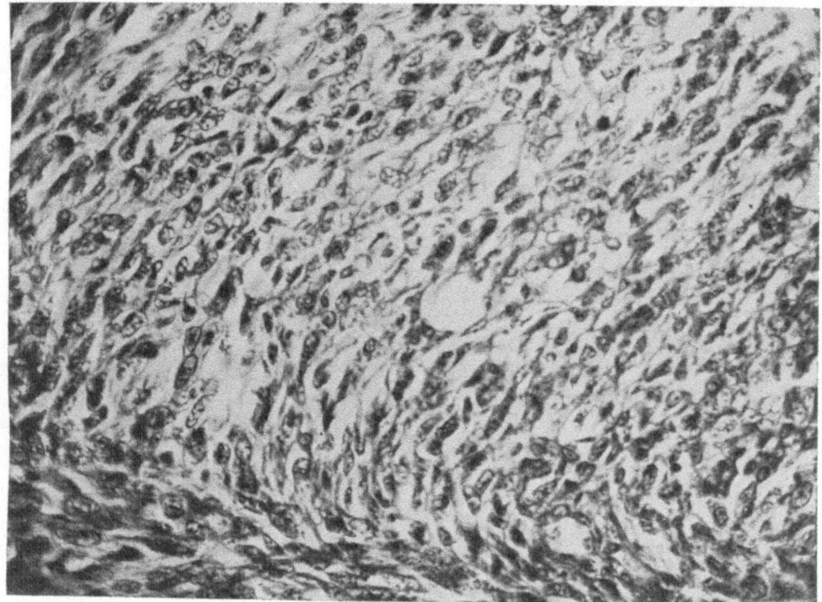

Abb. 9. Tumorzellen im Sarkom

beeinflußt, die wir als hirndrucksteigernde kennen. Ich bin auch heute noch der Meinung, daß es sich dabei weniger um eine Gefäßbeeinflussung, sondern um eine direkte Schädigung der Plexuszellen handelt und es dadurch zu einer Herabsetzung des Hirndruckes kommt.

Literaturverzeichnis

Bailey and Cushing: A classification of the tumors of the glioma group on a histogenetic basis. Philadelphia, Lippincott Company. 1926. — Buchholz: Beitrag zur Kenntnis der Gehirngliome. Arch. f. Psych. 1891, XXII, 385. — Lothmar, Olga: Beiträge zur Histologie des Glioms. Nißl-Alzheimer Arbeiten 1918, VI, 433. — Roussy, Laborde, Lévy: Traitement des tumeurs cerebrales par la Radiothérapie. Revue Neurologique 1924, II, 129. — Marburg: Hypertrophie, Hyperplasie und Pseudohypertrophie des

Gehirns. Arb. a. d. Wr. neurolog. Inst. 1906, XIII, 288. — Derselbe: Handbuch der Neurologie des Ohres. III. Bd., 1. Urban & Schwarzenberg, Wien-Berlin. — Mc. Pherson: Studien über den Bau und die Lokalisation der Gliome. Arb. a. d. Wr. neurolog. Inst. 1925, XXVII, 123. — Sano Torato: Beitrag zur Kenntnis des Baues der Gehirngliome mit Berücksichtigung der Zellformen. Ibidem, 1909, XVII, 159.

Aus dem Neurologischen Institut der Wiener Universität
(Vorstand: Prof. Dr. O. Marburg)

Zur Frage der Farbtonunterschiede zwischen zentralem und peripherem Abschnitt eintretender Nervenwurzeln bei der Weigertschen Markscheidenfärbung

Von

Leo Alexander

Demonstrator am Neurologischen Institut der Wiener Universität

Mit 6 Textabbildungen

Es mag am Platze sein, auf eine Tatsache aufmerksam zu machen, die noch vor kurzem Gegenstand einer Auseinandersetzung in der Literatur gewesen ist; und zwar betrifft diese die Frage, ob der zentrale oder der periphere Abschnitt der eintretenden sensiblen Nervenwurzel bei der WEIGERTschen Markscheidenfärbung der dunklere sei.

Bei REDLICH[9] findet sich bereits die Angabe, daß intra- und extramedullärer Anteil der Wurzel sich verschieden färben.

REDLICH[9], S. 162 und 163: „Bei der Beurteilung dieser Verhältnisse ist natürlich der oben bereits erwähnte Umstand nicht außer acht zu lassen, daß bei der Markscheidenfärbung der extramedulläre Anteil der Wurzel sich oft schlechter färbt als der intramedulläre. Es sind also nur durchwegs gut gefärbte Präparate verwendbar. Selbstverständlich sind nur solche Schnitte zur Vergleichung heranzuziehen, wo sowohl die extra- wie die intramedullären Fasern längs getroffen sind.“

REDLICH[9] (l. c.), S. 5: „Es ist dabei, wie auch im folgenden, zu bemerken, daß sich die extramedullären Anteile der Hinterwurzel gewöhnlich in ihrer Markscheide schlechter färben als die intramedullären Teile.“

Die Eintrittsstelle selbst (OBERSTEINER-REDLICHsche Stelle) wird selbstverständlich nach REDLICH nicht zum Vergleiche herangezogen (S. 163), „weil schon de norma die Markscheide an der angeschuldigten Stelle sehr unregelmäßig wird, klumpig zerfällt“.

REDLICH,[9] S. 5: „Man sieht, daß letztere konstant Veränderungen zeigt, daß sie um die genannte Stelle unregelmäßig wird, gleichsam zerfällt, ja daß öfters, und zwar letzteres der Durchtrittsstelle der Rindenschicht entsprechend, die Markscheide gänzlich fehlen kann, so daß der schwarzgefärbte Zug der Markscheiden durch einen verschieden breiten weißen Streifen bzw. Ring unterbrochen wird. Diese Unregelmäßigkeit in der Markscheide ist, wie ich SIEBERT gegenüber betonen möchte, kein inkonstanter oder nur vorgetäuschter Befund."

Die Farbtonunterschiede, um die es sich hier handelt, betreffen also nur Unterschiede zwischen den beiden, durch diese markfreie Unterbrechungszone an der Eintrittsstelle getrennten, außen und innen an sie anschließenden Abschnitten.

Die nächsten Angaben über solche Farbtondifferenzen sind die RICHTERS.[11]

RICHTER,[11] S. 94: „Nachdem ich in der Literatur die hier in Rede stehenden Intensitätsdifferenzen in der Affektion der beiden Wurzel-abschnitte als eine über jeden Zweifel gestellte Tatsache angeführt finde, welche manchen Autor sogar zur Aufstellung einer pathogenetischen Erklärung der Tabes bewog und auch in den neueren Arbeiten über die Tabes als eine unverrückbare These angeführt und als Argument benützt wird, widmete ich dieser Frage bei meinen Tabesstudien eine erhöhte Aufmerksamkeit. Was zunächst die Differenzbestimmung am WEIGERT-Bild anbetrifft, so stimme ich mit REDLICH darin überein, daß die Markfärbung im intramedullären Abschnitt eine andere sei wie im extramedullären. Ich habe nämlich im Gegensatze zur regelmäßig schwächeren intramedullären Färbung manchmal die mittlere Wurzelzone und Wurzel-eintrittsstelle intensiver gefärbt gesehen wie den extra-medullären Abschnitt. Die Färbung des Marks darf also als Vergleichssubstrat nicht angewendet werden."

Wir sehen also hier, daß bereits zwischen REDLICH und diesen ersten Angaben von RICHTER eine Meinungsverschiedenheit besteht, und zwar in dem Sinne, daß, während REDLICH der Ansicht ist, daß sich der distal von der OBERSTEINER-REDLICHschen Stelle befindliche extramedulläre Abschnitt bei Markscheidenfärbung schlechter färbe als der zentral von der OBERSTEINER-REDLICHschen Stelle gelegene intramedulläre Abschnitt der hinteren Wurzeln, RICHTER umgekehrt der Ansicht ist, daß intensivere Färbung des extramedullären Abschnittes die Regel sei und sich nur manchmal als Ausnahme intensivere Färbung des intramedullären Abschnittes gelegentlich vorfinden lasse.

SPIELMEYER[20] wies nun neuerlich darauf hin, daß in Tabesfällen eine auffällige Differenz zwischen dem peripheren Wurzelabschnitt und dem vorgebuckelten Hinterstrangsfeld bestehe und fügte die Schluß-folgerung an, daß dieses Bild die stärkere Affektion des zentralen Abschnittes bei der Tabes erweise.

SPIELMEYER,[20] S. 630: „Zum Überfluß habe ich — abgesehen von den soeben zitierten Stellen — noch im Sperrdruck hervorgehoben, ‚daß der Degenerationsprozeß (nicht etwa das Vorkommen von Abbaustoffen —

davon ist nicht die Rede) in der Wurzel erst dort beginnt, wo diese zentralen Charakter annimmt, also an der Stelle, die bekanntlich schon REDLICH und OBERSTEINER als locus minoris resistentiae gegenüber der tabischen Noxe hielten'. Und ich habe hinzugefügt, daß ,die eigentlich periphere Wurzel frei davon ist und sich bei den verschiedensten Färbungen intakt erweist'. Im Markscheidenbild (Abb. 2) erscheinen die hinteren Wurzelbündel intakt. Das vorgebuckelte Feld dagegen, wo die Wurzel beim Eintritt in das Rückenmark zentralen Charakter annimmt, ist deutlich gelichtet.''

Diesen Angaben SPIELMEYERs stellt RICHTER[15] die Behauptung entgegen, daß SPIELMEYER die Intensität des Markausfalles an einer Stelle bestimmt habe (am vorgebuckelten Hinterstrangsfeld), die schon de norma, also auch beim Gesunden eine auffällige Marklichtung aufweist (OBERSTEINER-REDLICHsche Stelle; RICHTER[15] S. 320, 321 u. 322).

Diesen Teil der Wurzel dürfe man mit dem extramedullären Teil derselben nicht vergleichen. Hingegen gibt RICHTER trotz seiner früheren richtigeren Angabe, daß der zentrale (proximal von der OBERSTEINER-REDLICHschen Stelle gelegene) und der periphere (distal von der OBER-STEINER-REDLICHschen Stelle gelegene) Abschnitt der Wurzel sich stets ungleich färben, und trotz der ebenfalls das gleiche besagenden Angaben REDLICHs, dennoch eine Vergleichsmöglichkeit des zentralen und peripheren Abschnittes zu.

RICHTER,[15] S. 321: ,,Die relativ beste Vergleichsmöglichkeit bietet sich einem, wenn das dem Hinterhorn anliegende Gebiet der eintretenden Wurzelfaser (das einzige überhaupt, das sich im intramedullären Abschnitt zum Vergleich eignet) und die extramedulläre Wurzelpartie in einem glücklich geführten Schnitt horizontal getroffen wird. Ein solches Bild führte ich auf Abb. 4 meiner Arbeit ,Bemerkungen zur Histogenese der Tabes' (Arch. f. Psychiatr.. Bd. 67, 1923) S. 306 an, wo bei schwerer meningealer Veränderung intra- und extramedullärer Abschnitt ungefähr gleichmäßig gut erhalten waren. Das Bild läßt die starke Marklichtung, die REDLICH-OBERSTEINERsche Einschnürungsstelle, deutlich erkennen.''

Es soll im nachfolgenden gezeigt werden, daß sich tatsächlich auch ein solcher Befund (gleich intensive Färbung beider Abschnitte) de norma vorfinden kann, daß aber im Sinne der früheren Angaben von RICHTER selbst und REDLICH ebensogut im extramedullären, wie im intramedullären Abschnitt (also sowohl proximal wie distal von der OBERSTEINER-REDLICHschen Stelle) das Mark lichter gefärbt sein kann. wie im anderen Abschnitt Außerdem soll gezeigt werden, von welchen Faktoren diese am normalen Zentralnervensystem auffindbare lichtere Markfärbung in einem der beiden Abschnitte, bzw. der gleiche Tinktionsgrad beider Abschnitte abhängig ist. H. SPITZER[21] ging sogar so weit, ausgehend von den Angaben RICHTERs, die Marklichtung im peripheren, extramedullären Abschnitt, distal von der Obersteiner-Redlichschen Stelle für den konstanten Befund zu halten und daraus die Folgerung abzuleiten, daß lichtere Markfärbung im intramedullären, proximal von der Obersteiner-Redlichschen Stelle gelegenen Abschnitt unbedingt als pathologischer Befund zu betrachten sei.

H. Spitzer,[21] S. 246: „Im Kampfe der Argumente scheint mir Richter doch ein wenig streng gewesen zu sein. Es ist gewiß zutreffend, daß die Färbung der extra- und intramedullären Abschnitte der Hinterwurzeln im Weigert-Bild schon de norma ungleich ist. Die Differenz zeigt sich aber stets in einer größeren Blässe des extramedullären Teiles, nie ist der extramedulläre Teil im normalen Weigert-Präparat dunkler tingiert als der intramedulläre. Aber gerade solche Bilder werden ja — ich muß ihre Existenz bestätigen — als Argumente angeführt. Eine schon normalerweise vorhandene Differenz kann also dagegen nicht vorgebracht werden. Wenn Richter die Vergleichbarkeit der beiden Teile als überhaupt sehr fraglich bezeichnet, so muß ihm in manchen Punkten recht gegeben werden. Es dürfen eben nicht die beiden Teile einfach verglichen werden, sondern ihr gegenseitiges Verhalten in normalen und tabischen Fällen. Durch die Argumentation Richters haben die Fettbilder Spielmeyers ihre Beweiskraft verloren. Der ganze Kampf dreht sich nunmehr um das Weigert-Bild. Müssen wir nicht nach dem Gedankengang Richters eine ständige, größere Beteiligung der extramedullären Anteile fordern? Unter den de norma oft blässeren extramedullären Anteilen hat man aber bei Tabes solche gefunden, die dunkler als die intramedullären waren. Beweist nicht der Kampf um die Existenz dieser Befunde das Fehlen der regelmäßigen umgekehrten Erscheinung?"

Es läßt sich nun zeigen, daß weder das eine, noch das andere Resultat, nämlich stärkere Tinktion des extra- bzw. intramedullären Anteiles der Wurzel am normalen Präparat einer wirklich existierenden Struktur der Wurzel entspricht, sondern lediglich einen Färbungseffekt darstellt, der sich durch Wahl verschieden konzentrierter Hämatoxylinlösungen nach Belieben variieren läßt. Dieses Verhalten ist in der ganzen Wirbeltierreihe nachweisbar. So sieht man beim Nervus lateralis eines Selachiers das eine Mal den peripheren Abschnitt der Wurzel, distal von der Eintrittsstelle und der dort befindlichen Obersteiner-Redlichschen markfreien Zone dunkler gefärbt, als den zentral in der Wand des Neuralrohres verlaufenden Abschnitt der Wurzel[1]), das andere Mal heller (Abb. 1),

---

[1]) Die betreffende Mikrophotographie habe ich auf der 17. Jahresversammlung der Gesellschaft Deutscher Nervenärzte (15. September 1927) demonstriert (siehe Kongreßbericht — Deutsche Zeitschrift für Nervenheil-

ein drittes Mal endlich finden wir beide erwähnten Abschnitte der Wurzel gleich intensiv tingiert[2]). (Es sei hier bemerkt, daß stets, auch in folgendem, die Färbung nach WEIGERT-KULTSCHITZKY zur Anwendung kam.)

Auch beim Menschen lassen sich durch Wahl verschiedener Konzentrationen von Hämatoxylin die gleichen Variationen erzielen. Wenn es z. B., wie auf dem abgebildeten Präparat (Abb. 2) der Glossopharyngeuswurzel des erwachsenen Menschen (31jähriger Mann), gelungen ist, auf die oben erwähnte Weise den peripheren Abschnitt der Wurzel dunkler zu färben als den zentralen, so ist der periphere Anteil der Wurzel nicht nur bei der makroskopischen Betrachtung der Wurzel als Ganzes (Abb. 2), sondern auch jede einzelne Markscheide selbst in diesem Abschnitte dunkler gefärbt (Abb. 3).

Während aus den bisher mitgeteilten, bei der Behandlung einer großen Zahl von Serien von Gehirnen der verschiedensten Vertebratenklassen gewonnenen Erfahrungen lediglich die Tatsache hervorging, daß bei Verwendung verschiedener Konzentrationen von Hämatoxylin die oben erwähnten verschiedenartigen Färbungsresultate an den eintretenden Nervenwurzeln auftreten, blieb weiter die Frage unbeantwortet, welche Konzentrationen es sind, welche bestimmte der oben angeführten Resultate hervorrufen. Zu diesem Zwecke wurden vom Rückenmark des erwachsenen Menschen einzelne Segmente herausgeschnitten und jedes als Ganzes in einem Stück fixiert, in MÜLLERS Flüssigkeit gehärtet und in Zelloidin eingebettet. Die so vorbehandelten Stücke wurden in Serien parallel zur Eintrittsebene der hinteren Wurzeln zerlegt. Es wurden nun Nachbarschnitte aus solchen Serien zuerst gleich lange Zeit in derselben Lösung von 1% Chromsäure nachchromiert und hernach mit verschieden konzentrierter WEIGERTscher Hämatoxylinlösung behandelt, wobei sich folgendes ergab:

Färbte man mit einer konzentrierten Lösung von WEIGERTschem Hämatoxylin, so erhielt man regelmäßig eine stärkere Tinktion des intramedullären, eine schwächere des extramedullären Abschnittes der

---

kunde, 101. Bd. 1928, S. 264), jedoch hier weggelassen, da sie mit den Abbildungen 2, 3 und 5 dieser Abhandlung, welche die gleichen Verhältnisse beim Menschen zeigen, übereinstimmt. Sie ist identisch mit der Abbildung 18, Tafel 8 meiner Arbeit „Die kernfreie Zone an der Eintrittsstelle der Kopfnerven in das Gehirn bei Wirbeltierembryonen. — Ein Beitrag zur vergleichenden Histogenese der Kopfnervenstämme und der OBERSTEINER-REDLICHschen Stelle" (Journal für Psychologie und Neurologie, 1928), wo ich sie in anderem Zusammenhange wiedergegeben habe.

[2]) Die diesbezügliche Mikrophotographie vom Selachier habe ich auf der 17. Jahresversammlung der Gesellschaft Deutscher Nervenärzte (15. September 1927) demonstriert (siehe Kongreßbericht — Deutsche Zeitschrift für Nervenheilkunde, 101. Bd. 1928, S. 264.). Da sie mit der Abb. 4 dieser Abhandlung, welche das Gleiche beim Menschen zeigt, übereinstimmt, habe ich sie hier weggelassen.

hinteren Wurzeln (Abb. 6). Färbte man nun einen Nachbarschnitt vom gleichen Zelloidinblock mit einer zu 20% mit destilliertem Wasser verdünnten Lösung, so färbten sich regelmäßig die extramedullären Anteile der Wurzel intensiver als die intramedullären (Abb. 5). Derselbe Effekt wurde erreicht, wenn man die Serienschnitte mit den sie bezeichnenden Papierstreifen aus dem Wasser in die Farblösung brachte, auch dann, wenn man die Schnitte einzeln in die Lösung übertrug, da auf diese Weise durch das in den Papierstreifen enthaltene Wasser die Farblösung in Gesamtheit zwar wenig, in der Umgebung der den Papieren dicht anliegenden Schnitte aber ziemlich stark verdünnt wird.

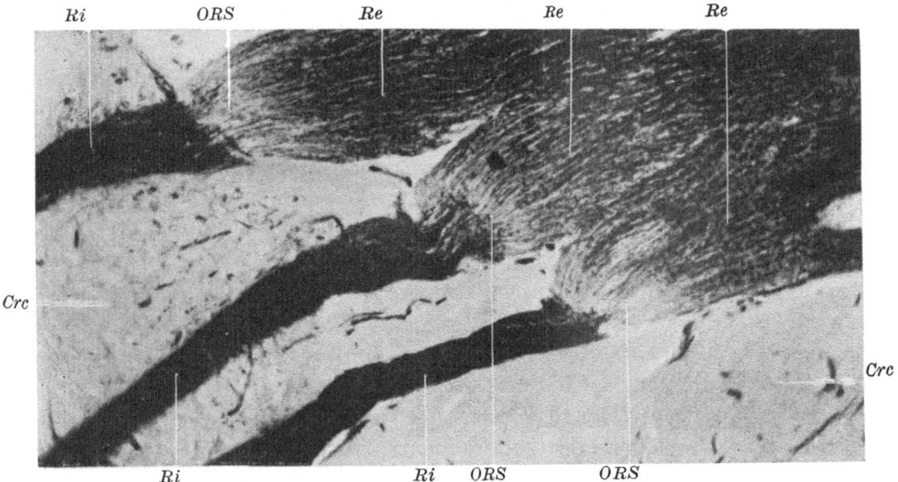

Abb. 1. Eintretende Wurzel des Nervus lateralis anterior. Selache maxima L. Färbung nach Weigert-Kultschitzky. Mikrophotographie. Die intramedullären Anteile der 3 eintretenden Wurzeln sind dunkler gefärbt als die extramedullären.

Re = extramedullärer Abschnitt der Wurzel, *Ri* = intramedullärer Abschnitt der Wurzel, *ORS* = Obersteiner-Redlichsche Stelle, *Crc* = Crista cerebellaris des Nucleus lateralis anterior

Variierte man nun neben der Farblösung die Dauer der Nachchromierung, so ergab sich folgendes:

Intensive Nachchromierung der Schnitte fördert das erstere Färbungsresultat, nämlich stärkere Tinktion des intramedullären Wurzelabschnittes, sehr schwache Chromierung das letztere Resultat, nämlich stärkere Färbung des extramedullären Anteiles der Wurzel. Daß man durch schwache Chromierung die gleiche Wirkung erzielt, wie wenn man direkt die Farblösung verdünnt hätte, erklärt sich daraus, daß durch die mangelhafte Chromierung die Färbbarkeit der Markscheiden, ihre Affinität zum Hämatoxylin herabgesetzt wird, so daß bei schwacher Chromierung auch eine konzentrierte Hämatoxylinlösung färberisch nicht besser verwertet wird, als eine schwache bei guter Vorchromierung. Umgekehrt kann bei guter Vorchromierung auch eine schwache Hämatoxylinlösung eine färberisch starke Wirkung besitzen. Bei gleichem Grade der Vor- und Nachchromierung waren jedoch in allen Fällen, durch Variation der Konzentration der Farblösung allein, beide

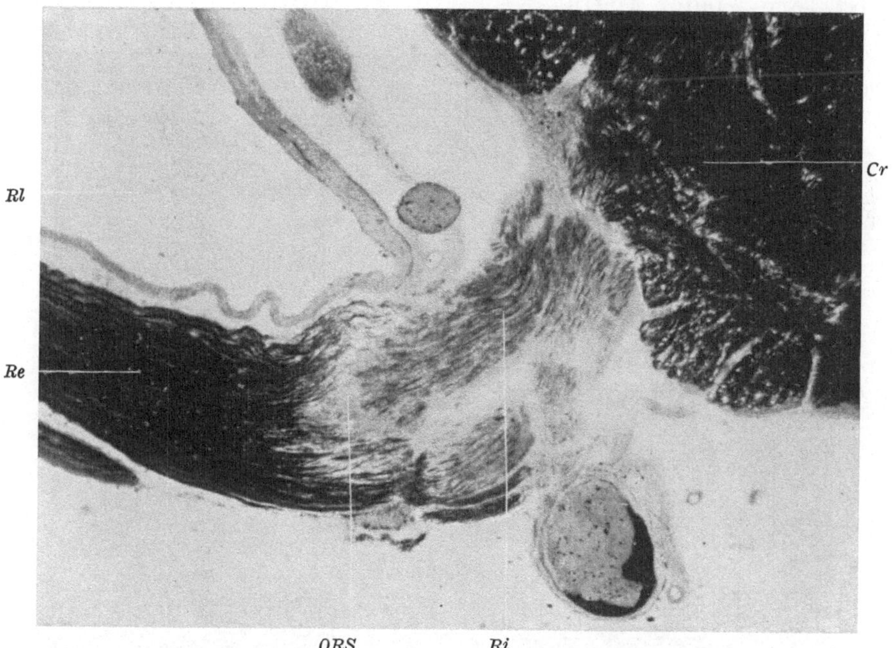

Abb. 2. Eintretende Wurzel des Nervus glossopharyngeus. Erwachsener Mensch (31jährig. Mann). Färbung nach WEIGERT-KULTSCHITZKY. Mikrophotographie. Der extra-medulläre Anteil der Wurzel ist dunkler gefärbt als der intramedulläre.

Re = extramedullärer Abschnitt der Wurzel, Ri = intramedullärer Abschnitt der Wurzel, ORS = OBERSTEINER-REDLICHsche Stelle, Cr = Corpus restiforme, Rl = Recessus lateralis

Resultate, dunklere Tinktion des extra- wie des intramedullären Abschnittes, nach Belieben zu erzielen.

Gleich intensive Färbung des extra- und des intramedullären Abschnittes der Wurzel (Abb. 4) erhält man dann, wenn man die Färbung zweizeitig vornimmt, und zwar so, daß man zuerst in einer konzentrierten Hämatoxylinlösung färbt (nach reichlicher Nachchromierung mit 1%iger Chromsäure), dann ziemlich stark ausdifferenziert und das Präparat, ohne es neuerdings nachzuchromieren, wieder in eine stark konzentrierte

Lösung von Hämatoxylin bringt, dann neuerlich ausdifferenziert, entwässert, aufhellt usw.

Wie erklären sich nun diese regelmäßigen Erscheinungen? Es scheint mir nach obigem wohl am ehesten so zu sein, daß der extramedulläre Abschnitt der Wurzel bei der Färbung schneller und mehr Farbstoff aufnimmt als der intramedulläre, ihn bei der Differenzierung aber auch schneller und leichter als der letztere wieder abgibt.

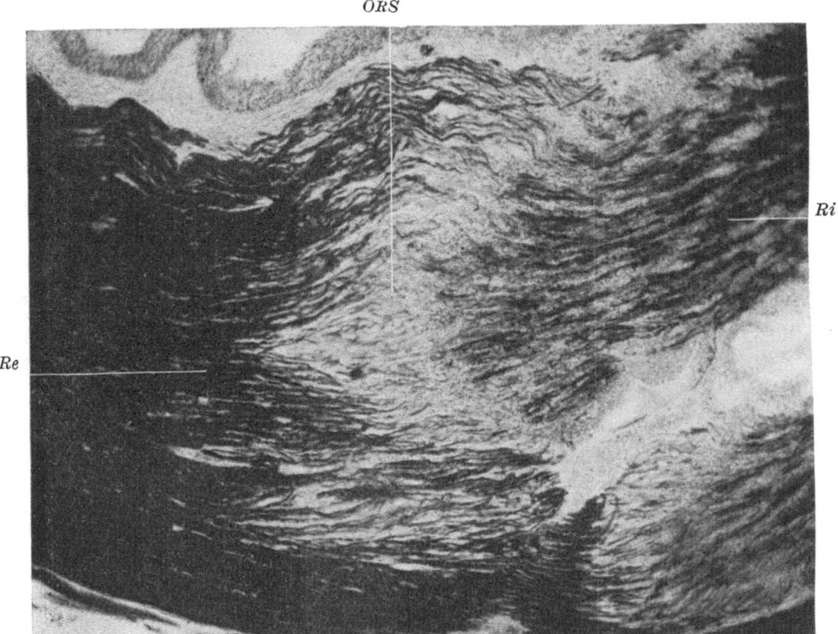

Abb. 3. Das Objekt der Abb. 2 bei stärkerer Vergrößerung. Mikrophotographie. Die einzelnen Markscheiden des extramedullären Anteils der Wurzel sind dunkler gefärbt als die des intramedullären.

Re = extramedullärer Abschnitt der Wurzel, Ri = intramedullärer Abschnitt der Wurzel. ORS = Obersteiner-Redlichsche Stelle

Es ist nun selbstverständlich, daß stark überfärbte Weigert-Präparate, also solche, die in einer konzentrierten Lösung von Weigertschem Hämatoxylin gefärbt wurden, bzw. sehr gut vorchromiert wurden, entsprechend länger zu ihrer Differenzierung brauchen, als nur schwach überfärbte, in einer dünnen Lösung behandelte, bzw. nur schwach chromierte Präparate. Erstere brauchen zu ihrer Differenzierung oft mehrere Stunden bis Tage, letztere können schon nach wenigen Minuten, kaum in die Differenzierungsflüssigkeit eingebracht, ausdifferenziert sein.

Färben wir nun in einer dünnen Lösung von WEIGERTschem Hämatoxylin eine bestimmte längere Zeit hindurch, so wird der Grad der Überfärbung im allgemeinen kein sehr starker sein, es ergibt sich aber aus der oben angeführten Voraussetzung, daß der Grad der Färbung der extramedullären Wurzelstücke jedenfalls ein stärkerer sein wird, als der der intramedullären. Dieser Unterschied der Färbung der extra- und intra-

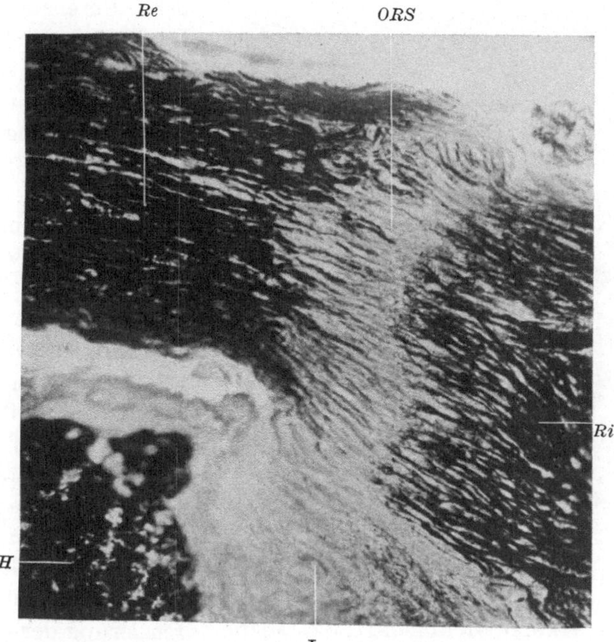

Abb. 4. Hintere Wurzel des Rückenmarks. Erwachsener Mensch. 5. Zervikalsegment. Färbung nach WEIGERT-KULTSCHITZKY. Mikrophotographie. Schnitt vom gleichen Zelloidinblock wie die in Abb. 5 und Abb. 6 abgebildeten Schnitte. Zweizeitige Färbung mit konzentrierter Farblösung. Der extramedulläre und der intramedulläre Anteil der Wurzel sind gleich intensiv gefärbt.

Re = extramedullärer Abschnitt der Wurzel, Ri = intramedullärer Abschnitt der Wurzel, ORS = OBERSTEINER-REDLICHsche Stelle, H = Hinterstrang, L = LISSAUERsche Randzone

medullären Wurzelstücke ist in der Zeiteinheit kein sehr intensiver, da er bei minimal kurzer Färbung nicht bereits maximal, d. h. in relativ gleichem Grade, wie bei längerer Färbung vorhanden ist, sondern sich vielmehr bei längerer Färbung immer mehr verstärkt. Das gleiche gilt auch für den Intensitätsunterschied der Entfärbung der beiden Wurzelabschnitte bei der Differenzierung. Nun ist aber bei der Färbung mit dünner Lösung die Dauer des ganzen Differenzierungsvorganges so kurz, daß die zweifellos auch dann bestehende, aber nur sehr geringgradige intensivere Entfärbung des extramedullären Abschnittes nicht imstande ist, die primäre weit intensivere Anfärbung des extramedullären Abschnittes in der Farblösung wieder rückgängig zu machen, oder gar zu übertreffen, so daß Unterschiede im Grade der Entfärbung wohl kaum entstehen können.

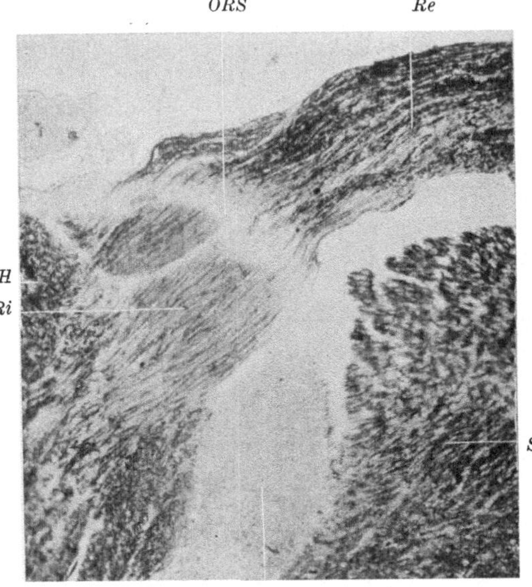

Abb. 5. Hintere Wurzel des Rückenmarks. Erwachsener Mensch. 5. Zervikalsegment. Färbung nach Weigert-Kultschitzky. Mikrophotographie. Schnitt vom gleichen Zelloidinblock wie die in Abb. 4 und Abb. 6 abgebildeten Schnitte. Färbung mit verdünnter Farblösung. Der extramedulläre Anteil der Wurzel ist dunkler gefärbt als der intramedulläre.

Re = extramedullärer Abschnitt der Wurzel, Ri = intramedullärer Abschnitt der Wurzel, ORS = Obersteiner-Redlichsche Stelle, H = Hinterstrang, S = Seitenstrang, L = Lissauersche Randzone

So bleibt also auch nach der Differenzierung der primäre, nach der bloßen Färbung gegebene Zustand der intensiveren extramedullären Färbung erhalten (Abb. 5).

Das umgekehrte Verhalten findet man bei der Färbung mit einer stark konzentrierten Hämatoxylinlösung. Aber auch hier hat wahrscheinlich primär, bei der Färbung, der extramedulläre Anteil der Wurzel mehr Farbstoff aufgenommen, als der intramedulläre. Da aber, wie oben angeführt, die Differenzierung solcher Präparate sehr lange dauert, so gibt während der Differenzierung der extramedulläre Anteil viel mehr an Farbstoff wieder ab, als der intramedulläre, weit mehr, als er primär in der Farblösung mehr als der intramedulläre aufgenommen hatte, da ja in diesem Falle die Differenzierung weit länger als die Färbung dauert. So ergibt es sich schließlich, daß, nach der Differenzierung, bei den in konzentrierter Lösung gefärbten, gut chromierten Schnitten die extramedullären Anteile der Wurzeln lichter gefärbt erscheinen, als die intramedullären (Abb. 6).

Färbt man zweimal, das eine Mal mit, das zweite Mal ohne Nachchromierung, d. h. das eine Mal mit langer, das andere Mal mit kurzer Differenzierungszeit, so gleichen sich offenbar die primär stärkere Färbbarkeit des extramedullären Abschnittes des zweiten und die sekundäre starke relative Abblassung bei der langen Differenzierungszeit im ersten Färbeakt irgendwie aus, und man erhält auf diese Weise gleich starke Tinktion beider Wurzelabschnitte (Abb. 4).

Wahrscheinlich können auch bei Verwendung der gleichen Hämatoxylinlösung durch Unterschiede in der Fixation ähnliche Färbungsdifferenzen hervorgerufen werden, jedoch fehlt mir hierüber noch die genügende Erfahrung. Jedenfalls wurde hier festgestellt, daß bei gleicher Fixation, gleicher Vorbehandlung des Objektes in einem Stück, bei Nachbarschnitten, durch Abänderung der Konzentration der Farblösung allein, die drei oben angeführten verschiedenartigen Färbungstypen hergestellt werden konnten.

Diesen Unterschieden im färberischen Verhalten des Marks der zentralen und der peripheren Wurzel entsprechen zweifellos chemische Unterschiede der Markscheide der beiden Wurzelabschnitte. Diese Unterschiede erscheinen insofern erklärlich, als die Markscheide bei diesen beiden Abschnitten embryologisch verschiedener Herkunft ist, indem sie bei dem einen von der zentralen Glia, bei dem anderen von den allerdings gleichfalls ektodermalen SCHWANNschen Zellen gebildet worden ist (WLASSAK,[23] KÖLLIKER,[3] O.SCHULTZE,[17] HENSEN,[1] H. SCHULTZE[16] und REICH[10]; siehe Literaturverzeichnis).

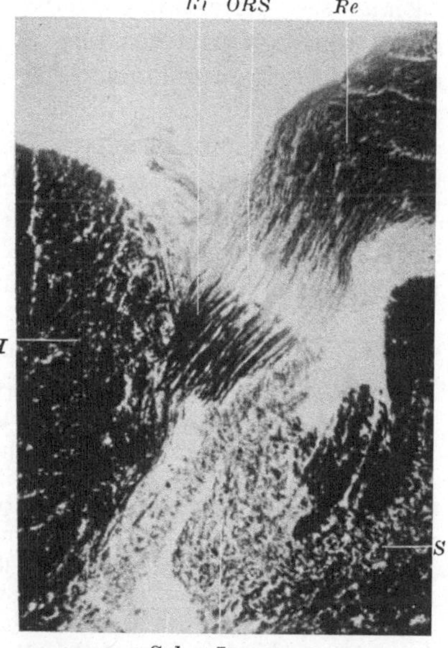

Abb. 6. Hintere Wurzel des Rückenmarks. Erwachsener Mensch. 5. Zervikalsegment. Färbung nach WEIGERT-KULTSCHITZKY. Mikrophotographie. Schnitt vom gleichen Zelloidinblock wie die in Abb. 4 und Abb. 5 abgebildeten Schnitte. Färbung mit konzentrierter Farblösung. Der intramedulläre Anteil der Wurzel ist dunkler gefärbt als der extramedulläre.
Re = extramedullärer Abschnitt der Wurzel, Ri = intramedullärer Abschnitt der Wurzel, ORS = OBERSTEINER-REDLICHsche Stelle, H = Hinterstrang, S = Seitenstrang, L = LISSAUERsche Randzone, Sgl = Substantia gelatinosa ROLANDOI

Biologisch gehören diese Unterschiede in den Kreis jener biologischen Differenzen zwischen zentralem und peripherem Nervenstamm, die von STROEBE[22], JAKOB[2] (S. 167 u. 172), SPIELMEYER[18, 20] und RICHTER[14] beschrieben worden sind.

Das hier dargestellte färberische Verhalten besitzt vielleicht Bedeutung für die Beurteilung eines Markausfalles an der eintretenden Wurzel, da vielfach angegeben wird, daß die normalerweise zwischen den beiden Abschnitten der Wurzel angetroffene Differenz sich „am normalen Präparat stets in einer größeren Blässe des extramedullären Teiles" zeigt. Niemals sei „der extramedulläre Teil dunkler tingiert als der intramedulläre"; hingegen hat man bei der Tabes dorsalis Wurzeln gefunden, bei denen die extramedullären Anteile dunkler gefärbt waren als die intramedullären.

Es wurde nun in obigem hier gezeigt, daß sich auch am vollkommen normalen Zentralnervensystem unter den oben angeführten technischen Voraussetzungen ein derartiger Befund erheben läßt. Ich glaube nun, daß die oben zitierten Befunde unter den hier angeführten Gesichtspunkten einer Nachprüfung bedürftig erscheinen.

<h3 style="text-align:center">Literaturverzeichnis:</h3>

[1] Hensen, V.: Über die Entwicklung des Gewebes im Schwanz der Froschlarve. Virchows Arch., Bd. 31. 1864. — [2] Jakob, A.: Über die feinere Histologie der sekundären Faserdegeneration in der weißen Substanz des Rückenmarks. Nissl-Alzheimers Arb., Bd. 5, S. 167 u. 172. 1912. — [3] Kölliker, A.: Histologische Studien an Batrachiernerven. Zeitschr. f. wiss. Zool., Bd. 43. 1886. — [4] Obersteiner, H.: Bemerkungen zur tabischen Hinterwurzelerkrankung. Arb. a. d. neurol. Inst. an d. Wien. Univ., Bd. 3, S. 192—209. 1895. — [5] Derselbe: Die Pathogenese der Tabes. Berl. klin. Wochenschr. 1897. — [6] Derselbe u. Redlich, E.: Über Wesen und Pathogenese der tabischen Hinterstrangsdegeneration. Arb. a. d. neurol. Inst. an d. Wien. Univ., Bd. 2, S. 158—172. 1894. — [7] Dieselben: Die Krankheiten des Rückenmarks. In Ebstein-Schwalbes Handb. d. prakt. Med. 1905. — [8] Redlich, E.: Die hinteren Wurzeln des Rückenmarks und die pathologische Anatomie der Tabes dorsalis. Arb. a. d. neurol. Inst. an d. Wien. Univ., Bd. 1, S. 1—52. 1892. — [9] Derselbe: Die Pathologie der tabischen Hinterstrangserkrankung. Ein Beitrag zur Anatomie und Pathologie der Rückenmarkshinterstränge (aus dem Laboratorium des Herrn Prof. Obersteiner in Wien). Jena 1897. — [10] Reich, F.: Über die feinere Struktur der Zelle der peripheren Nerven. Psych.-neurol. Wochenschr. Nr. 12. 1905. — [11] Richter, Hugo: Zur Histogenese der Tabes. Zeitschr. f. d. ges. Neurol. u. Psych., B. 67, S. 1—189. 1921. — [12] Derselbe: Sur la pathogenese du tabes. Schweiz. Arch. f. Neurol. u. Psych., Bd. 9, H. 1. 1921. — [13] Derselbe: Bemerkungen zur Histogenese der Tabes. Arch. f. Psych., Bd. 67, S. 295—317. 1923. — [14] Derselbe: Weiterer Beitrag zur Pathogenese der Tabes. Zugleich Entgegnung auf den Aufsatz Spielmeyers: „Zur Pathogenese der Tabes" (Zeitschr. f. d. ges. Neurol. u. Psych., Bd. 84. 1923). Arch. f. Psych., Bd. 70, S. 529—544. 1924. — [15] Derselbe: Einige Bemerkungen zur Pathogenese der Tabes. Arch. f. Psych., Bd. 72, S. 318—322. 1924. — [16] Schultze, H.: Achsenzylinder und Ganglienzelle. Arch. f. Anat. 1878. — [17] Schultze, O.: Zur Histogenese der peripheren Nerven. Verh. d. anat. Gesellsch. Rostock 1906. — [18] Spielmeyer, W.: Histopathologie des Nervensystems. 1. Bd. Allg. Teil. Berlin 1922. — [19] Derselbe: Zur Pathogenese der Tabes. Zeitschr. f. d. ges. Neurol. u. Psych., Bd. 84, S. 257—265. 1923. — [20] Derselbe: Pathogenese der Tabes und Unterschiede der Degenerationsvorgänge im

peripheren und zentralen Nervensystem. Zeitschr. f. d. ges. Neurol. u. Psych., Bd. 91, S. 627—632. 1924. — [21] SPITZER, H.: Zur Pathogenese der Tabes dorsalis. Arb. a. d. Neurol. Inst. an d. Wien. Univ., Bd. 28, S. 227—290. 1926. — [22] STROEBE H.: Experimentelle Untersuchungen über Degeneration und Regeneration peripherer Nerven nach Verletzungen. Zieglers Beitr., Bd. 13, 2. Heft, S. 160—278. 1893. — [23] WLASSAK, R.: Die Herkunft des Myelins. Arch. f. Entwicklungsmechanik, Bd. VI. 1898.

Aus der neur. und psych. Klinik in Krakau (Dir. Prof. Dr. Jan Piltz) und aus dem Neurol. Institut der Universität in Wien (Vorstand Prof. O. Marburg)

Der Parkinsonismus symptomaticus

Von

Dr. Eugen Brzezicki, Krakau

3. Mitteilung: Zur Frage des Parkinsonismus postapoplecticus

Mit 9 Textabbildungen

In der klinischen wie pathologischen Beurteilung einer großen Reihe von Blutkreislaufstörungen hat sich in den letzten Jahren ein deutlicher und beträchtlicher Wandel vollzogen. Die scheinbar einfache Erklärung des Mechanismus der Hirnblutungen durch einfache Zerreißung der atheromatös geschädigten Blutgefäßwände oder das Bersten der Miliaraneurysmata bei Hirndruck hat nach den Arbeiten von Ricker, Lindemann, Westphal, Rosenblath, Neubuerger u. a. viele Erklärungen bekommen und wird im allgemeinen fast abgelehnt. Pal hat gezeigt, daß die Hypertonie nicht nur auf Grund der arteriosklerotischen Gefäßwandveränderungen oder auf Herz- oder Nierenschädigung beruhen muß, sondern daß es Hypertonien gibt, die auf eine krankhafte funktionelle Einstellung der Arterienwandmuskulatur zurückzuführen sind. Diese krankhafte Gefäßwandeinstellung kommt vielfach konstitutionell auf vasoneurotischer Grundlage vor, und schon die älteren Ärzte, die vielfach ein besser geschultes Auge, wie wir es besitzen, hatten, haben bemerkt, daß die Schlaganfälle familienartig bei gewissen gedrungenen Individuen mit kurzen Nacken und hochroten Gesichtern öfters wie bei anderen vorkommen. Auf diese höchst interessante klinische Frage werden wir noch an anderer Stelle zurückkommen.

Hanse bringt uns eine interessante Statistik, die er auf ein Material von 135 Kranken stützt. Er stellte fest, daß im Frühling, ebenso im Herbste die Fälle der Apoplexien sich mehren und daß sie in den Morgenstunden öfters vorkommen, vielleicht wegen des Einsetzens der vegetativen Tonisierung. Es ist sonderbar, daß der Prozentsatz der Syphilitiker und Alkoholiker nicht über 12,6% der Fälle steigt, daß aber bei Rheumatikern der Prozentsatz sich auf 20 erhöht und seine größte Höhe bei „nervös disponierten" mit 40 annimmt. Prämonitorische Symptome hat Hanse bei 45% gefunden. Dieser Umstand, der für die Prophylaxe der Anfälle von großem Wert sein könnte, wird vielleicht zu wenig beachtet. Eine interessante prämonitorische Erscheinung, die man auf eine Gefäßerweiterung oder Prästase zurückführt, beschreibt Kollert bei Patienten, die vor dem Anfalle „rot" gesehen haben.

Hypertension soll bei Frauen öfter wie bei Männern vorkommen, so daß man sich einen Teil der Blutungen bei Eklampsie vielleicht damit erklären kann (Gammeltoft), sonst tritt die Hypertension bei Frauen meistens in Begleitung von klimakterischen Erscheinungen auf.

Es ist jetzt wohl zweifellos, daß sich organische Störungen der Gefäßwände mit funktionellen in mannigfacher Weise kombinieren können und daß einmal morphologisch nachweisbar erkrankte Gefäße besonders zu Funktionsstörungen neigen. Aber auch sonst vollkommen gesunde junge Individuen ohne Hypertonie können, wie es Neubuerger gezeigt hat, eine so abnorme Reizbarkeit des Gefäßsystems besitzen, daß es auf eine irgendwelche größere Noxe, wie z. B. ein Trauma, zu einer tödlichen Blutung kommen kann. In solchen Fällen kann es sich logischerweise um keine anatomisch bedingte Veränderungen handeln; die Gefäße sind gesund, das vegetative System, die Vasomotoren sind krank.

Es wurden bis jetzt einige Hypothesen aufgestellt, die die Kreislaufstörungen im Zentralnervensystem zu erklären suchen. Wenn wir nur kurz die geistreichsten und begründetsten mitteilen möchten, so finden wir, daß für die Annahme Rickers sehr viele Tatsachen sprechen. Nach seinem Stufengesetz, welches sich auf Reizzustände des Strombahnnervensystems zurückführen läßt, ruft mittlere Reizung eine Ischämie, starke Reizung prästatischen Zustand und rote Stase hervor. Diese Theorie ist allerdings durch viele angefochten worden (Tannenberg, Neubuerger), entspricht aber vielfach den Tatsachen. Dauernde Stasen sollen rote Erweichungen hervorrufen. Auch Nekrosen nach Kohlenoxydvergiftung, Commotio, Geburtstrauma können in diese Kategorien der Erweichungen eingereiht werden.

Da die sonst theoretisch sehr interessante Hypothese Rosenblaths, der eine unbekannte, mit äußerst wirksamen chemischen Kräften ausgestattete Schädlichkeit, die ganze Hirnteile zu vernichten und chemisch wie morphologisch umzuwandeln vermag (fermentative Degeneration der kleinen Gefäße) und ihren Ursprung in einem durch pathologische Funktion der Nieren geänderten Stoffwechsel hat, annimmt, nicht allgemein anerkannt wird, wenden wir uns der Theorie Westphals zu. Dieser Autor — dessen Hypothese sich wohl der größten Ausbreitung erfreut — glaubt, daß die Hypertoniker eine erleichterte Blutungsbereitschaft und eine Neigung zur Gefäßdilatation von Kapillaren und Venen haben und daß diese Tatsache eine starke unterstützende Rolle bei Blutungen des Zentralnervensystems spielen soll. Wenn es jetzt bei diesen Hypertonikern zu einer Gemütserregung oder anderer Noxe, die eine Blutsteigerung bzw. Schwankung des an sich nicht stark erhöhten Blutdruckes, kommt, so kann ein herantretender Angiospasmus eine schnelle chemische Umsetzung in Richtung einer Ansäuerung im anämischen Gebiete mit Erleichterung autolytischer Prozesse, dadurch wieder starke Schädigung der Gefäße aller Art, besonders auch der Arterienmedia mit sofort eintretender ausgedehnter Blutung beim Aufhören des Angiospasmus hervorrufen. Zwar führt bekanntlich eine Anämisierung des Gehirns in kürzester Zeit Bewußtlosigkeit und Einstellen aller, mit Ausnahme der Grundfunktionen des Gehirns herbei, anderseits wissen wir, daß der Sauerstoffaufbrauch des Zentralnervensystems wie auch sein Stoffwechselkoeffizient sehr niedrig ist, was zum Teil gegen die Annahme Westphals von einer sehr schnellen Ansäuerung des Gewebes nach einem Gefäßspasmus spricht.

Wir glauben jedoch, daß mit jeder einzelnen dieser Hypothesen alle Blutungen und Erweichungen im Zentralnervensystem nicht völlig geklärt sein können. Es ist viel wahrscheinlicher, daß für den Mechanismus verschiedener Blutungen und Erweichungen jeweils auch verschiedene Erklärungen herangezogen werden müssen. In diesem Zusammenhang darf auch die alte Annahme von der Zerreißung der Gefäße nicht ganz außer acht gelassen werden. Zweifelsohne kommen große Blutungen teilweise durch funktionelle, aber auch oft durch mechanische Störungen der arteriopathischen Gefäßwand zustande, worauf auch Marburg, letztens Pollak und Rezek hinweisen. So lassen sich selbst die höchst interessanten Untersuchungen von Lampert mit dieser Annahme zum Teil vereinen. Lampert hat bei seinen Leichenversuchen, welche er an 30 arteriosklerotisch erkrankten Gehirnen machte, eine Hirngefäßzerreißung in vier Fällen erzeugt, obwohl man zugeben muß, daß die Druckbelastung von 1520 mm Hg, mit welcher er arbeitete, bei weitem den höchsten menschlichen Blutdruck übertrifft. Auch die alte Lehre Charcot von Miliaraneurysmablutungen kann nach jetziger allgemeiner Auffassung nicht immer herangezogen werden. Die interessanten Untersuchungen von Pick haben diese Lehre zwar nicht ganz widerlegt, zum mindesten aber ihre Bedeutung so stark eingeschränkt, daß sie nur ganz selten zur Geltung kommen kann.

Wie wir wissen, spielt die Arteriosklerose bzw. die Arteriopathie bei Entstehung von Blutungen und Gehirnerweichungen bei älteren Leuten eine hervorragende Rolle. Schwarzacher betont mit Recht, daß die Beschaffenheit des zerebralen Gefäßsystems einen wichtigen Faktor für die Entstehung von Blutungen bildet. Leute mit Gefäßerkrankungen, alte Individuen, Hypertoniker sind besonders gefährdet. Selbstverständlich unterliegt die vasomotorische Ansprechbarkeit bedeutenden individuellen Schwankungen. Es gibt Leute, die schon nach geringfügigen Traumen bzw. anderen Reizen (z. B. der 18jährige Fußballspieler von Neubuerger) schwerste Gefäßreaktionen zeigen, wie sie für gewöhnlich bei normalen Individuen unter denselben Bedingungen nicht auftreten.

All diese Dinge zeigen die Notwendigkeit, den Versuch rein mechanischer Erklärung von zirkulatorisch bedingten Parenchymstörungen vorsichtig zu bewerten, jedoch darf man bei größeren Zerstörungen im Bereiche des Zentralnervensystems diese Möglichkeit nicht außer acht lassen.

MILLS schließt sich in der Erklärung der kleinen perivaskulären Blutungen, welche neben den großen Blutungsherden auftreten, der Theorie von DURET an, der auf Grund von Tierexperimenten dazu neigt, bei Traumen des Zentralnervensystems so große Liquorschwankungen im nervösen Parenchym anzunehmen, daß es plötzlich in den perivaskulären Lymphräumen zu einer Art von „Vakuum" kommt. Diese Druckschwankungen rund um die Gefäße sollen dann weiterhin den verhängnisvollen Blutaustritt herbeiführen.

In Parenthese wollen wir bemerken, daß ihrerseits FOSTER - KENNEDY und SACHS aus New York viele von den transitorischen zerebralen Ausfallserscheinungen, welche wir meistens auf Blutungen zurückführen, auf zirkumskripte Ödembildung im Zentralnervensystem beziehen. Es ist möglich, daß bei Vagotonikern, die an Asthma bronchiale, rezidivierender Urtikaria und anderen anaphylaktischen Ödembildungen leiden, man auch diese Möglichkeit in Betracht ziehen kann.

Es wäre interessant zu erfahren, warum manche Stellen des Zentralnervensystems mehr gefährdet sind wie andere. Wir wissen z. B., daß die arteriosklerotischen Veränderungen der Gefäße des Rückenmarkes wesentlich seltener vorkommen als die der Gefäße des Zerebrum. Wir wissen ebenso, daß die Basalarterien des Gehirns sehr stark verkalken können, so daß es zu einer Knorpelbildung in der Gefäßwand kommen kann, wie es als erster MARBURG, und zwar in den Gehirngefäßen, bewiesen hat. Wir wissen auch, daß Blutungen im Bereiche der Arteria cerebri media öfters vorkommen als an anderen Stellen, wie z. B. im Striopallidum, wo es häufiger zur Thrombosierung und folgender roter Erweichung kommt, was SCHWARTZ und GOLDSTEIN bewiesen zu haben glauben. KODAMA hat gezeigt, daß die Arteriosklerose des Hirnmantels von dem des Hirnstammes ganz unabhängig sein kann. Die Ganglien des Großhirns sind meistens nicht gleichmäßig von der Arteriosklerose betroffen. Der Prozentsatz steht für das Putamen am höchsten, dann folgt das Kaudatum und erst dann das Pallidum. (Das Pallidum zeigt auch normalerweise geringe Verkalkungen der Gefäße.) Dasselbe Verhältnis gilt auch ungefähr für die Häufigkeit der Erweichungen in diesen Ganglien. Diese Tatsache ist nicht immer leicht verständlich, da man einen Zusammenhang verschiedener Erkrankungen mit gewissen Gefäßgebieten vermuten darf. Auch die interessanten, auf eine große Zahl lehrreicher Fälle sich stützenden Ausführungen von SCHWARZACHER vermögen uns in der Frage nach der Ursache der Lokalisation im tiefen Mark unter Verschonung der Rinde kaum weiter zu helfen. Es ist jedenfalls bekannt, daß das tiefe Mark der Großhirnhemisphären sowie die basalen Ganglien recht häufig gegenüber Noxen, die die Gefäße betreffen oder vermutlich auf dem Blutwege hingelangen, eine ganz gesonderte Vulnerabilität besitzen. Das alles läßt vielleicht vermuten, daß die Veränderungen sich doch an ein bestimmtes Gefäßgebiet halten (vgl. Schwartz, Neubuerger). Warum aber gerade das betreffende Gefäß befallen wird, steht dahin. Mit den einfach mechanistischen Erklärungen nach Kolisko, wie sie neuerdings verschiedene Autoren aufstellen, dürfte man in vielen Fällen nicht auskommen. Mit dieser Deutung wäre es auch unmöglich, die von Neubuerger, Brinkmann u. a. beschriebene streifenförmige Erkrankung der dritten Schicht der Hirnrinde, der vierten Schicht der Kalkarinarinde und auch die elektiven Ausfälle im Ammonshorn, die bei besonderen Zuständen durch Spielmeyer beschriebenen Fälle in irgendwelchen Einklang zu bringen.

Eine besondere Vulnerabilität wird von C. und O. Vogt mit dem Namen Pathoklise bezeichnet. Spatz, Mueller u. a. haben die älteren Befunde von Zaleski und Guizzetti bestätigt und weiter ausgearbeitet, die einen Unterschied im Eisengehalt verschiedener Gehirnteile gefunden haben. Auf Grund dieser Befunde könnte man vielleicht mit Spatz von einer lokalen Vulnerabilität, die mit einem besonderen Chemismus der betreffenden Stelle einhergeht, sprechen. Wir glauben jedoch mit Spielmeyer, Neubuerger u. a., daß man in vielen Fällen eher einen funktionellen Krampf oder eine Erweiterung der Gefäße in Betracht ziehen muß.

Eine sehr interessante Arbeit über Blutungen in der Brücke veröffentlichten kürzlich Wilson und Winkelmann. Auf Grund von 129 Fällen kommen sie zu dem ganz überraschenden Ergebnis, daß bei Steigerung des Schädelbinnendruckes durch eine Blutung, einen Tumor oder eine andere Ursache es in 20% der Fälle zu multiplen Blutungen im Pons kommt, welche sie mechanistisch durch eine Stauung in den Basalarterien erklären.

Die Theorien der Blutdrucksteigerung sind zahlreich. Da die meisten bekannt sein dürften, werden wir sie an dieser Stelle nicht mehr wiederholen. Eine vermutlich weniger bekannte, nämlich die von Bordley und Baker, wollen wir hier besprechen. Sich auf die Angaben von Anrep und Starling stützend, die hingewiesen haben, daß jede Verminderung des Blutquantums zu den vasomotorischen Zentren in der Medulla oblongata einen kompensatorischen Blutdruckanstieg hervorruft, untersuchten sie die Gefäße der Medulla oblongata bei 24 Arteriosklerotikern. 14 von diesen hatten einen erhöhten Blutdruck und bei allen fanden sich Gefäßwandveränderungen in der Medulla oblongata, die zu einer Blutverarmung der Vasomotorenzentren geführt haben sollten. Diese Theorie kann

schwerlich die Hypertonie schon bei normalen Gefäßen des Zentralnervensystems erklären, sicherlich aber kaum bei Hypoplasie des Arteriensystems ohne Hochdruck (Fall von Pilcz).

Wie wir wissen, kommt es bei der sogenannten Arteriosklerose sehr
oft infolge der Arteriopathie zu einer Erweichung in den Basalganglien.
Da wir die Frage, wann es zu Hyperkinesien und wann es zu Akinesien
kommt, schon in einer Mitteilung über den Parkinsonismus lueticus aus-
führlicher erörtert haben, wollen wir hier auf die nähere Besprechung
dieser Befunde verzichten. Bekanntlich sind aber in der Physiopathologie
der Basalganglien noch viele Fragen völlig offen. Die Fälle, die bis jetzt
veröffentlicht wurden und die einen parkinsonartigen Zustand als Folge
einer Blutung oder Erweichung in den Basalganglien hatten, wider-
sprechen sich oft und gestatten auch nicht immer sichere Schlüsse in bezug
auf die Bedeutung des Corpus striatum und seiner Bestandteile. Von
den nur makroskopisch untersuchten Fällen ist der Loewysche Fall,
welcher von Fischer untersucht wurde, sehr interessant — von den
mikroskopisch untersuchten die Fälle von Lhermitte und Cornil (hier
entsprach einem Paralysis agitans ähnlichen Bilde eine beiderseitige
Zerstörung eines Teiles des medialen Pallidumgebietes sowie ausgesprochene Lakunen im Striatum und geringe Nigraveränderungen),
von Mingazzini, der sehr sorgfältig untersucht wurde und ein rechtsseitiger Parkinsonsyndrom mit einer vaskulär bedingten Zerstörung
des rechten Striatum und Pallidum zeigte, weiter der von O. Fischer
und der höchst interessante Fall von O. Marburg, der einen Hemi-
parkinson betrifft. Der Fall von Marburg zeigt, auf wie schwankendem
Boden unsere Begriffe über die Pathophysiologie des Extrapyramidiums
noch immer stehen. Hinzufügen müssen wir noch die Fälle von Martini
und Isserlin und auch den Fall von Borremans, die Erweichungen im
Striatum bei bestehendem Parkinsonismus fanden.

Da wir nun einige kleine Beiträge der interessanten Frage des
Parkinsonismus postapoplecticus beibringen wollen, erlauben wir uns,
einige Fälle mitzuteilen.

I. Fall. J. A., geboren 7. XII. 1869, gestorben 27. II. 1925. Patient
gibt an, daß er außer dem Gallensteinleiden immer gesund war. Lues negat.
Starker Trinker. Hat der Anamnese nach keine Encephalitis ep. durchgemacht. Verheiratet. Seine Frau ein Abortus, 3 Partus.

Am 24. II. 1924 Schlaganfall. Durch 15 Minuten war er bewußtlos.
Nachher wurde eine vollkommene spastische linksseitige Lähmung bemerkt.
Diese Lähmung trat langsam nach verschiedenen therapeutischen Versuchen
zurück und es entwickelte sich allmählich eine linksseitige Schüttellähmung.
Der Tremor der linken Körperhälfte war auch in der Ruhe bemerkbar.

Die linke Pupille reagierte kaum aufs Licht, die rechte reagierte gut.
Die Zunge wich leicht nach rechts ab. Leichte Parese des linken Mundfazialis. Leichte Parese der linken Extremitäten, an den oberen Extremitäten stärker ausgeprägt. Sehnenreflexe links stärker wie rechts. Babinski

links angedeutet, die Wassermannsche Reaktion aus Blutserum und Liquor negativ. Liquorbefund: Zellen 7, vorwiegend kleine. Gesamteiweiß (Salpetersäure) 30 bis 35 (vermehrt). Nonne positiv größer wie Weichbrodt.

Goldsol: 1, 1, 1, 2, 2, 2, 1, 1, 1 = negativ
Mastix: 1, 2, 2, 3, 3, 3, 3, 1, 0, 0, 0
b a b a b a a b

Lungen, Herz- und Bauchorgane schienen gesund.

Am 26. II. 1925 klagte Patient über Atemnot bei Bewegungen. Blutdruck nach Riva-Rocci 170. Im Herzen systolische Geräusche an der Spitze. Am 27. II. mußte sich Patient in das Bett legen. War auffallend blaß, subikterisch, klagte über Üblichkeiten. Pulsus irregularis perpetuus et inaequalis. Die Unregelmäßigkeit ist stark ausgesprochen ohne jeden Typus. Dabei ist die Frequenz herabgesetzt. Keine frustrale Herzkontraktionen. Frequenz und Tiefe der Atmung ungleichmäßig, auch ohne äußere Veranlassung. Keine Cheyne-Stokes-Atmung.

In diesem Zustand, welcher nur eine ganz kurze Zeit dauerte, ist Patient gestorben.

Obduktionsbefund: Alte weiße Erweichung im Bereiche der rechten Stammganglien und frische Erweichung der rechten Kleinhirnhemisphäre und der Medulla oblongata. Die rechte Arteria fossae Sylvii ist durch braun pigmentiertes, aus Organisation hervorgegangenes Bindegewebe verstopft. Idiopathische Herzhypertrophie ansehnlichen Grades. Im Klappenapparat weder frische noch ausgeheilte Entzündung nachweisbar. Keine globuläre Vegetationen im Herzen, keine Parietalthromben der Aorta. Die Aorta ist außerdem fast frei von atheromatösen Veränderungen. Reichliche Fettentwicklung im Bauch. Überaus muskelkräftiges Individuum mit robustem Knochenbau. Auffallende Fettentwicklung an der Hinterfläche der Oberarme. Das gelähmte linke Bein deutlich dicker als das rechte.

Das Gehirn, welches durch den Obduzenten derart zerlegt wurde, daß wir nur schiefe kaudo-frontale, beinahe horizontale Blöcke ausschneiden konnten, wurde in Formol aufbewahrt. Da manche Gehirnteile, wie die Brücke, die Oblongata und das Kleinhirn zu anderen Untersuchungen benützt wurden, können wir an dieser Stelle nur über Befunde an den übrigen Teilen des Gehirns berichten.

Um möglichst gute Zellbilder zu bekommen, wurden die Stücke 48 Stunden ausgewässert und durch drei Wochen in steigendem Alkohol behandelt, dann in Zelloidin eingebettet. Makroskopisch sieht man: die Erweichung hat einen großen Teil der Corona radiata rechts und die Cip eingenommen, so daß es zu einer taubeneigroßen Einschmelzung des Gewebes gekommen ist, die, sich auch nach unten verbreitend, den oralmedialen Teil des Striatum und des Pallidum vollkommen vernichtet hat. Die Erweichung hat auch das Claustrum und die Ca. ext. in dieser Gegend mitergriffen. Auf den kaudaleren Schnittflächen sieht man wieder das unversehrte kaudale Ende des Putamen und Pallidum auftreten, das Klaustrum jedoch und die Ca. ext. wie auch der obere Teil der Ca. int. sind wie bei vorhergenannten Schnitten vollkommen zerstört.

Wenn wir uns nun jetzt zu den mikroskopischen Bildern wenden, so stellt sich heraus, daß an der Stelle der ischämischen Erweichung, welche, wie wir aus der Krankengeschichte wissen, ein Jahr vor dem Tode stattgefunden hat, sich ein unvollkommen ausreichendes Narbengewebe ausgebildet hat. Dieses von der Cip ausgehende Narbengewebe (Schnitt 250) dringt zwischen den Thalamus und die Ca. extrema ein, so daß man von der Struktur des

Striatum und Pallidum, Klaustrum wie auch der Ca. ext. nichts mehr wahrnimmt. Von der Ca. int., die zwischen dem Thalamus und Linsenkern liegt, sind einige Inseln normalen Gewebes erhalten (Abb. 1).

Die großen Gefäße, die hier sichtbar sind, sind mit organisierten Thromben verschlossen. Aus den mit Van Gieson gefärbten Schnitten geht hervor, daß das reparatorische Narbengewebe aus feinen Gliafasern, welche mit dickeren Mesenchym ähnlichen Fibrillen vermischt, gebaut ist. Das mesodermale Gerüst stammt von den vielen neugebildeten Gefäßen, die alle Stadien der Erkrankung zeigen. Das am meisten charakteristische Bild der Gefäßerkrankung ist in diesem Falle eine proliferative Intimawucherung, die mit einem staunend gut erhaltenen Endothel einhergeht. Die gewucherte Intima besteht aus einem zarten lockeren Gewebe mit wenigen Kernen ausgestattet, das sich meistens in drei deutliche Schichten teilt. In der ersten Schicht, die spärliche längliche, konzentrisch angelegte Kerne zeigt, ist mit Pikrinsäure gelb färbbar, die zweite Schicht, die vielleicht etwas homogenesiert erscheint und schlecht färbbare Kerne in sich trägt, ist rosarot gefärbt. Die äußere Schicht besteht aus dünnen gelblichen und dickeren roten Fasern, in denen schon viel häufiger große runde Kerne vorkommen, die in diesem mesenchymähnlichen Gewebe eingesprengt sind. Die Elastika ist verdickt, manchmal aufgesplittert, meist jedoch gut erhalten, zeigt viele runde aufleuchtende Kügelchen, die jedoch in dickeren Schnitten bei drehender Mikrometerschraube als längliche spaltähnliche Gebilde imponieren. Wenn die in der Schnittfläche liegen, dann erscheint

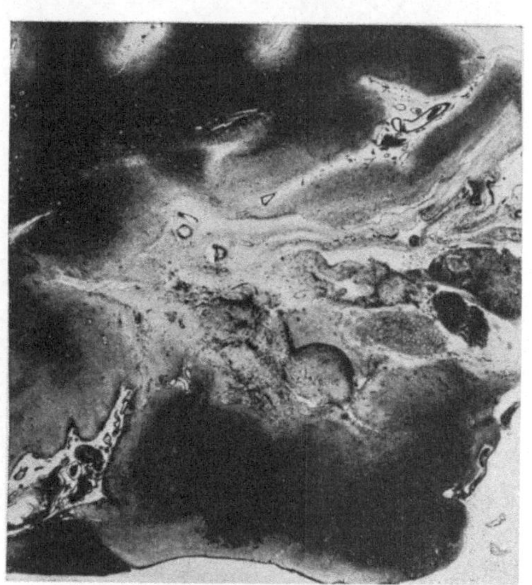

Abb. 1. Narbe im Striatum

die Elastika wie ausgefranst. Sie entsprechen den sogenannten „Fenestrae", sind aber viel reichlicher wie normal vorhanden. Die Elastika, die vielleicht stärker als normal geschlängelt erscheint, ist von längsstreifigen Schichten mit sichtbaren Gewebskernen sowohl von innen wie auch von außen eingerahmt. (Subendotheliale und subelastische Grenzlamellen.) Diese beiden Grenzlamellen sind im Verhältnis zu den Gefäßen stark verdickt.

Die Media ist meist stark verdickt, zeigt aber an dieser Stelle keine anderen Degenerationserscheinungen. Die Adventitia ist auch stark verdickt und entsendet retikuläre Netze, die, wie gesagt, das reparatorische Narbengewebe bilden helfen. Alle Gefäße zeigen eine starke Schlängelung, so daß sie mehrmalig in der Schnittfläche getroffen werden und Bilder von Paketen und Gefäßkonvoluten zeigen. Vollkommene Verschließung des Lumen konnten wir da nicht finden. In dem reparatorischen Gewebe sieht man vielfach frische Blutungen, die sich als Diapedesis-Blutungen bezeichnen lassen. Diese Art von Blutung sieht man sehr schön an längsgetroffenen

Gefäßen (Präkapillaren und kleinen Arterien), die wie von Blutkörperchen
und Blutpigment gebildeten Manschetten umringt sind. Das Blutpigment
liegt meistens in Makrophagen. Man sieht auch viele Gitter und Abräumzellen verschiedener Herkunft. Man findet auch Blutmassen, die homogenisiert erscheinen und vielfach in sich Vakuolen tragen. Außer diesen
schon homogenisierten Blutmassen sieht man andere schlecht färbbare
schollige oder homogene Bezirke, die eine traubenförmige Zerklüftung zeigen.
Diese „Desintegrationserscheinung" an Blutmassen älteren Datums und an
anderen Gewebsteilen verstärkt sich an der Peripherie. Man findet auch
kleine frische Erweichungsherde mit vielen Körnchenzellen. An vielen
Stellen, manchmal nicht unmittelbar in der Nähe der Gefäße, sieht man
große rundzellige Infiltrate, die höchstwahrscheinlich aus Lymphozyten

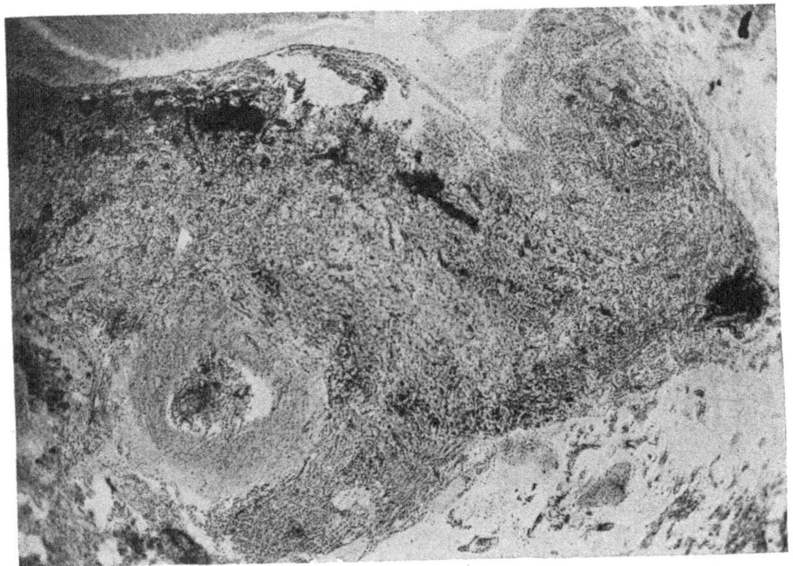

Abb. 2. Gumma im Narbengewebe

bestehen. In der Nähe des homogenisierten Feldes findet man ein erbsen-
großes Gumma (Abb. 2). Es ist durch Züge von Fibroblasten von Gefäß-
neubildung, Riesenzellen mit wandständigen Kernen und Verkäsung charakterisiert. Die Bindegewebswucherung und Lymphozyteninfiltration der
peripheren Teile des Gumma ist sehr intensiv. Man sieht auch Gliarasen
mit großen ovalen Zellen, die z. T. den Riesenzellen ähnlich sind. Nur in
diesem Neugebilde konnten wir an kleineren Gefäßen eine typische Heubnersche Endarteriitis finden, sonst haben wir diese Form der Gefäßerkrankung
nirgends mehr angetroffen.

　　In diesem Felde, das dem Striatum entsprechen sollte, kann man keine
einzige Striatum- oder Pallidumzelle sehen. Auch im Markscheidenpräparate
sieht man nichts von der eigentlichen charakteristischen Struktur dieser
Ganglien, die ganz in der Vernichtungszone verschwinden. Im Kaudatum,
welches oberhalb des Thalamus zu sehen ist, findet sich in der Mitte eine

kleine frische Blutung. Außerhalb dieser Blutung sind sowohl die großen wie auch die kleinen Ganglienzellen gut erhalten.

Ein großer Teil des Thalamus scheint normal zu sein. Die Zellen, die hier zu finden sind, sind ganz gut erhalten, zeigen nur eine beträchtliche Menge von Lipofuszin. Der basalmediale Teil der Ca. int., der noch stellenweise erhalten ist, zeigt ein sehr interessantes Bild. In Markscheidenpräparaten sind die meisten Fasern ausgefallen und es zeigt sich an jener Stelle ein schön areoliertes Feld. Die Glia zeigt dort proliferative Erscheinungen. Anstatt der normalerweise am häufigsten anzutreffenden kleinen Gliakerne sieht man sehr große helle, längliche Kerne, die sehr oft von einem breiten, gelappten homogenen Plasmahof umgeben sind. Diese Plasmahöfe sind meistens synzytial untereinander verbunden und enthalten zwei bis drei große Kerne (Gliarasen).

Die Gefäße zeigen hier meistens dieselben Veränderungen wie im reparatorischen Gewebe der postapoplektischen Narbe und sind von einem bedeutenden infiltrativen, wohl aus Lymphozyten bestehenden Ring umgeben.

Die Zellen der Substantia innominata Reicherti wie auch die Zellen des Tuber sind sehr gut erhalten und zeigen normale Bilder.

Ganz kaudalwärts, wo schon der Nucleus ruber und die Substantia nigra auftauchen, sieht man, daß der Rest des Striatum und des Pallidum erhalten ist. Die postapoplektische Narbe nimmt nur die Ca. ext. wie auch das Claustrum ein und legt sich an einer Seite dem Putamen, an der anderen der Ca. extrema, bzw. der Inselrinde an. An dieser Stelle sind die Markscheidenpräparate sehr lehrreich. Wir sehen, daß die frontopontinen Bahnen fast vollkommen entartet und ausgefallen sind, dasselbe ist bei der Pyramidenbahn zu bemerken. Das Türksche Bündel, d. h. die parieto-temporo-pontinen Bahnen und die Fibrae perforantes pedunculi, die vom Linsenkern abstammen, sind gut erhalten.

Über die Ansa lenticularis ist schwer zu berichten. Dort, wo sie sich in der mittleren Zone befinden sollte, ist sie in das Vernichtungsgebiet einbezogen. Oral ist sie vorhanden und normal. Die kaudalen Reste des Putamen, Kaudatum und Pallidum sind anscheinend normal. Der Nucleus ruber und Corpus subthalamicum Luysi sind dem Anschein nach nicht verändert. Der Thalamus ist in seinen medioventralen Kernen areoliert.

Die Zell- und Plasmafärbungen zeigen auch sehr lehrreiche Bilder. In der postapoplektischen Narbe treffen wir dieselben früher beschriebenen Verhältnisse. Die Thalamuszellen sind normal, aber stark lipofuszinhaltig. Die Areolierung der medioventralen Kerne des Thalamus ist auch hier gut sichtbar. Die Caudatum-, Putamen- und Pallidumzellen sind gut erhalten. Die Zellen des Corpus Luysii sind anscheinend normal.

Die Zellen der Substantia Nigra zeigen eine sehr interessante Veränderung. Auf der Seite der Blutung zeigt sich, daß viele von den melaninhaltigen Zellen degenerieren. Die Zellen scheinen gebläht zu sein, der Kern wird schlecht färbbar und rückt der Peripherie zu. Manchmal berstet die Zelle, so daß man das schwarze Pigment in die Umgebung austreten sieht. Meistens ist jedoch dieser Prozeß schon abgelaufen. Anstatt der Zellen sieht man nur Melaninklumpen und Schollen, die frei im Gewebe liegen. Auffallenderweise reagiert die Glia nicht sehr intensiv auf die Schädigung, so daß man keine Neuronophagie, auch keine wesentliche Vermehrung dieser Elemente zu sehen bekommt. Nur die freiliegenden Pigmentschollen werden von den Gliaelementen umgeben und gegen die Gefäße zu abtransportiert. Dieser Prozeß verläuft ohne Bildung von Gliarosetten oder Gliahäufchen.

Es kommt aber manchmal zur Bildung von Riesengliakernen und anderen aktivierten Formen, die schöne plasmareiche Faserbildner zeigen. Die degenerative Veränderung der Ganglienzellen ist lateralwärts stärker ausgeprägt wie medialwärts, keineswegs jedoch sehr markant. Dementsprechend ist vielleicht auch die Lichtung des Stratum intermedium ganz schwach wahrnehmbar. Bemerkenswert ist, daß an der Substantia nigra der anderen Seite gar keine Anzeichen einer Degeneration zu sehen sind.

Die Stelle der Ca. int., wo die Pyramiden- und frontopontinen Bahnen verlaufen, sind, wie schon erwähnt wurde, stark areoliert. Man sieht viele aktivierte riesige Gliakerne, die groß, länglich, hell und mit spärlichem Chromatingerüst ausgestattet erscheinen. Dort, wo die frontopontinen Bündel normalerweise verlaufen, sieht man außerdem große homogene plasmatische

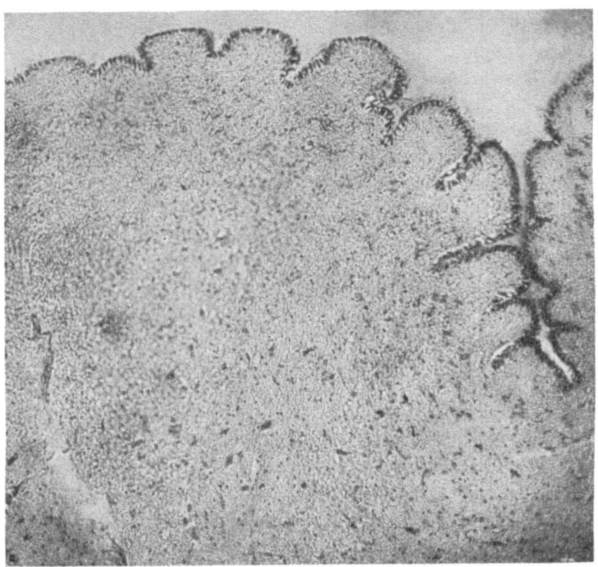

Abb. 3. Ependymgranulationen

Zellen mit einem, öfters aber mit einigen großen blasigen Kernen. Die plasmatischen Zellen sind untereinander synzytial verbunden. Ohne Zweifel sind das plasmareiche Gliazellen (Gliarasen).

Eine interessante Veränderung zeigt das Ependym. Es ist zwar sehr gut erhalten, zeigt aber drüsenartige Einkerbungen und Falten (Zotten), die zweigartig in die Tiefe des Parenchyms eindringen. Man wäre geneigt, zu sagen, daß diese Ependymveränderung sich zu der Ependymitis granulosa so verhält wie das Negativ zum Positiv. Diese Einkerbungen müssen wohl als Folge einer Sklerosierung des Thalamusparenchyms aufgefaßt werden (Abb. 3).

Die Gefäße sind überall verändert. Sie zeigen dieselben Veränderungen, wie sie schon vorher beschrieben wurden, und außerdem eine starke perivaskuläre Infiltration, die am reichlichsten aus Lymphozyten besteht. Die perivaskulären Räume sind jedoch nicht besonders erweitert. Hie und da finden sich in diesen Räumen zwischen den Lymphozyten einzelne Plasmazellen.

Was die Abbau- und Ablagerungsstoffe anbelangt, so sieht man überall sowohl in der weißen wie in der grauen Substanz Corpora amylacea auftreten. Meistens jedoch findet man sie unter dem Ependym. Kalk konnten wir nirgends nachweisen, Hyalin in den Gefäßwänden nur in ganz unbedeutenden Mengen. Blutpigment war überall in der Nähe der frischen Blutungsherde zu finden, Melanin in der geschädigten Substantia nigra.

Wenn wir nun jetzt die Krankengeschichte und unsere anatomischen Untersuchungen kurz zusammenfassen, so ergibt sich, daß wir es mit einem 56jährigen Manne zu tun haben, der in seinem 55. Lebensjahr von einer linksseitigen Hemiplegie befallen wurde. Die Hemiplegie ging durch eine richtige Behandlung in eine Parese über, die wieder in eine linksseitige Schüttellähmung, welche sich mit Pyramidenzeichen kombinierte, sich umwandelte. Wir glauben von einem ganz leichten parkinsonistischen Hemisyndrom mit Ruhetremor sprechen zu dürfen.

Die Autopsie hat eine weiße alte Erweichung im Bereiche der rechten Stammganglien und Ca. int. und zwei frische Erweichungen ergeben. Von den frischen Erweichungen war die eine im rechten Kleinhirn zu finden, die zweite, die wahrscheinlich die Todesursache war, in der Medulla oblongata.

Die mikroskopische Untersuchung hat einen fast kompletten Ausfall der Pyramiden- und frontopontinen Bahn ergeben. In dem areolierten Gewebe der Ca. int. wie auch in einzelnen Kernen des Thalamus, wo diese Areolierung auch zu sehen ist, befinden sich große plasmareiche, homogene, vielkernige Gliazellen (Gliarasen). Im reparatorischen Narbengewebe, wo wir ein typisches Gumma ausfindig machten, sieht man einige frischere Blutungen, die per Diapedesin entstanden sind. Das so entstandene Blutpigment und Detritus wird durch Makrophagen, Gitter und Abräumzellen verschiedener Herkunft phagozytiert und wegtransportiert. Die Zellen der nicht vernichteten Teile des Parenchyms, d. h. die Thalamuszellen, Zellen der Substantia innominata Reicherti, des Nucleus ruber, des Corpus Luysi und die Zellen der erhaltenen Teile des Striatum und Pallidum zeigen keine degenerativen Erscheinungen. Die Ansa lenticularis ist teilweise erhalten, so auch die Fibrae perforantes pedunculi. Die Türckschen Bündel sind anscheinend normal.

Die Entartung der Substantia nigra ist höchst bemerkenswert. Neben ganz gut erhaltenen Zellen finden wir vollkommen vernichtete, Schattenzellen, Zellen mit zusammengeballtem Melanin und freie Melaninklumpen im Gewebe, die auch in den gliogenen Abräumzellen auftreten oder schon in die perivaskulären Räume abtransportiert wurden (Abb. 4). Die Phagozytose ist nicht besonders stark ausgesprochen. Oft sieht man in der nächsten Umgebung der vernichteten Ganglienzellen und Melaninschollen große Gliakerne, die mit einem homogenen Plasmahof umgeben

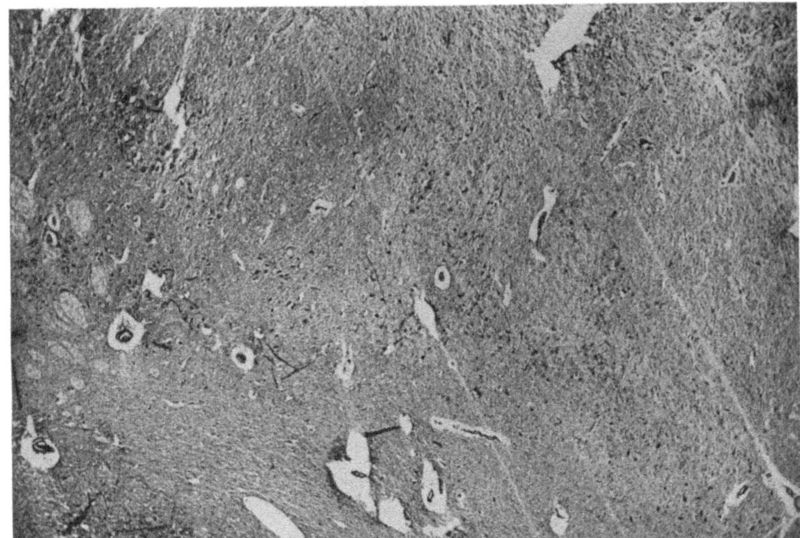

Abb. 4. Entartung der Substantia nigra

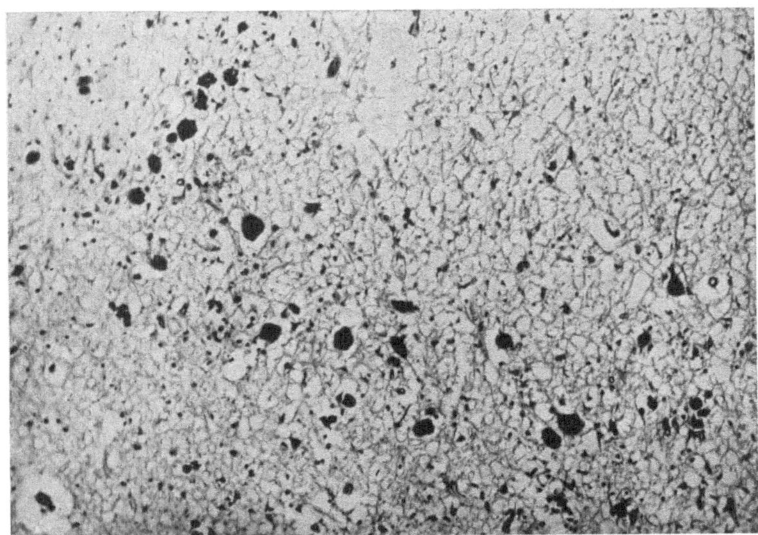

Abb. 5. Teilstück aus Abb. 4

sind und eine Anzahl von Fasern entsenden. Sie bilden eben das Stütz-
und Ersatzelement, die das durch die Degeneration gelockerte Gewebe
in ein geschlossenes Gewebsgefüge umwandeln (Status impletus glio-
fibrosus; Abb. 5).

Die arteriopathischen Veränderungen sind in allen Gefäßen der untersuchten Teile zu finden. Die am meisten charakteristischen sind die Intimawucherung mit gut erhaltenem Endothel. Die Media und Adventitia ist lediglich stark verdickt, nirgends verkalkt, höchst selten hyalinisiert. Die Elastika ist verdickt und zeigt ein stark vermehrtes Auftreten der „Fenestrae", die ja keine Löcher darstellen, sondern aus indifferentem Protoplasma bestehen und als Zufuhrswege für neues Plasma und Kernmaterial in der Media und Intima im Krankheitszustand aufzufassen sind.

Wie ist es nun zu dem Schlaganfall gekommen? Wie wir aus der Krankengeschichte und der mikroskopischen Untersuchung ersehen können, haben wir es mit einem Potator und Hypertoniker zu tun (170 mm R. R.), der trotz aller negativen Luesbefunde sicherlich ein Luetiker war. Dieses Moment wollen wir ganz besonders betonen. Klinisch spricht die Pupillenreaktion für diese Diagnose, anatomisch das typische Gumma und außerdem bis zu einem gewissen Grade die lymphozytären Infiltrate, nebenbei vielleicht auch das Vorhandensein der Plasmazellen und die Endarteriitis. Da man bei dem Patienten von keiner Herz- oder Venenkrankheit berichten kann, die zu einem Thrombus führen konnte, glauben wir die Erweichung auf eine luetisch bedingte Gefäßschädigung innerhalb des Gehirns zurückführen zu können. Da der Insult vor einer geraumen Zeit stattfand, ist es nicht leicht festzustellen, ob es sich in diesem Falle um einen funktionellen Spasmus handelte oder um eine anatomisch greifbare Gefäßerkrankung. Wahrscheinlicher jedoch ist es, daß bei einem mit Lues behafteten älteren Individuum mit sichtbarer Endarteriitis der Gefäßverschluß doch anatomisch bedingt war. Ob es sich um einen Thrombus oder um einen obliteriierenden Gefäßverschluß handelt, muß schon darum dahingestellt werden, da das Gefäß selbst längst vernichtet wurde. Jedenfalls ist zu betonen, daß der Obduzent einen organisierten Thrombus in der Arteria fossae Sylvii finden konnte. Durch diesen Gefäßverschluß auf mechanischem Wege ist es zu einer ausgedehnten Nekrose gekommen. Da wir unter der klassischen weißen (ischämischen) Erweichung des Gehirns eine Kolliquationsnekrose meistens verstehen, was aus den Untersuchungen von ERNST hervorgeht, so können wir auch die Erweichung in unserem Falle als solche bezeichnen.

Es ist kaum verständlich, daß ein Kranker mit so großer Schädigung der Pyramidenbahn zuletzt nur eine ziemlich leichte Parese zeigte und auch, daß er trotz der großen Vernichtungen im Bereiche des Striatum und Pallidum so wenige Anhaltspunkte für die klinische Diagnose des hemiparkinsonistischen Syndroms gab.

Die homolaterale Schädigung der Substantia nigra könnte man auf zweierlei Art auffassen:

1. Es wäre möglich, daß es sich um eine parenchymatöse, primäre, luetische Degeneration der Substantia nigra handelt (vgl. Fall I bei Parkinsonismus lueticus), oder

2. daß gemäß den neueren Untersuchungen von Jacob, Marburg, Poppi, die festgestellt haben, daß die Substantia nigra bzw. das Stratum intermedium seine Fasern vom Pallidum bezieht, der Prozeß eine sekundäre Degeneration der Ganglienzellen vorstellt.

Fall II. — Wir wollen an dieser Stelle über einen Fall von hauptsächlich einseitiger Erweichung des linken Putamen berichten. Da der Fall schon in unserer Arbeit über den Parkinsonismus lueticus ausführlich besprochen wurde, verweisen wir auf die dort sich befindende genaue Beschreibung.

Kurz zusammengefaßt, handelt es sich um eine 69jährige Frau J. P., die vier Jahre vor dem Tode nach einem Schlaganfall ein parkinsonistisches Syndrom zeigte. Der Tremor fehlte vollkommen. Die Serum- und Liquorbefunde waren positiv. Bei der Autopsie wurden zwei größere Erweichungsherde gefunden; ein besonders großer im linken Putamen und ein kleinerer in der rechten Ca. int., der aber auf das Kaudatum ein wenig übergriff. Außerdem haben wir einen ganz kleinen Herd im linken Pallidum und einige mikroskopische Blutungen im Thalamus und Tuber gefunden, denen man wohl keine größere Bedeutung zuschreiben muß. Das linke Putamenparenchym war außerdem stark durch mächtig vergrößerte Gefäßkonvolute verdrängt. Die Substantia innominata war auch teilweise durch den kaudalen Teil des linken Herdes vernichtet. Alle Blutgefäße zeigten arteriopathische Veränderungen, die oralwärts viel schwerer wie kaudalwärts sich erwiesen (Abb 6). Da wir außer diesen Gefäßveränderungen auch die Heubnersche Endarteriitis und lymphozytäre Infiltrate rund um manche Gefäße feststellen konnten, haben wir alle diese Veränderungen nicht nur lediglich der sogenannten Arteriosklerose zugeschrieben, sondern sie als luetische Gefäßerkrankung erfaßt. Wir konnten nirgends geborstene Gefäße feststellen. Die typische Veränderung der Gefäße war die Mesarteriitis mit Wandhyalinisierung. Die Intima war oft gewuchert, aufgelockert und zeigte manchmal eine Abschälung von der Media. Manchmal war auch eine Endarteriitis sensu strictiori zu sehen, die fast zum Verschluß des Gefäßes führte. Die Adventitia war meistens gequollen, dadurch verbreitert und manchmal in mehrere Lamellen aufgespalten. Außerdem waren die Gefäße erweitert und bildeten Gefäßkonvolute und Pakete. Der große Herd war in Erweichung begriffen. Wir sahen viele Körnchenzellen, Abbauzellen und Detritus. Die mesodermale Reaktion um den Herd war eigentlich nicht stark ausgeprägt. Das Parenchym war außerhalb der Nekroseherde vollkommen gut erhalten. Die Ganglienzellen zeigten normale Bilder sowohl in der Substantia nigra wie im Pallidum und in den Striata. Die Glia war im allgemeinen nicht wesentlich verändert. In der Nähe der Herde war sie lediglich mit Blutpigment erfüllt. Das Ependym war vollkommen normal.

Wie wir ersehen, müssen wir das parkinsonistische Syndrom auf die Erweichung im linken Putamen zurückführen. Die anderen Erweichungsherde waren zu klein, um ihnen eine größere Bedeutung zuzuschreiben. Hervorzuheben ist die Intaktheit der Substantia nigra. Die Annahme VOGTs über die somatotopische Gliederung der Striata ist in diesem Falle zum Unterschied von Fall I nicht zu verwenden. Wie wir jedoch wissen,

Abb. 6. Verkalkte Gefäße; Parenchymzerstörung

kommt dieses Moment oft vor (Fälle von LOEPER und FORESTIER und anderen Autoren). Wie man diese Tatsache erklären soll, ist noch unklar.

Fall III. — Da dieser Fall schon in unserer Arbeit über den Parkinsonismus polyskleroticus eingehend besprochen wurde, so verweisen wir auf die dort sich befindende genaue Beschreibung.

Ganz kurz zusammengefaßt, handelt es sich in diesem Falle um einen 43jährigen Mann L. K., welcher an einer Sklerosis disseminata litt. Zwei Monate vor seinem Tode kam es bei dem Patienten, der eine starke Hypertonie zeigte (R. R. 180 mm), zu einem Schlaganfall, der merkwürdigerweise keine Lähmung nach sich zog, sondern eine Amimie, Schluckstörungen und einen extrapyramidalen Hypertonus der oberen Extremitäten zur Folge hatte. Die Obduktion bestätigte die Diagnose

der multiplen Sklerose. Außerdem fand der Obduzent im rechten Putamen
und Kaudatumkopf multiple, größere, kleinere und mikroskopisch kleine
Höhlen, die zum Teil bluthaltig waren. Die größeren haben nur Spuren
von Blut an den Wänden gehabt. Je kleiner die Höhle war, desto mehr
bluthaltiger war sie. Einzelne Aushöhlungen führten geborstene Blutgefäße in der Mitte. Wir glauben behaupten zu können, daß in diesem
Falle die größeren Höhlen durch ein Konfluieren der kleineren entstanden
sind. Man konnte unter dem Mikroskop verschiedene Stadien der Entstehung der größeren Blutungsherde untersuchen. Wir sahen mikroskopische Kapillarblutungen, die nur durch eine dünne Schicht eines
geschädigten Parenchyms getrennt waren. Wir vermuten, daß die größeren
Aushöhlungen durch Zerstörung der geschädigten parenchymatösen
Scheidewand entstanden sind. Die größeren Höhlen waren im Gebiete
des Putamen und Kaudatum zu finden und ausschließlich in ihrem
oralen Teile. Teilweise befanden sie sich in den „entmarkten Plaques",
teilweise aber außerhalb der Skleroseherde. In diesem Falle haben wir
auch Spalten (wahrscheinlich ödematösen Ursprungs), die sich in Gewebs-
defekten ausbildeten, gesehen, ferner Lückenfelder, einen Status spon-
giosus und überall einen ausgesprochenen Status praecribratus. Die
meisten Gefäße waren erweitert, stellenweise mit Lymphozyten infiltriert
und mit ausgetretenen Blutkörperchen umgeben. Auffallenderweise
reagierte das anliegende Gewebe ziemlich wenig auf diese ungeheure
Schädigung.

Wie es zu ersehen ist, können wir die amyostatischen Symptome des
Falles L. K. nicht auf die Plaques im Putamen und Kaudatum, sondern
auf die multiplen Blutungsherde zurückführen, da sie erst nach einem
Schlaganfalle hervorgetreten sind. Die multiplen mikroskopischen
Blutungsherde kann man vielleicht auf eine funktionelle Störung der
Präkapillaren- und Kapillarenwand — vasomotorischen Apparat zurück-
führen. Diese Annahme versuchten wir in der Arbeit über den Parkin-
sonismus polyscleroticus ausführlich zu besprechen und zu beweisen.

Fall IV. — Herr F. P., geboren 1858, Exitus 24. V. 1926. Stets gesund.
Anamnestisch keine Anhaltspunkte für eine überstandene Encephalitis
epidemica. Potus, Nikotin reichlich. Venerea negiert. Seit 1925 fühlte er
eine Schwäche in den Gliedern. Noch in demselben Jahre bemerkten seine
Angehörigen eine starke Gedächtnisschwäche. Am 16. Januar 1926 kurzer
Schlaganfall. Patient war eine halbe Stunde bewußtlos. Nachdem Ver-
lorenheit, Demenz, Verwirrtheit.

Somatisch: Die Pupillen reagieren gut auf Licht und Konvergenz.
Leichte Augenmuskel- und Blickparesen, die infolge des psychischen Zustandes
nicht genauer ausgewertet werden konnten (anscheinend Blickparesen nach
rechts). Leichte Parese des rechten Mundfazialis, sonst stark amimisches
Gesicht. An den Extremitäten keine sicheren Paresen; Spasmen in den
unteren Extremitäten ganz geringfügig, jedenfalls rechts stärker wie links.
Die periostalen wie auch die Sehnenreflexe sind sowohl an den oberen als

auch an den unteren Extremitäten gesteigert, jedoch beiderseits gleich. Keine pathologischen Reflexe, keine Pyramidenzeichen. Der plastische Tonus an den Extremitäten stark erhöht. Der Gang des Patienten ist kleinschrittig, breitbeinig, senil unsicher. Alle Bewegungen sind stark verlangsamt. Kein Tremor. Die Wassermannsche Reaktion aus Serum und Liquor ist negativ ausgefallen. Liquorbefund: Gesamteiweiß (Salpetersäure) 12 (normal). Nonne Appelt und Weichbrodt negativ. Goldsol und Mastix negativ.

Obduktion: Eitrige Bronchitis, seniles Lungenemphysem, Lobulärpneumonie. Exzentrische Hypertrophien beider Ventrikel. Gehirn: In den mittleren Teilen der Stammganglien beiderseits alte Erweichungsherde. Ein größerer im linken oberen Anteil des Putamen und ein kleinerer im rechten unteren Anteil des rechten Putamen. Außerdem einige ganz kleine

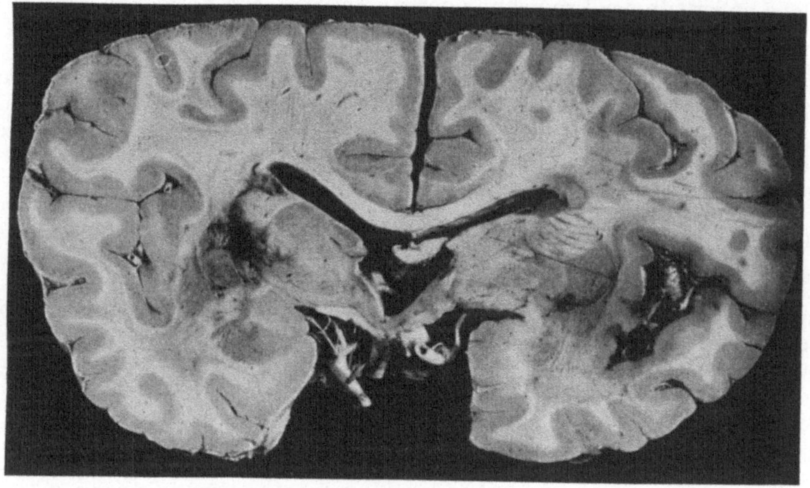

Abb. 7. Erweichung im linken Putamen und Pallidum

Blutungen im Thalamus der linken Seite. Die basalen Gefäße zeigen Erscheinungen einer vorgeschrittenen Arteriosklerose.

Das Gehirn wurde in Formol fixiert, die Basalganglien und Stücke vom Kleinhirn und vom Frontalhirn wurden ausgeschnitten und in Zelloidin eingebettet. Die mikroskopische Untersuchung hat ergeben: An der Stelle der höchsten Entwicklung des Nucleus amygdalae sehen wir die stärkste Breitenausdehnung der Erweichung im linken Putamen und Pallidum. Vom Pallidum sind die beiden äußeren Teile in die Erweichung einbezogen, nur der dritte mediale Teil ist gut erhalten und normal (Abb. 7). Von der Erweichung im Putamen sieht man durch die Ca. int. einen blutigen Streifen in den Nucleus caudatus ziehen, der die beiden Erweichungen verbindet. Außerdem sieht man einen ausgesprochenen Status praecribratus um die Gefäße. Die Erweichung ist ungefähr von Haselnußgröße, erstreckt sich nicht weit oralund kaudalwärts. Schon vor der Commissura anterior ist sie nicht mehr zu finden. Kaudalwärts vor dem Auftreten der ersten Anfänge des Nucleus ruber kommt die Erweichung zum Schwinden. Rund um den Defekt, welcher durch die Erweichung entstanden ist, sieht man eine Unmenge von Körnchenzellen, die mit gelbem Blutpigment vollgepfropft sind. Man sieht aber auch viele Blutpigmenthäufchen und Blutkörperchen frei im Gewebe liegen. Schon in der nächsten Nähe der Erweichung sieht man unbeschädigte große und kleine Ganglienzellen, des Putamen wie auch ganz normale Ganglienzellen des Pallidum. Die Glia scheint außerhalb der Erweichung nicht beschädigt zu sein, jedenfalls ist sie mit staubförmigem Blutpigment, der schwarz tingiert ist, erfüllt. Um die Erweichung sieht man eine mäßige Bindegewebsreaktion. Man sieht auch neue Gefäße sich bilden. Einige frisch gebildete Endothelschläuche in der nächsten Umgebung des Defektes sind sichtbar. Die Ca. int. scheint wie mechanisch durch das eindringende Blut aufgespalten. Im Nucleus caudatus finden wir eine kleine rote Erweichung, die durch die blutige Spalte in der Ca. interna mit der Erweichung im Putamen und Pallidum in Verbindung steht. Die Ganglienzellen des Kaudatum, welche außerhalb der Erweichung liegen, scheinen ganz normal zu sein. Die Gefäße zeigen überall alle Stadien der Wanderkrankung. Die Intima zeigt proliferative Veränderungen. Man sieht in der Intima ein Fasergeflecht, das aus elastischen wie auch aus kollagenen Fasern besteht. Manchmal sieht man eine Hyalinisierung und Auflockerung der Fasern, die vielleicht als eine Vorstufe des Atheroms aufzufassen sind. Das Endothel ist meistens gut erhalten. Die Media ist verdickt, öfters hyalinisiert, manchmal verkalkt. Besonders in der nächsten Umgebung der Erweichung sieht man diese charakteristischen arteriopathischen Veränderungen stark ausgeprägt. Die Adventitia ist häufig verdickt und scheint gequollen zu sein. Sowohl die Media wie auch die Adventitia zeigen manchmal eine lamellenartig konzentrisch angelegte Aufsplitterung. Um die Gefäße sieht man fast überall riesig erweiterte perivaskuläre Räume und Spalten. An manchen Stellen, besonders häufig aber im Pallidum sieht man in der Nähe der Erweichung verkalkte Kapillaren auftreten.

Das Ependym ist gut erhalten und normal. Subependymär sieht man hie und da eine Anhäufung von Corpora amylacea.

Die Thalamuszellen sind normal. Im Thalamus finden wir einige hirsekorngroße Blutungen und hyalinisierte Gefäße. Das Blutpigment und die Blutkörperchen, welche nebeneinander zu sehen sind, liegen mit einigen Körnchenzellen um diese Gefäße herum; die Wandbestandteile dieser Gefäße lassen sich im allgemeinen viel schlechter färben im Gegensatze zu anderen, auch arteriopathisch veränderten Gefäßen, die jedoch keinen Blutaustritt zeigen. Das Blutpigment und die Blutbestandteile liegen teilweise in den wie gesagt allgemein stark erweiterten perivaskulären Räumen, teilweise jedoch dringen sie auch in das umgebende Parenchym ein (Abb. 8).

In dem Tuber, Nucleus ruber und Corpus subthalamicum der linken Seite konnten wir keine pathologischen Erscheinungen finden. Im Gegensatze dazu zeigte die Substantia nigra höchst interessante Veränderungen. Neben sehr gut erhaltenen Zellen sieht man hie und da jedoch mehr lateralwärts wie medialwärts Ganglienzellen mit klumpigen Pigmentschollen und Zellen, welche als Zellschatten neben frei im Gewebe liegenden Häufchen von Melanin erscheinen. Diese Veränderungen sind jedoch meist nicht zu stark ausgeprägt. Die kleine Glia (Oligodendrozyten, Hortegasche Zellen) ist um die erkrankten Zellen vermehrt und zeigt manchmal Bilder, die der sogenannten Ummauerung ähnlich sind. Manchmal scheint es auch, als ob die kleine Glia in die erkrankten Zellen eingedrungen wäre. Diese „Phagozytose" der Trabantzellen wie auch die Ummauerung ist jedoch ziemlich selten.

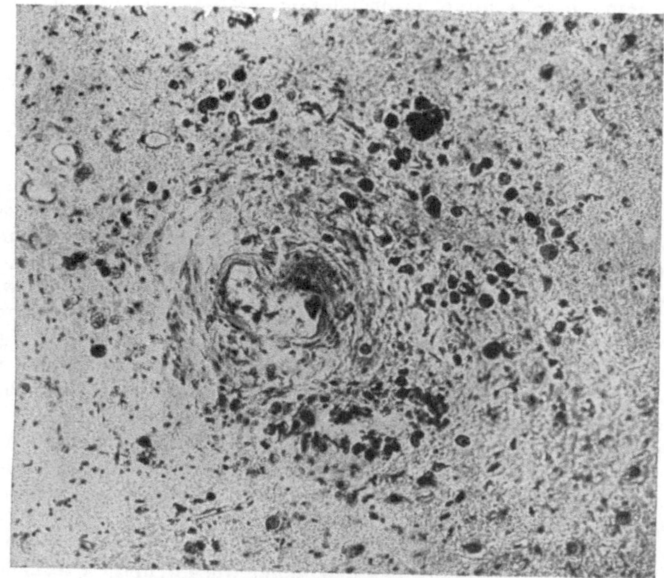

Abb. 8. Blutung im Thalamus

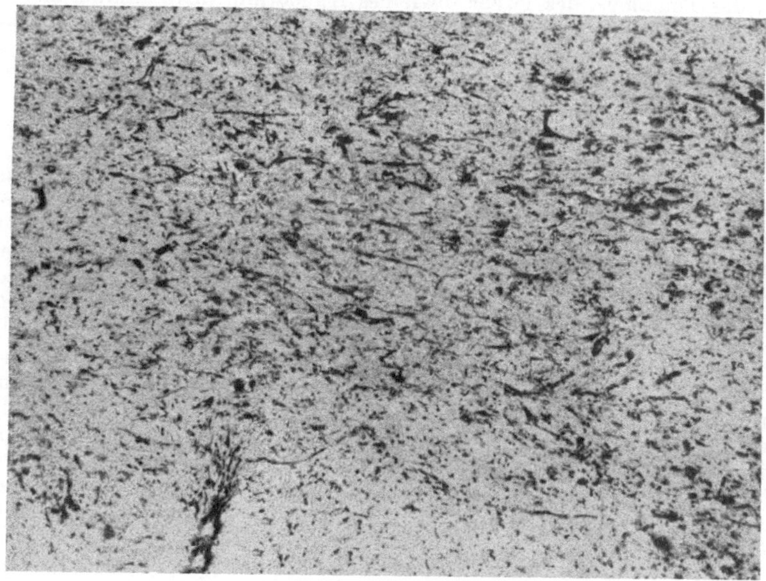

Abb. 9. Gliafibrose in der Substantia nigra

Ferner bekommt man schöne faserbildende Astrozyten, die mit großem Plasmahof umgeben sind, zu sehen. Die Kerne dieser Faserbildner sind meistens aktiviert (Abb. 9).

Die Bilder, die man in der rechten Seite des Zentralnervensystems zu sehen bekommt, sind im Prinzip ziemlich ähnlich den Bildern in der linken Seite, jedoch mit einer Ausnahme. Die Substantia nigra ist rechts vollkommen intakt.

Rechtsseits sehen wir die Erweichung im unteren Teile des Putamen auftreten. Ihre größte Ausdehnung liegt etwas mehr kaudalwärts, so daß auf der Abbildung nur das vordere verschmälerte Ende der Erweichung angeschnitten ist. Nirgends aber ist sie so ausgedehnt wie in der linken Seite, sie greift auch nicht auf das Pallidum über. Die Erweichung ist so wie auf der linken Seite rot. Im Lumen der Erweichung und in ihrer nächsten Umgebung sehen wir viele freie Blutkörperchen und viel braungelbes Pigment. Diese Pigmentschollen befinden sich meistens in Körnchenzellen, jedoch liegen viele auch frei im Gewebe. Auch hier sind die Ganglienzellen des Putamen schon in der nächsten Umgebung der Erweichung erhalten. Sie tragen zwar ein staubartiges, schwarz tingiertes Pigment, welches wir als Blutpigment auffassen müssen, sind jedoch im allgemeinen wenig geschädigt. Die Ganglienzellen, die etwas weiter vom Herd liegen, sind vollkommen normal. Die Gliazellen in der Umgebung der Erweichung tragen auch dieses schwarze Pigment. Die Kerne der Glia scheinen wenig verändert zu sein, manche von ihnen sind etwas größer und heller wie normal. Die Zellen des Pallidum sind vollkommen normal.

Die Bindegewebswucherung gleicht ganz der in der linken Seite angetroffenen.

Die Schnitte, welche weiter kaudalwärts geführt sind, zeigen, daß die Zellen des Thalamus, des Tuber sowie des Kaudatum, des Pallidum und des Corpus subthalamicum ganz normal erscheinen. Im Gegensatze zu der linken Seite, sind die Zellen der Substantia nigra vollkommen normal, was wir besonders hervorheben wollen. Man sieht nicht dieselben Bilder der Entartung wie links, sondern vollkommen normale Zellgruppen.

Die Gefäße zeigen überall dieselben pathologischen Wandveränderungen wie in anderen Teilen des Zentralnervensystems. Da wir eben diese Erscheinungen schon beschrieben haben, werden wir uns nicht wiederholen. Auch hier sind die perivaskulären Räume und Spalten stark erweitert und führen im Innern manchmal einzelne Lymphozyten. (Wir wollen an dieser Stelle nicht darauf eingehen, ob die beschriebenen Räume extra- oder intraadventitiell liegen.)

Das Ependym und der Plexus sind normal. In jedem Schnitte findet man auch subependymär oder perivaskulär einige Corpora amylacea.

Die Markscheidenpräparate der rechten Seite zeigen außer dem schon beschriebenen Defekte im Bereiche des Putamen keine Anzeichen einer bedeutenderen Markscheidenentartung. Die Ca. int. scheint vollkommen intakt zu sein wie auch die Ansa lenticularis und Fibrae perforantes. Im Bereiche der Substantia nigra scheinen die hier durchziehenden Fasersysteme nicht geschädigt zu sein im Gegensatze zu der linken Seite, wo man, wie gesagt, von einem minimalen Ausfalle der Stratum-intermedium-Fasern reden könnte.

Das Kleinhirn ist, abgesehen von den Erkrankungen der Gefäßwände, normal. Auch die Teile des Frontalhirnes, die untersucht wurden, zeigen keine größere Abweichung von der Norm. Jedenfalls ist die Pia ein wenig verdickt, stellenweise hyalinisiert und trägt einzelne Corpora arenacea in sich.

Wenn wir nun die Krankengeschichte und unsere mikroskopischen Befunde kurz zusammenfassen, so ergibt sich, daß wir bei einem 68jährigen männlichen Individuum, das keine Lues durchgemacht hat und keine Anhaltspunkte für eine überstandene Encephalitis ep. zeigt, eine Paralysis agitans sine agitatione ähnliche Krankheit feststellen können, die plötzlich nach einem Schlaganfall einsetzte. Die Obduktion ergab eine Arteriosklerose und eine fast bilateral symmetrische rote Erweichung der Putamina. Die mikroskopische Untersuchung ergab eine arteriopathische Wanderkrankung aller Hirngefäße, die zu den schon erwähnten Erweichungen führte. Ob die Erweichung aus einer Okklusion oder Ruptur entstanden ist, konnte man auf Grund unserer Präparate nicht mit Sicherheit feststellen. Da jedoch die Erweichung nicht sehr ausgedehnt ist, kann man vermuten, daß sie aus vielen kleineren Gefäßblutungen entstanden ist. Es ist jedenfalls bemerkenswert, daß fünf Monate nach dem Schlaganfall wir außer den pigmenthaltigen Körnchenzellen, die nach Untersuchungen von SPIELMEYER, SAITO u. a. viele Monate hindurch sich im Gewebe erhalten können, auch frische Blutkörperchen in Massen zu sehen bekommen haben. Diese Tatsache muß auf den Gedanken führen, daß in der Erweichungszone die noch erhaltenen blutführenden Gefäße immer neue Möglichkeiten zum Blutdurchlaß hatten. Da in unseren Präparaten nichts für eine Stase spricht und zweitens ein ständiges mechanisches Auspressen der Blutkörperchen durch die geschädigte Wand nicht ganz wahrscheinlich ist, glauben wir vielleicht die „funktionelle Spasmustheorie" zur Erklärung ziehen zu dürfen. Es ist vielleicht möglich, daß ab und zu durch verschiedene Noxen die kleinen Arterien mit erkrankter Gefäßwand, die schon an und für sich durch die arteriopathischen Veränderungen in einem latenten Reizzustand der Vasomotoren sich befinden, zu Spasmen der Gefäßwand neigen. Durch diese Spasmen konnte es einmal zu einer lamellenartigen Aufsplitterung der Gefäßwandbestandteile kommen, was auch MARBURG bei Traumen des Zentralnervensystems annimmt, ein anderes Mal wieder zu einem sekundären Blutaustritt in die Umgebung im Sinne WESTPHALS führen. Sicher ist diese Annahme nicht. Sie soll nur eine Probe der Erklärung und eine von vielen Möglichkeiten darstellen.

Jedoch selbst einen Spasmus der Arterienwand anzunehmen, berechtigen uns zum Teil Erfahrungen an anderen Körperorganen. Es wird nicht verfehlt sein, zu erinnern, z. B. an den sogenannten traumatischen, segmentären Gefäßspasmus, wie er an schwer verletzten Extremitäten anzutreffen ist; hier kann es zu krampfartigen, die Ernährung der Extremität gefährdenden Kontraktionen der großen Arterien kommen, selbst wenn die Arteria selber unmittelbar nicht verletzt ist (zit. nach

Neubuerger). Mutatis mutandis kann auch die Fingernekrose der Reynaudschen Krankheit, ferner multiple Blutungen bei Hysterischen, die vikariierende Epistaxis bei Amenorrhöe usw. angeführt werden, welche alle nur auf Tonusveränderungen der betreffenden Gefäßwände zurückgeführt werden können und für die Möglichkeit einer „funktionellen" Blutung sprechen. In der normalen Physiologie des Weibes kennen wir auch die regelmäßig wiederkehrenden Blutungen der Uterusschleimhaut, die zum Schluß doch auch nur auf einen hormonal bedingten Reizzustand der Vasomotoren beruhen. Deshalb ist auch das Bedenken gegen die funktionell bedingte Blutung im Zentralnervensystem, das noch durch manche Autoren hervorgehoben wird, nicht aufrecht zu erhalten. Wie stark eine Arterienwand auf vasomotorische Reize selbst bei stärkster Arteriosklerose noch reagieren kann, zeigt z. B. eine Krankengeschichte, die wir dem Herrn Professor Mueller von Deham (Wien) verdanken. Patient J. H. spürte seit Mitte Dezember 1925 starke Schmerzen im rechten Fuße. Ein Monat später zeigte sich eine starke Zyanose der rechten Extremität, die bis Mai 1926 zu ödematöesen Erscheinungen, Blutungen und beginnender Nekrose der Zehen führte. Bei der durchgeführten Sympathektomie an der rechten Arteria femoralis im Bereiche von 7 cm zeigte sich die Arteria so hart und sklerosiert (Gänsegurgel), daß man keinen Erfolg erhoffen konnte. Die unverhoffte Besserung war jedoch verblüffend und dauert bis jetzt an. Aus diesem Beispiel ersieht man, daß selbst die höchst verkalkte und sklerosierte Arterienwand auf vasomotorische Reize noch sehr stark reagieren kann. Darum auch scheint die Ansicht einiger namhafter Autoren, daß sklerotisch veränderte Gefäßwände im Gehirn nicht mehr imstande wären, sich z. B. auf einen Reiz spastisch zu kontrahieren oder zu erschlaffen, als nicht hinlänglich bewiesen.

Leider erlauben unsere Präparate keine sicheren Schlüsse zu ziehen.

Für die Topistik des Striatum ist dieser Fall auch nicht zu verwerten. Der einen Erweichung im linken oberen Anteil des Putamen, welche ein wenig hinter der Commissura ant. liegt, und der zweiten kleineren, erbsengroßen Erweichung im unteren Teile des rechten Putamen hat ein allgemeiner parkinsonistischer Zustand gefolgt. Das starke Übergreifen des Putamenherdes auf das linke Pallidum hat bemerkenswerterweise keinen Tremor nach sich gezogen. Wir möchten hier noch auf die linksseitige Entartung der Substantia nigra aufmerksam machen, die auf der rechten Seite, wo das Pallidum nicht beschädigt war, nicht besteht.

Zusammenfassung

Es gelang uns, aus dem Materiale des neurologischen Institutes in Wien, das uns zur Verfügung stand, vier Fälle von Striatumblutungen zusammenzustellen. Von diesen vier Fällen entstanden zwei auf Grund einer luischen Gefäßwandveränderung. Der eine, welcher auch klinisch die Symptome einer Lues zeigte, wurde in der Arbeit über den luetischen Parkinsonismus bereits besprochen, der zweite enthüllte sich als ein luetischer Fall, erst nach der anatomischen Untersuchung und nach Abschließung der Arbeit über die Lues, so daß er dort nicht mehr erscheinen konnte. Wir glauben jedoch, daß alle Fälle von luetischem Parkinsonismus, welche plötzlich nach einem Schlaganfall entstanden sind, eher der Gruppe der postapoplektischen Parkinsonismen zuzurechnen sind. Dadurch wären die luetischen Parkinsonismen zwar noch viel seltener anzutreffen, würden aber dafür eine reine Gruppe bilden, in welche man nur die degenerativen und entzündlichen Formen einreihen könnte.

Die zwei anderen Fälle des beschriebenen Parkinsonismus postapoplecticus sind auch vaskulären Ursprungs. Der eine, welcher bei einem 42jährigen Polysklerotiker entstanden ist, kann vielleicht als Folge einer Stase und miliarer Kapillarblutungen betrachtet werden, der zweite, welcher bei einem 69jährigen Manne entstanden ist, kann als Folge einer Diapedesinblutung durch die atheromatös geschädigte Gefäßwand aufgefaßt werden.

Diese Befunde geben aber, wie alle morphologischen Betrachtungen, allein noch keine befriedigende Erklärung für die Entstehung der Blutung. Man kann nur daraus sehen, daß es eine Anzahl von Veränderungen gibt, die eine Grundlage für die Entstehung der Blutung bilden können. Es ist bekannt, daß die Blutungen im Gehirn in der Mehrzahl der Fälle bei älteren Individuen auftreten, bzw. bei solchen entstehen, wo durch Erhöhung des Blutdruckes oder durch einwirkende Traumen, Gifte usw. die Möglichkeit einer Schädigung des Kreislaufapparates gegeben ist. Es ist vorauszusehen, daß alle physiologischen Leistungen und Regulationen der Blutstrombahn vom Gefäßnervenapparat aus erfolgen, der auch die Aufgabe hat, pathophysiologische Erscheinungen zu regulieren und auszugleichen. Leider ist die Anpassungsfähigkeit der Blutgefäßwand im Zentralnervensystem nicht so groß wie an anderen Stellen des Körpers, und darin kann man vielleicht die Bedingung der Entstehung der Erweiterung der Gefäße im vorgerückten Alter sehen. Daß diese Erscheinung auch auf einer Abänderung des Vasomotorengleichgewichtes beruht, wie es Pollak und Rezek glauben, ist höchstwahrscheinlich.

Stellen wir uns nun den Mechanismus des Kreislaufes genau vor, so besteht wohl kein Zweifel, daß die Regelung der Gefäße von allgemeinen Bedürfnissen, vom Alter des Individuums und zum Teil von örtlichen Blutumlaufeinflüssen abhängig ist. Es ist bekannt, daß bei manchen Gefäßen (Arteria cerebri med. und basilaris) die Druckschwankungen nicht durch normale anatomische Dämpfungen ausgeglichen sein können, wie z. B. durch verschiedene Verzweigungen und Rückläufigkeiten. Darum soll es auch in den Gebieten des Striopallidum der Gefäße der Arteria cerebri posterior und anterior nicht so oft zu Blutungen, aber um so mehr zur Thrombenbildung kommen (Schwartz und Goldstein, Pollak und Rezek).

Von diesen vier Fällen ist nur der Fall I J. A. eine sichere weiße, ischämische Erweichung, an allen anderen kann man Zeichen einer roten Erweichung wahrnehmen. Es ist sonderbar, daß wir es in unseren Fällen nie mit einer größeren Blutung zu tun hatten. Das Blutextravasat in den Linsenkernen war nie beträchtlich, man könnte daher höchstens von einer Diapedesinblutung sprechen, was entweder bei einer Kapillar- oder höchstens Arteriolenblutung möglich erscheint.

Wir sehen, daß in unseren Präparaten die Gefäßwände eigenartige Veränderungen zeigen, welche den funktionellen Regulationsmechanismus nicht zu voller Geltung kommen lassen. Gerade die Partialität der Gefäßwandschädigungen ist ein wichtiges Kennzeichen dafür, daß die normalerweise ein einheitliches Funktionsobjekt darstellende Gefäßwand jetzt diesen Bedürfnissen nicht entsprechen kann. Durch die ungleiche Leistungsfähigkeit der Gefäßwandteile, die schon normalerweise besteht (Marburg), werden die Zusammenziehungs- bzw. Erschlaffungsleistungen unvollständig erfolgen und die nur partielle Ansprechbarkeit einzelner Schichten muß zu einer intramuralen Dissoziation führen, die ein Abreißen oder Loslösen von Schichten bedingt (auch Marburg). Dadurch ist dann der Boden für weitere morphologische Reaktionen gegeben. Durch den Verlust der Einheit der Gefäßwand muß an solchen Stellen das Auftreten von Kreislaufstörungen ermöglicht sein und die zerrissenen Schichten der Gefäßwand bilden die Unterlage, die den Durchtritt der Blutbestandteile gestatten.

Man muß auch noch die Annahme einer Thrombenbildung in den Striata in Betracht ziehen (Schwartz und Goldstein). Unsere Präparate geben aber leider keine genügenden Beweise, um eine von diesen beiden Hypothesen ohne weiteres anzunehmen.

Bemerkenswert ist ferner, daß eine Blutung in der weißen Substanz sehr oft so ausgiebig ist, daß sie im Gegensatz zu den nur schwachen Blutungen in den Basalganglien das umgebende Gebiet überschwemmt, selbst manchmal in die Ventrikel durchbricht.

Wenn wir nunmehr auf Grund des vorliegenden Materials, das zwar nicht groß ist, aber durch seine immerhin beachtenswerte Vielgestaltigkeit zu kritischer Beleuchtung des Blutungsproblems berechtigt, an die Erklärung der Entstehung der Blutungen in unseren Fällen herantreten, so können wir zwar zur Frage der Bedeutung der Gefäßveränderungen einiges mitteilen, die physiopathologische Komponente dieses Geschehens jedoch nicht einwandfrei erklären. Überhaupt ist es fraglich, ob man aus rein morphologischen Kennzeichen, die man ja verschieden zu deuten vermag, einen sicheren Schluß auf das Zustandekommen der Hirnblutung ziehen kann.

Wir wollen noch auf ein Moment in unseren Untersuchungen aufmerksam machen, nämlich auf die Stellung der Substantia nigra zu den Striatum- und Pallidumschädigungen. In unseren Untersuchungen über den Parkinsonismus postapoplecticus kommt die Substantia-nigra-Schädigung zweimal vor. Es ist bemerkenswert, daß sie nur dann auftritt, wenn das Pallidum mitbeschädigt ist.

Als Einfügung möchten wir bemerken, daß, wie gesagt, nur das äußere Glied des Pallidum und nicht auch die anderen in der Erweichung inbegriffen sind, was man vielleicht mit der topistischen Verteilung der Blutversorgung dieser Gebiete erklären könnte. Wie wir wissen, wird das Putamen, der mittlere Teil des Kaudatum und der laterale Teil des äußeren Gliedes des Pallidum durch die Arteria strio-lenticularis, die von der Arteria fossae Sylvii stammt, versorgt. Der innere Teil des Pallidums wird von der Arteria chorioidea anterior ernährt. Da wir in unserem Falle wohl mit Recht eine Art von besonderer Blutungsbereitschaft der Arteria strio-lenticularis sehen dürfen, so konnten auch nur die Teile des Pallidum erweichen, die nicht durch die Arteria chorioidea versorgt werden.

In allen unseren bisherigen Untersuchungen über den symptomatischen Parkinsonismus finden wir in fünf Fällen Erweichungen und Höhlenbildungen in den Striata. Vier von diesen Fällen wurden in der vorliegenden Arbeit beschrieben, der fünfte Fall wird in der Arbeit über den polysklerotischen Parkinsonismus erwähnt, in welcher wir über eine einseitige Zystenbildung im Putamen berichten. Es mußte uns auffallen, daß nur in den zwei Fällen, wo außerhalb des Putamen auch das Pallidum in die Zerstörung inbegriffen war, die Substantia nigra merkliche Degenerationszeichen an ihren melaninhaltigen Zellen zeigte. Beide Fälle sind außerdem deshalb besonders lehrreich, da es nur zur einseitigen, partiellen Pallidumzerstörung gekommen ist, die zu einer einseitigen, partiellen Schädigung der Substantia nigra auf derselben Seite (homolateral) führte. In der anderen Hälfte des Gehirns, wo es zu keiner größeren Schädigung des Pallidum gekommen ist, konnten wir auch keine Schädigung der melaninhaltigen Ganglienzellen feststellen.

Wenn wir uns nun die Frage stellen, warum es eigentlich in diesen zwei Fällen zu so einer merkwürdigen einseitigen Schädigung der Substantia-nigra-Zellen gekommen ist, so sind nur zwei Möglichkeiten in Betracht zu ziehen: 1. Es kann sich um eine primäre Degeneration der Substantia nigra handeln; 2. man kann an eine sekundäre Degeneration denken.

Da wir eine überstandene Encephalitis ep. so gut wie ausschließen können, so kommt nur die andere Möglichkeit in Frage, daß es sich um eine Degeneration handelte. Ätiologisch würde es sich im ersten Falle um eine luetische Degeneration handeln, im zweiten um eine primäre arteriosklerotische. Nach unserer Kenntnis ist eine arteriosklerotische, elektive Degeneration der Substantia nigra noch nicht beschrieben worden. Die vielen Fälle von seniler Versteifung und arteriosklerotischer Muskelstarre sowie die Fälle von Paralysis agitans zeigen die Hauptveränderungen im Striatum und Pallidum, namentlich eine Verminderung der großen Zellen und ein Status desintegrationis um die Gefäße, was wir in unseren Präparaten vermissen. Die Vorstellung, daß wir vor uns ganz außerordentlich seltene Fälle haben, die luetisch bzw. arteriosklerotisch bedingt sind und, was zu betonen ist, nur einseitig die Substantia nigra geschädigt haben, ist doch unwahrscheinlich.

Viel mehr plausibel scheint uns die Annahme einer sekundären oder axonalen Degeneration der Substantia nigra infolge der obgenannten Teilschädigung des homolateralen Pallidum zu sein.

In der letzten Zeit stehen sich zwei Meinungen gegenüber, die eine von RIESE, V. MONAKOW und seinen Schülern, die behaupten, daß die Substantia nigra direkte Zuflüsse vom Striatum erhält und daß das Stratum intermedium eine ausgiebige direkte strio-nigräre Verbindung darstellt, und die zweite von JACOB, MARBURG und seinen Schülern vertretene, die bewiesen haben, daß die Substantia nigra ihre Impulse außer den vom Stirnlappen, Operkulargegend und den Zentralwindungen (DEJERINE, V. MONAKOW, MINKOWSKI) noch von der Schleife, Hirnschenkelhaube, von dem roten Kern, der Vierhügelgegend und von dem ventromedialen Thalamusgebiet (JACOB, SPATZ) bekommt, aber keine direkte Verbindung mit dem Striatum hat. Aus diesem geht hervor, daß alle striären Impulse der Vermittlung des Pallidum unbedingt bedürfen.

Schon oft wurden parallel bestehende Ausfälle im Pallidum und in der Substantia nigra bemerkt. Die alte Lehre von einer elektiven Pallidumschädigung bei CO-Vergiftungen wurde durch die neueren, sorgfältigen Untersuchungen von HILLER und MEYER widerlegt.

Man könnte vielleicht annehmen, daß in unseren Fällen die Schädigung der Substantia-nigra-Ganglienzellen auf eine sekundäre Entartung zurückzuführen ist. Zwar sind die meisten sekundären Degenerationen der Zellen nicht weit fortgeschritten und es kommt selten zu vollkommenen Degenerationen der Zelle. Jedoch die sekundären Kleinhirnatrophien, die sich nach Stirnhirnentartungen zu entwickeln pflegen (Ausfall der Purkinjeschen Zellen; BIELSCHOWSKI, JACOB, JELGERSMA), die retrograden Veränderungen und Degenerationen der Betzschen Zellen bei subkortikalen Pyramidenbahnläsionen (SCHROEDER, JACOB), die sekundären Thalamusveränderungen mit Schwund der Ganglienzellen nach

Rindenunterschneidung (v. Monakow, Nissl) sprechen eher für die Annahme einer sekundären homolateralen partiellen Schädigung der Substantia Nigra-Zellen nach partieller Schädigung des Pallidum derselben Seite. (Wir sehen von der Degeneration der frontopontinen Bahn im Fall I ab, da wir sie im Fall IV vermissen.)

Unser Material ist zu dürftig, um aus diesen zwei Fällen sichere Schlüsse ziehen zu können. Jedenfalls wollten wir auf diese interessante Tatsache aufmerksam machen, die vielleicht auf die Beziehungen zwischen den Pallida und der Substantia nigra ein Licht werfen.

Wenn diese Annahme zutreffend wäre, so wären unsere Befunde eine kräftige Stütze für die Meinung Jacobs, Marburgs, Poppis u. a., die nur eine indirekte homolaterale Verbindung des Striatum mit der Substantia nigra durch die Vermittlung des Pallidum annehmen.

Ergebnisse

1. Wir bringen zwei, bzw. vier Fälle von apoplektischem Parkinsonismus bei.

2. Drei Fälle beziehen sich auf eine rote Erweichung, ein Fall auf eine ischämische (weiße) Erweichung.

3. Zwei von diesen Fällen zeigen eine fast elektive Zerstörung im Gebiet der Striata, die anderen zwei zeigten außerdem eine bedeutendere einseitige Erweichung im Bereiche des Pallidum.

4. Nur die zwei Fälle, die eine bedeutendere einseitige Erweichung im Bereiche des Pallidum zeigten, zeigten auch eine einseitige homolaterale partielle Degeneration der Substantia nigra.

5. Die geringe Blutung in allen unseren Fällen legt die Annahme nahe, daß es sich entweder um Blutungen aus kleinsten Gefäßen handelt oder daß diese Blutungen erst nach einer Thrombosierung und nachfolgender Diapedesinblutung entstanden sind.

6. Auf Grund von Angaben der Literatur und eigenen Untersuchungen sind wir geneigt anzunehmen, daß das Putamen kein günstiges Gebiet für größere Blutungen, per Rhexin" sensu strictiori ist.

7. Es ist unmöglich, auf Grund unserer Präparate eine sichere Stellung gegen die alte mechanistische Auffassung der Gehirnblutungen zu nehmen, vielmehr glauben wir, daß ein Teil der Blutungen in unseren Fällen nicht nur „funktionell", sondern auch „mechanistisch" entstehen konnte.

Literaturverzeichnis

Barré, Reys: Syndrome parkinsonien avec signe de Babinski bilateral, Rev. neur. 33, 1926. — Bielschowsky: Zur Histopathologie und Pathogenese der amaurotischen Idiotie mit besonderer Berücksichtigung der zerebellaren Veränderungen, Journ. f. Psych. u. Neur. 26, 1921. — Bielschowsky: Weitere Bemerkungen zur normalen und pathologischen Histologie des striären Systems. Journ. f. Psych. u. Neur. 27, 1922. — Blachford: The funktions of the basal ganglia. Journ. of. mental science 68, 1922. — Bordley, Baker: A consideration of arteriosclerosis of the cerebral vessels. Bull. of the John Hopkins Hosp. 38, 1926. — Borremans: Foyers de rammollissement limites aux ganglions de la base du cerveaux. Journ. de neurol. et de psych. 25, 1925. — Breuer, Marburg: Zur Klinik und Pathologie der apoplektiformen Bulbärparalyse, Arb. a. d. Neurol. Instit. 9, 1902. — Brinkmann: Über flächenhafte Rindenerweichungen bei Arteriosklerose der kleinen Rindengefäße. Ztschr. f. d. ges. Neur. u. Psych. 100, 1926.

Cardillo: A proposito di un caso di lesione bilaterale dei nuclei lenticolari decorso senza alcun sintoma. Riv. di pathol. nerv. et ment. 30, 1925. — Claude, Loyez: Etudes des pigments sanguins et de modifications du tissu nerveux. Arch. de med. exp. 24, 1912.

Ernst: Krehl-Marchands Handbuch der Allgem. Pathol. 1921.

Foerster: Zur Analyse und Pathophysiologie der striären Bewegungsstörungen. Ztschr. f. d. ges. Neur. u. Psych. 73, 1921. — Foix, Chavanny, Hillemand, Marie: Sur une variété de syndrome extrapyramidal d'origine syphilitique. Bull. med. 40, 1926. — Foix, Nicolesco: Anatomie cerebrale. Noyaux gris centraux. Masson 1925. — Foster Kennedy: Transaction American Neurol. Association 1925.

Gaines: Vascular crises in the cerebral circulation. Southern medical journ. Bd. 17, 1924. — Gammeltoft, Ein Fall von Hirnblutung bei Eklampsie. Hospitalstidende 68, 1925. — Van Gehuchten: La degenerescence dite retrograde. Nevraxe Vol. V., 1913. — Guillain, Alajouanine, Marquezy: Hemorrhagie cerebell. avec spasmes toniques et attitude de rigidité de membres inferieures. Bull. et mem. de la soc. med. des hop. de Paris, Jg. 39, 1923.

Hallerworden: Ein Beitrag zu den Beziehungen zwischen der Substantia nigra und Globus pallidus. Ztschr. d. ges. Neur. u. Psych. 91, 1924. — Haggard: Studies in CO Asphyxia. Am. Journ. of physiol. 60, 1922. — Hanse: Zur Klinik der Apoplexie. Dtsche. med. Wschr. 51, 1925. — Hiller: Über die krankhaften Veränderungen im Zentralnervensystem nach CO-Vergiftungen. Ztschr. f. d. ges. Neur. u. Psych. 93, 1924.

Jacob: Allgemeine pathologische Histologie. Aschaffenburg, Lehrbuch der Psychiatrie. Deuticke. 1927. — Jelgersma: Drei Fälle von zerebraler Atrophie bei der Katze nebst Bemerkungen über das zerebro-zerebellare Verbindungssystem. Journ. f. Psych. u. Neur. 23.

Kashida: Über die Hirnarteriosklerose, Ztschr. f. d. ges. Psych. u. Neur. 94, 1925. — Kleist: Die psychmotorischen Störungen und ihr Verhältnis zu den Motilitätsstörungen bei Erkrankungen der Stammganglien. Monatschr. f. Psych. u. Neur. 52, 1922. — Derselbe: Psychmotorische Störungen. — Kodama: Ztschr. f. d. ges. Neur. u. Psych. 102, 1926. — Kollert: Ein Beitrag zur Klinik des präapoplektischen Tonusverlustes der Gefäße. Wr. klin. Wschr. 39, 1926.

Lampert, Müller: Bei welchem Druck kommt es zu einer Ruptur der Gehirngefäße. Frankfurter Ztschr. f. Anatomie 33, 1926. — L'Hermitte, Bourguinon: Diagnostic differentiel des chorees chron. d'origine striee et d'origine cerebelleuse. Enceph. 18, 1923. — L'Hermitte: Les syndromez anatomo-cliniques du corp strie chez le vieillard. Rev. Neur. 29, 1922. — Lindemann: Die Hirngefäße in apoplektischen Blutungen. Virchow, Arch. 253, 1924. — Loepper, Forestier: Lesions syphilitiques en foyer du noyan caudé. Bull. et mem. de la soc. med. 37, 1921.

MAAS: Fall operativ behandelter chron. athetotischer Bewegungs-störung. Monatschr. f. Psych. u. Neur. 49, 1921. — MALAMUD: Zur Klinik und Histopathologie der chron. Gefäßlues im Zentralnervensystem. Ztschr. f. d. ges. Neur. u. Psych. 102, 1926. — MARBURG: Der amystat. Symptomen-komplex. Arb. a. d. Neur. Inst. 17, 1925. — DERSELBE: Über Endarteriitis cartilaginosa. Ztrbl. f. Path. 13, 1902. — DERSELBE: Jahrbücher für Psych-iatrie 36, 1914. — DERSELBE: Zur Pathologie und Pathogenese der Paralysis agitans. Jahrb. f. Psych. u. Neur. 36, 1914. — DERSELBE: Die chronische progressive nukleäre Amyotrophie. Lewandowsky, Handb. d. Neur. Springer. 1923. — DERSELBE: Zur Pathologie der Kriegsbeschädigungen des Rücken-markes. Arb. a. d. Neurol. Instit. 22, 1919. — MEYER: Über die Wirkung der CO-Vergiftung auf das Zentralnervensystem. Ztschr. f. d. ges. Neur. und Psych. 100, 1926. — MARTINI, ISSERLIN: Bilder von Paralysis agitans und Tetanie im Rahmen der Arteriosklerose des Gehirns. Klin. Wschr. 1, 1922. — v. MONAKOW: Über einige durch Exstirpation zirkumskripter Hirnrinden-regionen bedingte Entwicklungshemmungen des Kaninchengehirns. Arch. f. Psych. u. Nervenkr. 12, 1882. — MÜLLER: Über physiologisches Vorkommen von Eisen im Zentralnervensystem. Ztschr. f. d. ges. Neur. u. Psych. 77, 1922.

NEUBUERGER: Zur Frage des Wesens und der Pathogenese der weißen Hirnerweichung. Ztschr. f. d. ges. Neur. u. Psych. 105, 1926. — DERSELBE: Zur Frage der funktionellen Gefäßstörung unter besonderer Berücksichtigung des Zentralnervensystems. Klin. Wschr. 5, 1926. — DERSELBE: Über den Begriff der weißen Hirnerweichung. 21. Tag. d. dtsch. pathol. Ges. Freiburg. 1926. — DERSELBE: Über streifenförmige Erkrankungen der Großhirnrinde bei Arteriosklerose. Ztschr. f. d. ges. Neur. u. Psych. 101, 1926.

OMODEI, ZORINI: Spätfolgen der Encephalitis epid. und die Substantia nigra. Virchows Arch. f. path. Anat. u. Psych. 250. 1924.

POLLAK und REZEK: Studien zur Pathologie der Hirngefäße. Virchows Arch. f. path. Anat. u. Phys. 1927. — PILCZ: Über einen ungewöhnlichen Fall von Ventrikelblutung bei angeborener Hypoplasie des Arteriensystems. Wr. med. Wschr. 76, Nr. 3, 1926.

REMOND, COLOMBIES: Hemiplegie avec hemichoree. Rev. de med. 39, 1922. — RICKER: Pathologie als Naturwissenschaft. Springer. 1924. — ROSENBLATH: Einige Bemerkungen zur Frage der Entstehung des Schlag-anfalles. Virchows Arch. f. path. Anat. 259, 1926.

SAITO: Experimentelle Untersuchungen über Nekrose, Erweichung und Organisation. Ztschr. f. d. ges. Neur. und Psych. 96, 1925. — SCHWARTZ: Die Putamen-Klaustrum-Apoplexie. Journ. f. Psych. u. Neur. 32, 1926. — DERSELBE: Zur anatomischen Lokalisation von Erkrankungen des Groß-hirns. Klin. Wschr. 4, 1925. — SCHWARTZ, GOLDSTEIN: Anatomische und klinische Beiträge zur embolischen Striatumapoplexie. Journ. f. Psych. und Neur. 32, 1926. — SCHWARZACHER: Jahrbücher für Psychiatrie und Neurologie 43, 1924. — SPATZ: Über den Eisennachweis im Gehirn, besonders in Zentren des extrapyramidalen Systems. Ztschr. f. d. ges. Neur. u. Psych. 77, 1922. — DERSELBE: Über Beziehungen zwischen der Substantia nigra und dem Globus pallidus des Linsenkernes. Verhdlg. d. anat. Ges. a. d. 31. Vers. in Erlangen. 1922. — SPIELMEYER: Lokalisation der Arteriosklerose im Großhirn, Vers. der bayr. Psychiater. München. 25. VII. 1925. Ref. Ztrbl. 42. — DER-SELBE: Histopathologie des Nervensystems. 1922. — DERSELBE: Ztschr. f. d. ges. Neur. u. Psych. 99, 1925. — STIEF: Beiträge zur Histopathologie der senilen Demenz mit besonderer Berücksichtigung der extrapyramidalen Bewegungsstörungen. Ztschr. f. d. ges. Neur. u. Psych. 91, 1924. — STRÄUSSler und Koskinas: Über kolloidohyaline Degeneration und über Koagulationsnekrosen im Gehirne. Ztschr. f. d. ges. Neur. u. Psych. 100, 1926.

Tannenberg: Experimentelle Untersuchungen über lokale Kreislaufstörungen. Frankfurt. Ztschr. f. Path. 31, 1925. — Tarasewitsch: Zum Studium der mit dem Thalamus und Nucleus lenticularis im Zusammenhang stehenden Faserzüge. Arb. a. d. Neur. Inst. 9, 1902. — Thill: Über anämische Erweichungen des Rückenmarkes. Virchows Arch. f. path. Anat. 253, 1924.

Urechia, Michalescu, Elekes: La rigidite arteriosclereuse et le syndrome pyramido-pallidal. Arch. int. neurol. 1, 1923. — Urechia, Kernbach: Syphilis cerebrale et plaques seniles. Arch. int. de neurol. 45, 1926.

Vogt, C. und O.: Zur Lehre der Erkrankungen des striären Systems. Journ. f. Psych. u. Neur. 25, 1920. — Vogt O.: Der Begriff der Pathoklise. Journ. f. Psych. u. Neur. 31, 1925.

K. Westphal: Angiospastischer Insult als Ursache der Apoplexie. Verhdlg. d. dtsch. Gesellsch. f. inn. Med. 1925. — Derselbe: Über die Entstehung des Schlaganfalles. Dtsch. Arch. f. klin. Med. 151, 1926. — Wilson and Winkelmann: Transaction American Neurol. Association. 1925.

Zur Frage der chronisch progressiven spinalen Amyotrophien (sogenannter Poliomyelitis chronica)

Von

Dr. László Teschler, Pécs (Ungarn)

Mitglied des Collegium Hungaricum in Wien

Mit 7 Textabbildungen

Eine der vielumstrittensten Fragen der Neurologie ist die Frage nach der chronischen Poliomyelitis; denn in der Mehrzahl der bisher diesbezüglich beschriebenen Fälle ist anatomisch wenigstens der Beweis für das Bestehen einer Entzündung nicht geliefert worden. Deswegen wenden sich auch CASSIERER und MAASS sowie besonders ASTWAZATUROW gegen die Aufstellung dieses Begriffes, der besonders von französischer Seite verteidigt wurde, wobei man allerdings mit diesem Begriffe vielfach die amyotrophische Lateralsklerose verknüpfte.

Nun gibt es in der Tat in der Literatur eine Reihe von Fällen, bei denen es sich um eine chronisch progressive Lähmung mit Muskelatrophie handelt, die ätiologisch vollständig verschieden, klinisch sich wesentlich gleichen. Der letztgenannte Autor hat bereits darauf hingewiesen, daß möglicherweise das Trauma auf der einen, eine periphere Neuritis auf der anderen Seite, vielleicht auch die Syphilis einmal solche chronisch progressive Vorderhornschädigungen hervorrufen können, die zu Amyotrophien führen, im Sinne derer, wie sie bei der chronischen Poliomyelitis der Autoren beschrieben wurden.

Ohne in die Kontroversen der Literatur eingehen zu wollen, möchte ich drei eigene Beobachtungen von Muskelatrophien beschreiben, die ich genau anatomisch untersuchte und die vielleicht imstande sind, ein Licht auf die diesbezüglichen Kontroversen zu werfen.

In meinem ersten Fall handelt es sich um eine 69 Jahre alte Patientin, die ein Jahr lang krank war und bei der sich, wie bei der echten chronischen Poliomyelitis, unter Schmerzen zunächst eine Lähmung der unteren Extremitäten entwickelte, die dann zur fast völligen Aufhebung der Reflexe führte und bei der die Muskulatur schlaff atrophisch war.

Der ganze Krankheitszustand dauerte bis zum Tode drei Monate. Die Hirnnerven blieben frei. Doch darf man nicht vergessen, daß die Patientin lange Zeit unter schwerer Atemnot litt, was vielleicht auf ihr

Emphysem zu beziehen war, möglicherweise aber auch nervös erklärt werden könnte.

Das, was in diesem Falle anatomisch das Wichtigste war, war die schwere Veränderung der Gefäße. Die Wand homogenisiert, nur die Intimazellen noch erkennbar. Kleine Hämorrhagien in der Umgebung der Gefäße und schließlich in der Umgebung einzelner Zellen, die man vielleicht als Infiltratzellen deuten könnte, obwohl sie sich gewöhnlich als Gewebszellen differenzieren ließen. Die Ganglienzellen des Vorderhorns sind nicht diffus, sondern vereinzelt verändert. Es handelt sich zunächst um eine Tigrolyse mit Verminderung des Tigroids bis zur Zellschattenbildung. Anderseits aber sieht man auch eine Lipoidose. Merkwürdig ist, daß bei der einfachen Verminderung des Tigroids der Kern normal bleibt. Interessant ist, daß das Lipoid noch Scharlachrotreaktion gibt. Diese Veränderung zeigt sich besonders stark in den Lendenpartien, wo auf der einen Seite fast kaum mehr Zellen vorhanden sind und die vorhandenen sind schwer zerstört. Eine Gliareaktion fehlt eigentlich. Auch in den aufgehellten Pyramiden ist die Gliareaktion geringfügig.

Wenn wir diesen Fall ins Auge fassen, so zeigen sich eigentlich zwei Arten von Veränderungen. In allererster Linie die schwere Schädigung der Gefäße, besonders im Gebiete der vorderen Spinalarterie und zweitens die schwere Schädigung der Ganglienzellen bis zum Schwund derselben im Sinne eines einfach degenerativen Prozesses. Die Aufhellung im Pyramidengebiet möchte ich vernachlässigen. Man sieht solche Veränderungen häufig im senilen Rückenmark. Es hat sich auch nirgends eine rechte Sklerose gezeigt, wie denn auch das klinische Bild absolut nicht dem entspricht, was wir als amyotrophische Lateralsklerose zu sehen gewohnt sind. Es ist nun die schwere Frage, diesen Prozeß zu erklären.

Zunächst hat eine Reihe von Autoren (SENATOR, OPPENHEIM, DARKSCHIEVITS, SCHUSTER, AOYAMA, MOLEEN-SPILLER, BIELSCHOWSKY, MODENA-CAVARA) Blutungen bei chronischer Poliomyelitis festgestellt und gerade diese Blutungen als charakteristisch für die anatomische Diagnose der chronischen Poliomyelitis aufgefaßt. In unserem Fall ist sogar noch mehr vorhanden. Es zeigt sich wenigstens im Halsmark, wo allerdings der Prozeß noch nicht so weit vorgeschritten ist als im Lendenmark, eine Vermehrung der Zellen um die Gefäße, wobei man allerdings wohl die mesodermalen Elemente ausschalten muß und nur eine Vermehrung der fixen Gewebszellen anerkennen kann. Sehr wenige Körnchenzellen, deren Herkunft nicht sichersteht, sprechen wohl dafür, daß es sich hier nicht so sehr um ein entzündliches Infiltrat handelt, sondern eher um einen sekundären Zustand, bedingt durch den Abbau.

Als Ursache für diese Krankheit kann man kaum etwas anderes ansehen als das pathologische Senium mit den schwer veränderten Geläßen, wobei analoge Verhältnisse maßgebend sein dürften, wie wir sie bei den Schädigungen der Faserstränge bei den funikulären Myelitiden wahrnehmen. Hier ist nicht nur die Trophik allein geschädigt, sondern man nimmt im allgemeinen auch eine toxische Schädigung an, sei es bedingt durch eine Stoffwechselstörung (Anazidität) oder sei es bedingt durch eine hormonale Störung, was im Senium gewiß begreiflich erscheint. Wir werden also zu den bisher bekannten traumatischen, syphilitischen, neuritischen Schädigungen der Vorderhörner noch eine senile hinzufügen, deren Ursache vielleicht eine vaskulär-trophische oder seniltoxische ist.

Versucht man in der Literatur Analoges zu finden, so muß man von den Untersuchungen von MARIE und FOIX ausgehen, die bekanntlich in den Vorderhörnern des Rückenmarks einen eigentümlichen Schwund der Ganglienzellen beschrieben, der entweder durch Bildung einer gliösen Narbe gedeckt wurde oder aber durch Bildung kleinster Zystchen. Sie nannten diesen Vorgang Tephro-Malazie und bezogen ihn, zum Teil wenigstens, auf die schwere arteriosklerotjsche Veränderung, welche sich in den befallenen Partien hauptsächlich zeigt, und zwar vorwiegend im Halsmark.

Ganz Ähnliches berichten LHERMITTE und NICOLAS bei Greisen, wobei gleichfalls streng lokalisierte Veränderungen in den lateralen Gruppen der Vorderhörner, und zwar etwa im sechsten und siebenten Zervikalsegment sich fanden. In diesem Falle war jedoch keine besondere Gliawucherung und auch an den degenerierten Stellen keine besondere Arteriosklerose, die jedoch in den anderen Gebieten ausgesprochen war. Die genannten Autoren fassen diesen Vorgang als Abiotrophie im Sinne von GOWERS auf.

D'ANTONA berichtet zunächst über einen Fall bei einer 81jährigen Frau, bei der das klinische Bild eigentlich ganz im Sinne einer amyotrophischen Lateralsklerose sich verhielt. Die histologische Untersuchung aber zeigte einen stellenweise vollständigen Schwund der Vorderhörner und eine nur einseitige, verhältnismäßig geringfügige Pyramidendegeneration. Aber gerade diese Untersuchung führt den Autor dahin, diesen Fall nicht in die Gruppe der amyotrophischen Lateralsklerose einzubeziehen, sondern eher den Fällen von MARIE und FOIX zu nähern und gleichsam als eine ischämische Erweichung einzelner Abschnitte der grauen Substanz aufzufassen. Er schließt Syphilis vollständig aus. Während bei den Fällen der französischen Autoren die Einseitigkeit und die Affektion kleiner Handmuskeln im Vordergrund steht sind bei den italienischen Autoren in allererster Linie die scapulohumeralen Muskeln affiziert, so daß er einen zweiten Typ der tephromalazischen Erkrankung annimmt. In einem zweiten Fall handelt es sich um eine Kombination kleiner zerebraler Herde mit einer Affektion der Vorderhörner.

Er nähert sich mehr, soweit die Rückenmarkveränderung in Frage
kommt, den Fällen von Lhermitte und Nicolas.

Wenn man nun den erstangeführten Fall mit diesen Fällen der
Literatur vergleicht, so zeigt sich die auffallende Ähnlichkeit besonders
mit der Beobachtung von D'Antona. Während aber hier die Vorderhornzellen oder das Vorderhorn nahezu ganz geschwunden sind, sehen wir in
meiner Beobachtung ein allmähliches Zugrundegehen der Zellen, eine
diffus das ganze Rückenmark ergreifende Erkrankung, die sich sehr
wesentlich von der amyotrophischen Lateralsklerose unterscheidet und
wohl als eine selbständige Affektion hingestellt werden muß.

Es scheint demnach, daß im Senium ganz verschiedene Affektionen
des Vorderhorns auftreten können, die verschieden sind nach Qualität
und Intensität. Qualitativ kann es sich um einen diffusen Schwund oder
nur um einen teilweisen Schwund handeln. Arteriosklerotisch greift der
Prozeß entweder am häufigsten die unteren Zervikalsegmente, seltener
die mittleren an, oder aber er ist diffus mit besonderer Affektion der
unteren Extremitäten.

Mein zweiter Fall betrifft einen 36jährigen Mann, der im Anschluß an
eine Halsentzündung (Angina) Schwäche und Parästhesien in beiden
Beinen bekam. Es breitete sich dieser Prozeß auf die oberen Extremitäten aus und schließlich traten Schluckbeschwerden dazu und als er ins
Krankenhaus aufgenommen wurde, zeigte sich eine generelle Muskelatrophie ohne fibrilläre Zuckungen, allerdings verbunden mit einer
Störung der Tiefensensibilität der Zehen und Parästhesien. Das Nervensystem war druckempfindlich, Areflexie. Die Oberflächensensibilität hat
höchstens eine leichte Abschwächung gezeigt. Elektrisch zeigt sich
faradisch eine Unerregbarkeit, galvanisch eine starke Herabsetzung der
Erregbarkeit. Die direkte Muskelreizung ergibt träge Zuckungen. Eine
Zwerchfellparese führt zur Bronchitis, Pneumonie und zum Exitus. Die
Krankheit hat ungefähr nicht ganz ein Jahr gedauert.

Die anatomische Untersuchung dieses Falles ergibt gleichfalls nirgend
das Bestehen einer sicheren Entzündung. Hier fehlen sogar die Hämorrhagien. Dagegen zeigt sich eine schwerste Schädigung der Vorderhornzellen, besonders in den Anschwellungen, wobei die Zellen der Hauptmasse nach axonal degeneriert sind. Schon dieser Umstand hat die Aufmerksamkeit darauf gelenkt, zu sehen wie sich die Wurzelfasern bzw.
die peripheren Nerven verhalten. Wir finden sowohl in den Wurzelfasern
Ausfälle als auch im Plexus brachialis und im N. ischiadicus, wobei der
Prozeß in allererster Linie rein degenerativ zu sein scheint. Es finden sich
nur Abbauzellen sowohl im peripheren als zentralen Nerven. Von Entzündung ist nirgend auch nur eine Andeutung zu sehen.

Es ist dieser Fall natürlich noch schwerer zu deuten als der erste.
Die Kombination eines zentralen und peripheren Prozesses, rein degene-

rativen Charakters, der sich im Anschluß an eine Angina entwickelt hat, spricht dafür, daß es sich doch mehr um einen toxischen oder toxisch-infektiösen Vorgang gehandelt haben kann. Es ist nun interessant, daß es sich bei dieser Erkrankung nur um die Vorderhornzellen zu handeln scheint, denn in den Hinterhörnern sind die Zellen intakt.

Schon im Jahre 1923 hat Frau Dr. SAPAS einen Fall beschrieben, der einen nicht wesentlich älteren Mann betrifft. Der Unterschied zwischen diesem und meinem Fall liegt eigentlich nur in der Dauer, indem der Fall von SAPAS in wenigen Tagen durch rasches Aszendieren zum Tode führte, während mein Fall mehrere Monate dauerte. Trotzdem der Fall von SAPAS an Malaria litt, wollte man die Ursache dieser schweren Zell-schädigung nicht in der Malaria sehen, da sie in keiner Weise mit diesen Veränderungen in Zusammenhang stand. Dagegen handelte es sich in dem Falle von SAPAS um eine schwere Darmschädigung und es ist nicht unmöglich sie als die Ursache der Ganglienzellenveränderung zu bezeichnen. In meinem Falle bestand nämlich neben der Angina gleichfalls eine Darmschädigung, und zwar im Sinne eines Paratyphus B, so daß es nicht ausgeschlossen erscheint, daß wir in dieser doppelten toxisch-infektiösen Ursache die schwere Schädigung des zentralen und peripheren Nerven-systems vor uns haben. Es ist immerhin interessant, daß wir hier bei einem relativ jungen Menschen eine rein degenerative Veränderung im Anschluß an zwei infektiöse Affektionen finden. Ganz das gleiche war ja auch bei SAPAS der Fall, wo Malaria mit einer schweren Darmaffektion kombiniert, die wahrscheinliche Ursache für derartige Veränderungen abgab.

Auch COMFORT berichtet über einen Fall, bei welchem zuerst eine rechtsseitige, dann später eine linksseitige Lähmung mit Muskelatrophie nach einer Tonsillitis aufgetreten ist.

EUZIÈRE, PAGÈS und JAMBON konnten bei ihrem Kranken nach akuter Enzephalitis die spinale Lokalisation des Prozesses beobachten, welcher einen chronischen — durch Jahre hindurch andauernden — Ver-lauf zeigte und zu spinalen Amyotrophien führte. In diesem Falle handelte es sich also um eine chronische Erkrankung des motorischen Spinal-nervensystems, welche sich nach Ablauf der akuten Enzephalitis ent-wickelt hat.

Diese Fälle gehören in eine Reihe mit jenen, die BOSTRÖM veröffent-licht hat und es scheint, daß ähnlich den akuten als Landrysche Paralyse gedeuteten Fällen, auch mehr chronische und subkutane Formen solcher Fälle vorkommen können.

Neben der Intoxikation kann man in diesen Fällen vielleicht auch eine primäre Vulnerabilität der motorischen Nervenzellen voraussetzen, welche neben einem toxisch-infektiösen Agens zur Degeneration des motorischen Systems führt.

Der dritte Fall ist vielleicht weniger von Belang für unsere Frage. Hier handelt es sich um eine in der Kindheit erworbene Störung der linken unteren Extremität, die zu einer Verkürzung und Schwächung des Beines führte. Wie oft in Fällen von Poliomyelitis, die in der Jugend, überstanden wurde, zeigt sich hier im oberen Sakralmark eine mächtige Narbe im linken Vorderhorn entsprechend der Unterschenkelmuskulatur. Das Rückenmark ist eigentlich verhältnismäßig wenig affiziert, es sei denn, daß man bei dem hohen Alter der Patientin (sie war 74 Jahre alt) eine etwas vorgeschrittenere Lipoidose fand. Das ist wohl auf die Gefäß-schädigung zurückzuführen, die hier so wie im ersten Falle ziemlich ausgesprochene Formen annahm.

Es leitet dieser Fall hinüber zu jenen der ersten Gruppe, indem er zeigt, wie eine schwere Gefäßschädigung imstande ist, schädigend das Vorderhorn zu beeinflussen. Die Gruppe der Amyotrophien zentraler Genese nicht entzündlicher Art erfährt also eine Erweiterung dadurch, daß neben traumatischen und luetischen Formen (Margulis, Falkie-wicz) eine Gruppe existiert, die wir als senile bezeichnen werden und eine weitere, die offenbar toxisch-infektiös bedingt ist, wobei nach den bis-herigen Erfahrungen der Darm — die Darmtoxikose — eine besondere Rolle zu spielen scheint. Allen diesen Formen gemeinsam ist, daß sie eigentlich nicht als entzündliche betrachtet werden dürfen, sondern als rein degenerative und daß auch bei ihnen akute von mehr subakuten und chronischen Gruppen getrennt werden müssen. Wenn auch das Bild der spinalen Amyotrophie im Vordergrund steht, so können sich diese Fälle doch auch mit sensiblen Erscheinungen verbinden, hauptsächlich in Form von Parästhesien und Schmerzen, weniger in der Form sensibler Ausfälle. Inwieweit diese Erscheinungen Folge der Affektion der peripheren Nerven sind, die, wie wir im ersten Falle gesehen haben, schwer affiziert sein können oder aber, ob es sich hier auch um zentrale Störungen handelt, läßt sich bei dem geringen Material nicht entscheiden. Nur eins ist gewiß, daß man diese Fälle nicht als chronische Poliomyelitis, sondern als de-generative Muskelatrophie bezeichnen wird.

Anschließend daran seien die genauen Befunde wiedergegeben:

I. Fall.

Agnes P., 69 Jahre alt. Belanglose Familienanamnese. Keine wie immer gearteten ernstlichen Erkrankungen bis zum 45. Lebensjahr, wo sie sich einer Appendixoperation unterzog. Sie hatte neun Geburten, keinen Abortus. Ihre Todeskrankheit beginnt ungefähr ein Jahr vor ihrem Tode mit Schmerzen in den Beinen. Sie beginnt schlechter zu gehen, was immer mehr zunimmt, so daß sie schließlich — fünf Monate nach Beginn des schlechten Gehens — in das Versorgungshaus aufgenommen wird. Hier erweist sie sich in bezug auf die inneren Organe normal. Keine Störung der Hirnnerven. Intakte Pupillen.

Hier wird zur Anamnese nachträglich bemerkt, daß sie schon im September 1923 mit dem linken Beine schlechter gehen konnte. Sie hatte auch Schmerzen im linken Knie und wurde mit Bädern behandelt, wonach sie sich dann etwas besser fühlte. Ein Jahr später neuerliche Verschlechterung mit gleichzeitiger Affektion des rechten Beines, bis schließlich im Jahre 1925 die Patientin überhaupt nicht mehr gehen konnte. Status praesens: Hirnnerven vollständig frei, ebenso wie die Psyche und der Intellekt. Das gleiche gilt für die oberen Extremitäten. Die Wirbelsäule zeigt keine Deformation. Die Bauchdeckenreflexe fehlen (?). Die unteren Extremitäten zeigen eine schlaffe komplette Lähmung bei vollständiger Aufhebung aktiver Beweglichkeit, unvollständige Areflexie, intakte Sensibilität, schlaffe atrophische Muskulatur. Der Peroneus ist etwas druckempfindlich, ebenso die Wadenmuskulatur; die Kranke gibt Alkoholismus zu.

Im August des gleichen Jahres zeigt sich die Möglichkeit einer leichten Außenrotation der rechten unteren Extremität, geringe Bewegungen der 3., 4. und 5. Zehe rechts. Im September leichte Angina. Die Patientin klagt über Atemnot. Es entwickelt sich eine leichte Bronchitis, ein Emphysem. Die Herztöne sind dumpf, leichte Verbreiterung des Herzens nach rechts. Keine Temperatursteigerung. Der Puls ist 90. Unter zunehmender Atemnot tritt der Tod im Jänner 1926, also nach ungefähr dreijähriger Krankheit ein.

Das Rückenmark zeigt nun folgende histologische Veränderungen:

Ein Schnitt der Zervikalanschwellung zeigt eine mäßige Verbreiterung der Meningen. Man gewinnt den Eindruck einer Meningofibrose. Untersucht man den Sulcus longitudinalis ventralis, so zeigt sich, daß die Gefäße wandverdickt und hyalin verändert sind und daß sich in der Umgebung der Gefäße vereinzelte Infiltratzellen finden. Doch sind diese Elemente zumeist als solche des Gewebes zu erkennen, wenn auch einzelne deutlich runde, dunkle Kerne erkennen lassen und einen ganz minimalen Plasmasaum. Jedenfalls kann man nicht von Entzündung in gewöhnlichem Sinne sprechen.

Das wesentliche sind die merkwürdig veränderten Gefäße, deren Wand homogenisiert und gar nicht entsprechend der Arteriosklerose der Peripherie aussieht. Nur die Intimazellen sind erkennbar. Sonst sieht man keine Zellen in der Wand der Hauptgefäße des Rückenmarks. Die Zentralgefäße sind ebenfalls verändert und man sieht gelegentlich etwas Blut in der Umgebung, sichtlich von einer frischen Hämorrhagie herrührend. Deutliche Zeichen der Entzündung werden aber auch im Innern des Rückenmarks an den Gefäßen vermißt. Dagegen sind zahlreiche Corpora amylacea an den gewohnten Stellen wahrzunehmen. Sie sind in verschiedener Größe, ohne daß eine Besonderheit hier auftreten würde, vielleicht mit Ausnahme des Umstandes, daß sie sich wie eingesprengt auch mitten im Gewebe bis in das Innerste des Rückenmarks finden.

Auffälliges Rindenödem fehlt. Auch sonst Ödem im Mark fehlend. Dagegen sieht man gelegentlich kleine Blutungen ganz rezenter Natur im Gewebe. Die hinteren Wurzeln zeigen keine Veränderung von der Norm, ebenso wie die Vorderwurzeln am Hämalaun-Eosinpräparat.

Die Ganglienzellen des Vorderhorns zeigen jedoch deutliche Veränderungen (Abb. 1). Nur treffen diese Veränderungen nicht alle Ganglienzellen, sondern nur einzelne, und zwar kann man hier drei verschiedene Gruppen von Veränderungen wahrnehmen:

1. Das Tigroid der Zelle nimmt ab und ist ungleichmäßig über die Zelle verstreut. Dabei kann der Kern ganz an die Peripherie rücken, ohne daß die Zelle eine besondere Blähung erfährt.

2. Es gibt aber auch Zellen, die etwas gebläht sind. Schließlich schwindet das Tigroid diffus und auch der Kern und es bleibt ein Zellschatten übrig. Dann sieht man einzelne Zellen einfach geschrumpft und homogenisiert, so wie es einer senilen Zelle entspricht. Und schließlich kann man

3. eine Fettanreicherung in der Zelle wahrnehmen, die mitunter ziemlich große Dimensionen annimmt, aber im allgemeinen verhältnismäßig selten vorkommt.

Das Häufigste ist die Abnahme der Tigroidsubstanz, der Schwund des Tigroids mit Bildung von Zellschatten.

Es ist zu betonen, daß diese Veränderungen immer nur einzelne Zellen betreffen. Anderseits gibt es auch Schwellung der Zellen mit gleichem End-

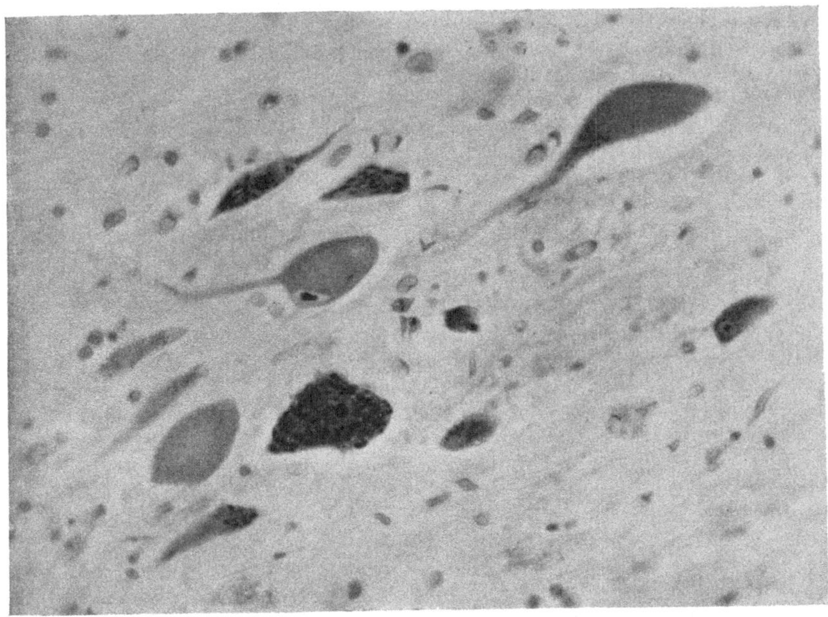

Abb. 1. Veränderungen der Ganglienzellen im Vorderhorn des Halsmarks

stadium in bezug auf den Zellschatten. Es kann vorkommen, daß um solche Zellen Blutergüsse zu sehen sind. An anderer Stelle wiederum sieht man mehr Lipoid. Auffällig ist nur die Abnahme der Tigroidsubstanz, die ganz gleichmäßig in der Zelle ist, ohne daß sonst irgend ein Lipoid oder andere Körper eingelagert wären. In solchen Zellen ist auch der Kern wesentlich verändert. Es hat den Anschein, als ob hier trotz der Veränderung der Zellen die Funktion nicht gestört ist. Wir müssen also annehmen, daß auch diese Verminderung der Tigroidsubstanz funktionell nicht viel zu bedeuten hat. Infolge der an einzelnen Stellen besonders hervortretenden Lipoidose wurden Scharlachrotfärbungen gemacht, die jedoch zeigen, daß das Scharlachrotstadium in diesen Zellen bereits überwunden ist, daß aber trotzdem die Zellen vielfach noch schwere Veränderungen auch mit Scharlachrot erkennen lassen, indem mitunter die großen Zellen bis auf ein kleines Abteil vollständig rot gefärbt sind. Auch die kleineren Zellen des Hinterhorns zeigen eine weitgehende Lipoidose, sind aber verhältnismäßig besser erhalten als die des Vorderhorns, besonders soweit der Kern in Frage kommt. Die großen Zellen des Hinterhorns aber zeigen ebenfalls, wie das Vorderhorn, Zellblähung und Verlust der Tigroidsubstanz.

Die Nervenfasern, die, weil es sich um einen chronischen Fall gehandelt hat, in allererster Linie mit Weigert-Hämatoxylin gefärbt wurden, zeigen im großen und ganzen keine auffallenden Lichtungen. Die Fasern sind nur auffallend dünn. Betrachtet man die Vorderwurzeln, so fällt auf, wie intakt sich dieselben mitunter verhalten, mit Ausnahme von nur sehr wenigen, die leichten Ausfall zeigen. Es kann sich also hier nur um sehr wenige Ausfälle handeln, die keine beträchtliche Gliawucherung zur Folge hatten. In den Strängen

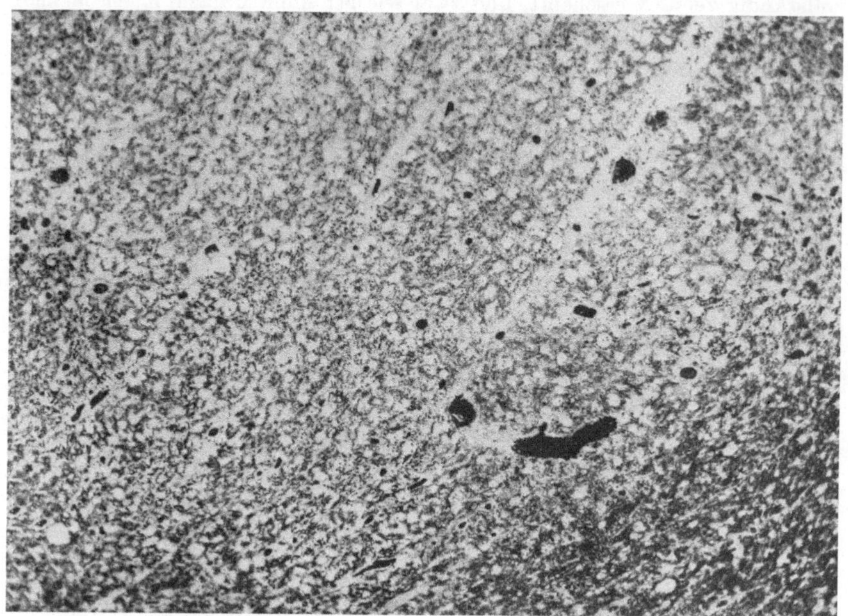

Abb. 2. Detailbild aus dem Gebiete der Pyramidendegeneration.
Lückenbildung; Fehlen reaktiver Gliose

tritt nur ins Auge, daß beide Pyramiden eigentlich eine deutliche Aufhellung erkennen lassen, und zwar betrifft das bilateral-symmetrisch beide Seitenstrangpyramiden. Die des Vorderstranges sind intakt. Eine reaktive Gliose fehlt (Abb. 2).

Dorsalmark: Im Dorsalmark zeigen sich ähnliche Verhältnisse wie im Zervikalmark. Auch hier sind im Vordergrund die Ganglienzellen, ganz analog wie im Zervikalmark, gestört. Dagegen sind die Clarkeschen Säulen intakt. Auch hier sieht man kleine Blutaustritte im Gewebe und eine auffallend geringfügige Reaktion der Glia. Nur an einzelnen kann man plasmatische Gliazellen mit größerem Protoplasma sehen. Einige dieser Gliazellen sind besonders an einzelnen Stellen gemästet und ganz abgeblaßt. Diese Veränderung der Gliazellen beschränkt sich nicht nur auf das Pyramidenareal, sondern greift über dieses hinaus. Auch im Dorsalmark sind

Blutungen hauptsächlich in der grauen Substanz, und zwar im Vorderhorn
und im Zwischenstück. Die Clarkeschen Säulen und der Processus lateralis
sind frei, die Pyramidendegeneration ist auch hier in voller Intensität (Abb. 3).

Im Lumbalmark zeigt sich am besten in der Lumbalanschwellung, daß
die Pia hier fast weniger affiziert ist wie im Zervikalmark, obwohl auch hier
eine Verbreiterung der Pia nachzuweisen ist. Die Gefäße sind eigentlich
weniger affiziert im Halsmark. Die Arteria spinalis ventralis zeigt deutlich
eine Wandverdickung, aber die Wand ist verhältnismäßig gut erhalten. Die
begleitende größere Vene dagegen zeigt eine eigentümliche Auflockerung der
Wand, wobei die einzelnen Fäden etwas homogenisiert erscheinen. Die
größte Veränderung sieht man an den kleinen Gefäßen, indem hier die Wand
vollständig zerstört erscheint, und zwar wie bei einer Malazie in ein lockeres

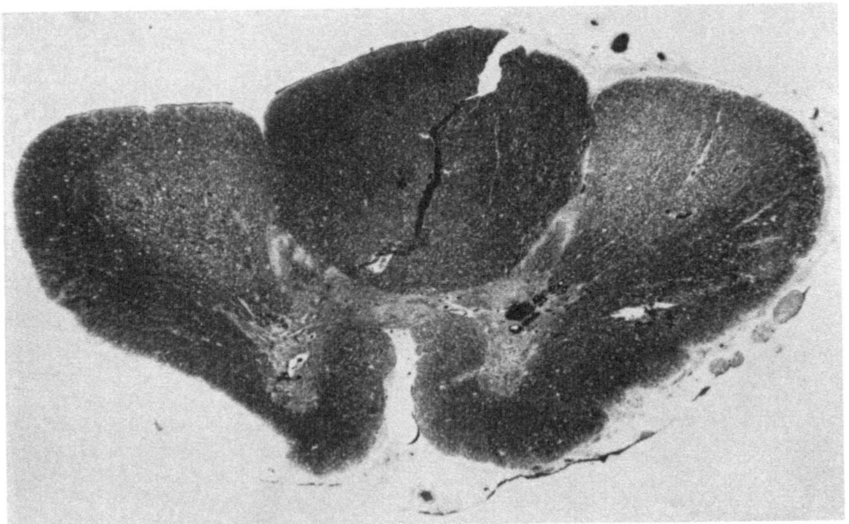

Abb. 3. Dorsalmark, Weigertpräparat. Man beachte die Pyramidendegeneration und die Blutung rechts im Vorderhorn

Netzwerk umgewandelt ist und nur die Intima erhalten blieb (Abb. 4). In
diesen Partien besteht auch eine auffallende Hyperämie.

Interessant ist das Vorderhorn. Hier ist ein Schwund der Zellen, der auf
der einen Seite soweit geht, daß nur wenige kleine Exemplare mehr vorhanden
sind, dagegen ist die Form des Vorderhorns eigentlich nicht wie bei der
Poliomyelitis verändert. Der Zellschwund betrifft sowohl die laterale als die
mediale Gruppe, in allererster Linie aber die zentrale (Abb. 5). Was von Zellen
vorhanden ist, ist schwer zerstört. Eine normale Zelle ist nicht zu sehen. Zellen,
die noch irgend eine Form erkennen lassen, zeigen Blähung, Abrundung und
nur eine einzige läßt noch den Kern randständig erkennen. Manche Zellen sehen
eiförmig aus, zeigen eine dunkle Farbe, kaum ein Tigroid. Nur den Achsenzylinder kann man auf lange Strecken auch im Nisslbild verfolgen (Abb. 6).
Auffallend dagegen sind die kleinen Zellen verhältnismäßig gut erhalten. Der
größte Teil dieser im Nisslbild noch als Zellen mit dunkler Färbung erkenn-
baren Gebilde sind entweder verfettet oder aber in eine homogene Masse um-

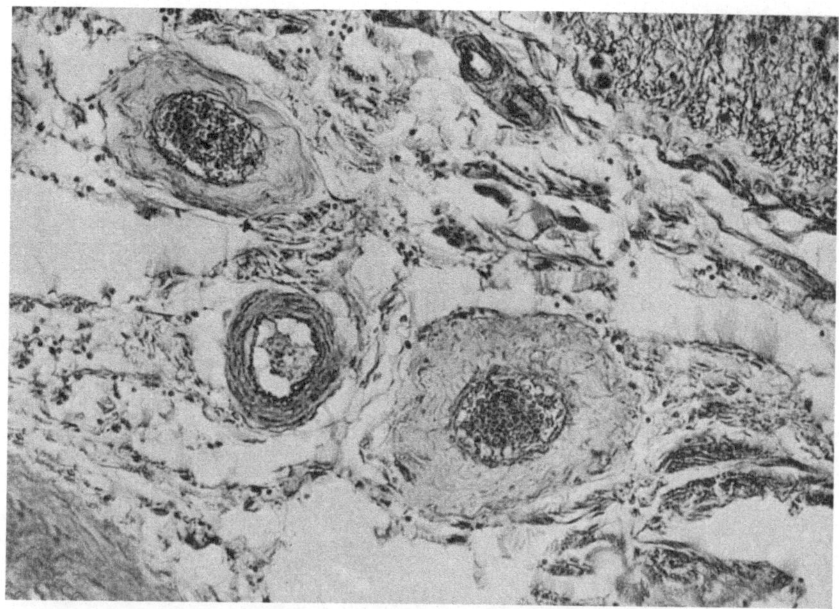

Abb. 4. Kleine Gefäße im vorderen Längsspalt

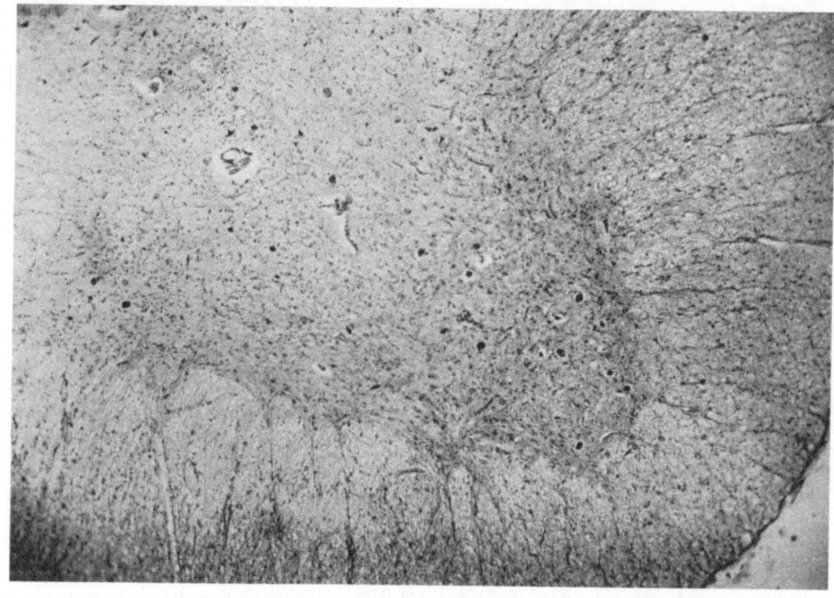

Abb. 5. Vorderhorn der Lendenanschwellung im Nisslbilde. Starker
Schwund der Ganglienzellen

gewandelt. In anderen Zellen sieht man kanalartige Bildungen an der Peripherie, ähnlich den Holmgrenschen Kanälen. Wie erwähnt, eine normale Zelle ist in diesen Partien nicht mehr zu sehen. Die einzigen Zellen, die noch eine gewisse Normalität aufweisen, sind schwer verfettet und gleichzeitig axonal degeneriert.

Bielschowskypräparate sind, soweit die Achsenzylinder in Frage kommen, verhältnismäßig gut, die graue Substanz dagegen ist weniger gut gelungen. Die Zellen, die man in ihr sieht, zeigen nirgends mehr Fibrillen im Innern. An einzelnen ist so etwas wie ein Netzwerk zu erkennen.

Im Weigertbild zeigt das Vorderhorn wohl eine auffallende Verdünnung und einen auffallenden Verlust von Fasern. Es ist überall eine Hyperämie zu sehen.

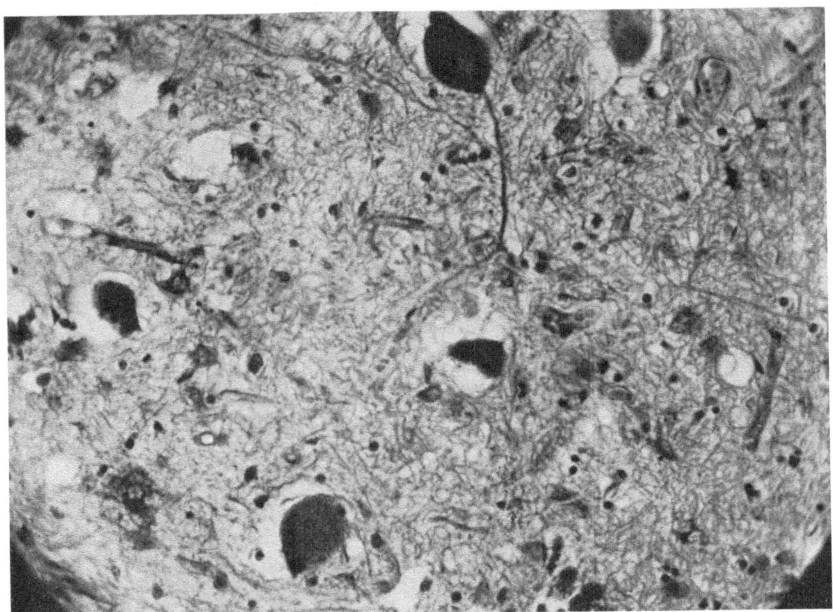

Abb. 6. Detail aus Abb. 5. Die Zellen schwerst geschädigt

Im Seitenstrang ist das Pyramidenareal wieder auffallend degeneriert, doch finden sich hier auch Degenerationen in der Nähe der grauen Substanz. Blutungen sind hier eigentlich vermißt. Die Glia zeigt in dem Gebiete der Pyramiden als auch außerhalb derselben deutlich plasmatische Zellen bis zu gemästeten Formen, aber am meisten doch im Seitenstrang. Auch hier sind wieder überall Corpora amylacea zu sehen.

Lumbalmark: Die vordere Spinalarterie zeigt eine Auflockerung der Intima, eine Homogenisation und Verbreiterung der Media, während die Adventitia verhältnismäßig intakt ist. Weiter vorgeschrittenere Veränderungen zeigen kleinere Gefäße, wobei die Media nahezu nekrotisch ist. Das gilt auch für die Venen. Ein Infiltrat um diese Gefäße ist nicht wahrzunehmen. Am schwersten getroffen sind in diesen Präparaten die Vorderhornzellen. Ein Teil ist vollständig geschwunden. An ihrer Stelle getreten ist eine leichte

Gliawucherung. Man sieht auch im Vorderhorn plasmatische Gliazellen und Sklerosen. Die einzelnen Zellen selbst zeigen entweder eine weitgehende Lipoidose, so daß nur mehr ein Fettklümpchen übrig bleibt. Man sieht auch bereits Abblassung dieser Zellreste. An anderen Zellen kann man noch Reste des Tigroids wahrnehmen und sieht ein oder die andere Zelle neuronophagisch eingewandert. Wieder andere Zellen zeigen Vakuolen neben der Lipoidose Auch axonal degenerierte Zellen mit Lipoid ist zu sehen. Es ist fast nirgends mehr eine normale Zelle wahrzunehmen. Der größte Teil ist geschwunden, die anderen verändert. Auffällig kontrastierend hiezu sind die Zellen des Zwischenstückes und der Hinterhörner, wo auch die großen Zellen intakt sind. In der weißen Substanz auffallend viele stark plasmatische Gliazellen mit starken Fortsätzen. Ein Infiltrat an den Gefäßen wird allenthalben vermißt. Nur gelegentlich sieht man eine Hyperämie, hie und da eine kleine Hämorrhagie.

Bielschowskypräparate sind bezüglich der Zellen zu wenig gelungen, um etwas aussagen zu können. Jedenfalls sind Fibrillen nicht zu erkennen.

Scharlachpräparate zeigen die Zellen frei von Scharlachrotgranula.

Im Weigertpräparat sind die Hinterstränge vollständig intakt. Im Seitenstrang eine deutliche Aufhellung im Pyramidengebiet. Die Vorderhörner zeigen kaum Fasern und wenn solche vorhanden, sind sie äußerst dünn. Auch die Vorderwurzeln sind kaum nennenswert vorhanden.

Ein Schnitt durch den N. ischiadicus zeigt das Zwischengewebe sehr fettreich, aber den Nerv selbst in keiner Weise anatomisch irritiert. Man kann Achsenzylinder und Markscheide ganz deutlich im Giesonpräparat unterscheiden. Von einer Entzündung ist jedenfalls keine Rede. Demzufolge sind die Weigertpräparate auffallend gut gefärbt. Man kann allerdings einzelne Fasern verdünnt sehen, aber es ist nicht sicher, ob es sich hier um dünnere normale Fasern handelt oder aber um eine Atrophie. Jedenfalls erscheint der Nerv sehr wenig geschädigt und nur einzelne seiner Fasern dünner als normal. Das Bindegewebe des Nerven ist etwas verdickt.

Zusammenfassung

Bei einer 69jährigen Frau entwickelt sich im Verlaufe von zwei Jahren eine komplette schlaffe Lähmung der unteren Extremitäten mit schlaffer atrophischer Muskulatur, druckempfindlichem Peroneus. Die Reflexe waren meist erloschen. Genaueres darüber nachträglich nicht zu eruieren. Abgesehen von Arteriosklerose wird Alkoholismus in mäßigem Grade zugegeben. Der Tod erfolgt nach dreijähriger Krankheit.

Im Rückenmark zeigt sich nur eine eigentümliche Zelldegeneration, die zum größten Teil in einer weitgehenden Lipoidose besteht, aber auch andere Veränderungen erkennen läßt.

Diffuse Verschmächtigung des Tigroids, diffuser Tigroidschwund, bei nur teilweise geschwollenen, sonst aber eher geschrumpften Zellen, Bildung von Zellschatten. Während dieser Prozeß im Halsmark noch keine besondere Intensität aufweist und auch im Dorsalmark noch nicht vollständig zerstörte Zellen erkennen läßt, zeigt sich das Lumbalmark aufs schwerste affiziert, indem hier der größte Teil der Zellen geschwunden ist und die noch vorhandenen als Zellschatten oder Lipoidklumpen erkennbar sind. Auffallend geringfügig die Veränderungen im Zwischenstück und dem Hinterhorn. Nirgend eine Spur von Entzündung. Leichte Verbreiterung der Meningen, schwere Störung der Gefäßwand, deren Wand zum Teil nekrotisch, zum Teil aber nur fibrös verdickt ist. Gelegentlich kleine perivaskuläre Hämorrhagien. Im peripheren Nerven leichte Bindegewebsvermehrung. Aber im großen und ganzen sind die Fasern intakt. Doch finden sich einzelne atrophisch, offenbar entsprechend den atrophisch gewordenen Vorderwurzelfasern. Im Vorderhorn selbst generelle Aufhellung der Fasern.

II. Fall.

H. F., 36 Jahre alter Mann. Belanglose Anamnese bis 1915. Damals erkrankte er an der Ruhr, wurde aber vollständig ausgeheilt. Im Jahre 1925 bekam er eine Halsentzündung. Wenige Wochen später tritt ein Schwächegefühl und Parästhesien in den Beinen auf. Dieses breitete sich bald auf die oberen Extremitäten aus und vertiefte sich außerdem, so daß Ende September der Patient gehunfähig wurde. Mitte Oktober traten Schluckbeschwerden auf, indem er sich häufig verschluckte. Schon im Jahre 1925 wurde der Kranke im August in ein Spital aufgenommen. Damals zeigte sich, daß die rechte Tonsille auffallend zerklüftet war. Hirnnerven vollständig frei. Auch die oberen Extremitäten verhältnismäßig frei. Bauchdecken- und Kremasterreflexe vorhanden. Grobe Kraft der Strecker an den unteren Extremitäten erhalten, die der Beuger herabgesetzt. Die Sehnenreflexe fehlten, die Sensibilität intakt. Fragliche Störungen der Tiefensensibilität. Gang schleudernd, Romberg positiv. Kniehackenversuch negativ. Im Liquor Pandy positiv. Nonne-Appelt negativ. Zellen zwei. Wassermannreaktion negativ.

Es wurde eine progressive Muskelatrophie angenommen und der Kranke in das Versorgungshaus transferiert.

Dort ließ sich nur feststellen, daß die Parese im Mai 1925 begonnen hat. Mitte Oktober 1925 Druck auf die Brust und Atembeschwerden. Eine Woche früher Schwäche beim Stuhl absetzen. Er hat bis in die letzte Zeit immer Temperaturen bis 37,3 gehabt. Es bestand Verdacht auf Paratyphus B, der sich aber als nichtig erwies.

Nach seiner Aufnahme in die Versorgungsabteilung zeigte sich, daß eine generelle Muskelatrophie vorhanden war, ohne fibrilläre Zuckungen, Paresen, Ödeme der Fußrücken, Störung der Tiefensensibilität in den Zehengelenken links nur die 1. und 2. Zehe, rechts alle, geringer in den Fußgelenken. Parästhesien besonders in den Endabschnitten der Extremitäten. Positiver Kernig.

Etwas forcierte, requente Atmung, rein thorakal, 24 Atemzüge in der Minute (90 Puls) mit zeitweise Beteiligung der auxiliären Atemmuskulatur.

Im November 1925 zeigt sich die gesamte Muskulatur der oberen Extremitäten schlaff atrophisch. Sowohl der Erbsche Punkt als alle Nerven der oberen Extremitäten druckempfindlich, die Schultergürtelmuskulatur relativ intakt. Hochgradige Hypotonie und vollständige Areflexie, die Tiefensensibilität an den Fingergelenken herabgesetzt. Auch der Rumpf erscheint beteiligt, da sich Rumpfbewegungen schwer ausführen lassen. Die Bauchdeckenreflexe fehlen. Komplette schlaffe Paralyse der unteren Extremitäten mit auffallender Hypotonie. Fehlen der Sehnenreflexe. Sowohl die Nerven als auch die Wadenmuskulatur druckempfindlich. Störung der Tiefensensibilität in allen Zehengelenken. Rechts mehr wie links. Auch im rechten Sprunggelenk ist die Tiefensensibilität gestört. Oberflächensensibilität ist bis auf eine leichte Abstumpfung in den Extremitätenenden normal. Elektrischer Befund: Faradisch ist sowohl vom Nerven als auch vom Muskel auch bei stärksten Strömen keine Zuckung zu erzielen. Galvanisch ist die Erregbarkeit sowohl direkt vom Muskel als auch vom Nerven herabgesetzt. Die direkte Reizung des Muskels ergibt eine träge peristaltische Zuckung.

Anfangs Dezember tritt eine auffallende Zwerchfellparese ein, die Stimme wird aphonisch. Der Patient ist nicht mehr imstande zu expektorieren. Es tritt eine Bronchitis ein, Bronchopneumonie und am 12. Dezember 1925 stirbt der Kranke.

Die Untersuchung des Rückenmarks ergibt folgendes:

Zervikalanschwellung: Die Pia soweit vorhanden, etwas verbreitert.

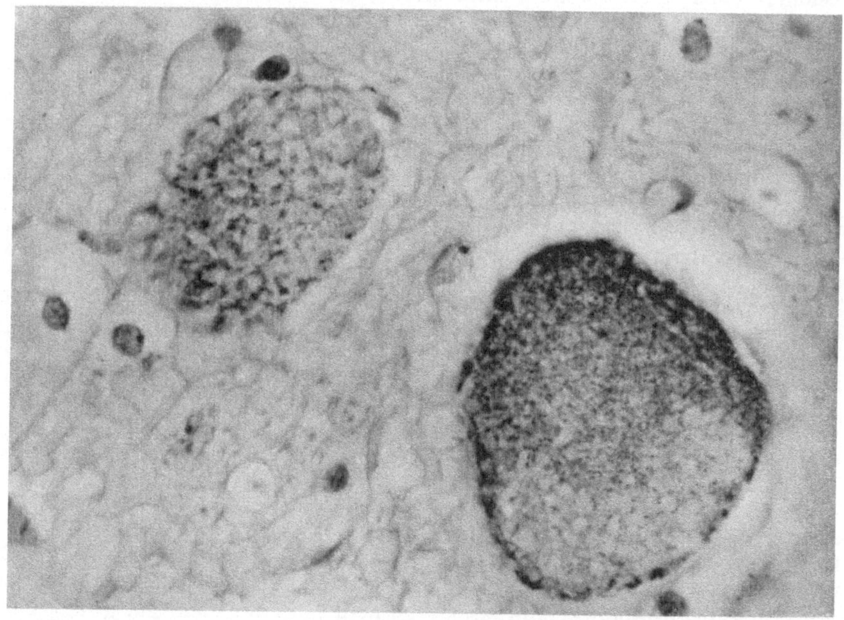

Abb. 7. Degenerierende Zellen mit Wabenwerk im Innern

Nirgends ein besonderes Ödem. Was zunächst in die Augen fällt, ist eine auffallende Veränderung der Vorderhornzellen. Sie sind übermäßig geschwollen, die Mehrzahl fast ohne Tigroide mit randgestelltem Kern. An den Rändern sieht man an einzelnen ein wabiges Netzwerk (Abb. 7). Einzelne sind schon ganz abgeblaßt. Es ist der Ausdruck schwerster axonaler Degeneration. In der Umgebung der Zellen kann man auch im Vorderhorngrau Andeutungen von Ödem wahrnehmen. Auffallend intakt sind die Hinterhornzellen, obwohl man bei den großen Hinterhornzellen ebenfalls axonale Degeneration wahrnehmen kann.

Am besten kann man das im Nisslpräparat erkennen. Hier zeigt sich, daß die Vorderhornzellen in ihrer Totalität schwerst gelitten haben. Nur hie und da zeigt eine noch Tigroid. Das gilt besonders für die medialen, die verhältnismäßig intakt sind, obwohl bei einzelnen auch schon deutlich chromatolytische Erscheinungen auftreten, aber ohne exzessive Schwellung der anderen Zellgruppen. Im Zwischenstück sind die Zellen verhältnismäßig gut erhalten. Dagegen sieht man im Hinterhorn die Marginalzellen vereinzelt atrophisch, Schrumpfung und Schlängelung der Dendriten. Die Mehrzahl ist intakt. Im Bielschowskypräparat keine Fibrillen. Die Zellen mit argentophylen Körperchen erfüllt.

Die Nervenfasern sind, soweit die Stränge in Frage kommen, kaum gestört. Dagegen zeigt das Vorderhorn Lichtungen, aber keineswegs so intensive als es den schwer veränderten Ganglienzellen entsprechen würde. Nur fleckweise treten diese Lichtungen etwas stärker hervor.

Die mesodermalen Bestandteile erweisen sich wenig verändert. Es ist wohl eine Hyperämie da, nirgends aber auch eine Spur eines Infiltrates oder Zeichen einer Exsudation. Auch die Gefäßwände sind nicht verändert. Zahlreiche Corpora amylacea, besonders in den Randteilen.

Im Dorsalmark ist die Tinktion der Zellen eine weitaus bessere. Es sind auch hier einzelne schwer gestört, aber man kann doch Tigroide wahrnehmen, die diffus die Zellen füllen. Auffällig ist nur, daß die Tigroide klumpig sind und die ungefärbten Bahnen zwischen ihnen viel mächtiger als es der Norm entspricht. Die Clarkesche Säule ist intakt. In den Hinterhörnern analoge Verhältnisse wie im Halsmark.

Der Pigmentgehalt der Zellen ist ein die Norm nicht wesentlich überschreitender. Das Mesoderm zeigt keinerlei Veränderung gegenüber dem Zervikalmark.

Im Lumbalmark zeigen die Zellen wieder mehr das Verhalten der Zellen im Zervikalmark. Auch hier sieht man schwer axonal degenerierte Zellen. Bei einzelnen ist es so, als ob der Prozeß der Zellen von der Peripherie sich auflösen würde. Es zeigt sich nicht immer nur entsprechend der Gegend des Pigmentes ein feines Retikulum. Einzelne Zellen verschwinden, indem sie zunächst ein Retikulum, das die ganzen Zellen durchsetzt, bilden. Daneben kann man ein oder die andere Zelle intakt finden. Marchifärbung des Zervikalmarks zeigt, daß in den axonal degenerierten Zellen das Pigment mitunter ganz am Rande sichelförmig angeordnet ist, ohne daß es eine besondere Verarmung erfährt. In anderen Zellen dagegen erfüllt es nahezu die halbe Zelle, die gleichfalls axonal degeneriert ist. Mitunter hat man — das dürfte aber wohl im Schnitt liegen — den Eindruck, als ob die ganze Zelle mit Osmium geschwärzten Schollen erfüllt ist. Es läßt sich weiters erkennen, daß eine Degeneration in den Strangsystemen nach Marchi nicht nachzuweisen ist.

Auch im Bielschowskypräparat kann man trotz der nicht gut gelungenen Färbung in der Peripherie einzelner Zellen Netzbildung wahrnehmen.

Im Weigertpräparat sind die Vorderhörner nur von einem feinsten unterbrochenen Faserwerk erfüllt. Auch die vorderen Wurzelfasern sind sehr dünn. Eine auffallende Lipoidose ist nicht nachzuweisen. Außer einer Hyperämie ist auch hier im Mesoderm nichts wahrzunehmen.

N. ischiadicus: Das Zwischengewebe ist etwas verdickt. Der Nerv selbst ist nicht kernreicher als normal. Man sieht nur an einzelnen Stellen an den Gefäßen Zellen, die am ehesten als Körnchenzellen anzusprechen sind.

Man findet auch im Gewebe absolut keine wie immer geartete entzündliche Reizung. Nur an den Gefäßen sieht man deutlich eine Vermehrung von Zellen. An einzelnen Stellen tritt deren Charakter nicht deutlich hervor, an anderen lassen sich die Fettkörnchenzellen sehr leicht erkennen. Auffallend ist, daß das Perineurium vollständig frei von jeder Exsudation ist. Auffallend ist das Weigertpräparat des Ischiadicus, indem sich die Fasern fast nicht mehr gefärbt haben.

Bruchstückweise sieht man Marktrümmer im Nerven. Auch im Plexus brachialis tritt der degenerative Prozeß im Nerven sehr deutlich hervor. Man sieht zahlreiche Körnchenzellen, die den ganzen Nerven durchsetzen an den verschiedensten Stellen. Natürlich sieht man sie auch längs der Blutgefäße. Hier kann man besonders deutlich sehen, daß eine Exsudation eigentlich nicht vorhanden ist. Nur stellenweise sind etwas mehr Kerne im Nerven, die nicht Schwannsche Kerne sind. Bei genauerem Zusehen kann man auch hier die Diagnose junge Körnchenzellen stellen. Auch im Plexus brachialis zeigt das Weigertpräparat deutlich die schwere Degeneration der Nerven: Zerfall, Marktrümmer. Einzelne unterbrechen ganz unregelmäßig konturierte Markscheiden.

Die Untersuchung anderer peripherer Nerven nach Marchi ergibt wohl stellenweise die Anhäufung von mit Osmium geschwärzten Partien, aber man hat den Eindruck, als ob das nicht degenerative Veränderungen wären, da diese geschwärzten Körnchen hauptsächlich in den Kernen der Schwannschen Scheiden zu sehen sind. Im Nerven selbst sieht man wohl auch einzelne Körnchen, aber so, daß man eher an Artefakt als an Degeneration denken könnte.

III. Fall.

A. D., 74 Jahre alt, hat eine vollständig belanglose Anamnese. Seit ihrem zweiten Lebensjahr hatte sie eine Affektion am linken Bein, angeblich nach einem Sturz. Das linke.Bein blieb in toto verkürzt, der Fuß in equino-varus-Stellung. Sie war sonst immer eine gesunde Frau, hatte zwölf Geburten und vier Abortus, wurde vor Jahren an beiderseitigem Katarakt operiert und ist in der letzten Zeit infolge Atemnot und Herzbeschwerden kränklich gewesen. Das veranlaßte schließlich auch ihre Abgabe in das Wiener Versorgungshaus. Hier zeigte sich galliges Erbrechen, das unstillbar war und schließlich zu einem operativen Eingriff führte, bei dem Verwachsung einzelner Darmabschnitte und Inkarzerationen nachgewiesen wurden. Nach der Operation starb die Kranke.

Das Halsmark zeigt die typischen Veränderungen des senilen Rückenmarks. Wir sehen sehr stark lipoidotisch veränderte Ganglienzellen, wir sehen ferner Corpora amylacea. Die Gefäße sind nicht sonderlich sklerosiert.

Im Weigertpräparat zeigt sich der Hinterstrang ein bißchen aufgehellt, hauptsächlich in den mediansten Partien des Goll. Die Pia ist normal.

Brustmark: Auffallend wenig Lipoidose in den Clarkeschen Säulenzellen, sonst analog wie im Halsmark.

Lendenmark: Da wir nicht wußten, welche Muskeln affiziert sind, haben wir einfach nur einzelne Segmente des Lendenmarks geschnitten und es zeigte sich, daß, während die rechte Seite in bezug auf die Zellen dem Halsmark gleicht, die linke Seite eigentlich gar keine großen Zellen erkennen läßt, nur vereinzelte median gelegene, während lateral ein dichtes Glianetz an die Stelle der Zellen getreten ist und dieses Glianetz von zahlreichen Corpora amylacea durchsetzt ist. Betrachtet man die Zellen genauer, so sind selbst die erhaltenen schwer verändert. Sie sind wesentlich kleiner, das Tigroidbild ist undeutlich oder das Tigroid fehlt, man sieht Zellen, die vom Rande her eine Aufhellung zeigen, sonst diffus gefärbt sind. Ein oder die andere Zelle ist noch erhalten, ganz lipoidotisch und atrophisch. Auffallend ist dem gegenüber das Verhalten der kleineren Zellen im Zwischenstück. Aber auch die Hinterhornzellen sind, nicht so wie sie der Norm entsprechend sind, atrophisch und zeigen unendlich lange, weit verfolgbare Dendriten.

Sehr interessant ist das Verhalten am Bielschowskypräparat. In den

Zellresten kann man keine Fibrillen mehr wahrnehmen. Die am besten gefärbten Zellen zeigen höchstens ein dem Pigment entsprechendes Netz. Hier zeigt sich eine ganze Partie des Vorderhorns durch eine Gliamasse ersetzt, in der man kaum mehr Axone wahrnehmen kann, und wenn, so nur kurze Abschnitte derselben, während sonst im Vorderhorn noch sehr schöne Axone zu finden sind. Es handelt sich hauptsächlich um latero-ventrale Partie.

Das Weigertpräparat zeigt zunächst die bekannte Hemiatrophie des Rückenmarks, indem die linke Hälfte kleiner ist als die rechte. Die Differenz der Vorderhörner fällt hier besonders ins Auge und man sieht schon makroskopisch den ventro-lateralen Teil ganz abgeblaßt. Mikroskopisch fällt das fast weniger in die Augen, und es ist auffällig, daß tatsächlich hier verhältnismäßig viele intakte Fasern vorhanden sind, wenn auch nicht vergleichlich mit denen der gesunden Seite.

Schon am Hämalaun-Eosinpräparat sieht man im oberen Sakralmark schwere Degeneration der Vorderhornzellen im Sinne einer Schwellung der Zelle mit gleichzeitiger Überpigmentation. Manche der Zellen sind geschwollen und vollständig von Pigment erfüllt. An anderen kann man noch einige Tigroide erhalten sehen. Im Gegensatz dazu kann man im Nisslpräparat noch relativ gut erhaltene Ganglienzellen im Vorderhorn wahrnehmen. Doch es fehlt hier die Randstellung des Kerns. Das Tigroid ist wohl stellenweise spärlicher, aber im großen und ganzen überwiegt die Lipoidose. Auch im dritten Sakralsegment kann man das gleiche noch in den Vorderhornzellen wahrnehmen. Im allgemeinen sind sie etwas gebläht lipoidotisch verändert, bei verhältnismäßig noch gut erhaltenem Tigroid. Allerdings fehlt das in einzelnen Zellen vollständig. Das Nisslpräparat bestätigt diese Veränderung.

Untersucht man mehrere Schnitte aus diesem Gebiete, so zeigt sich, daß auf der einen Seite das Vorderhorn wohl relativ zellarm ist, auf der anderen Seite dagegen im Vorderhorn eine große Narbe aus dicker Glia sich befindet. Am Weigertpräparat tritt die Asymmetrie dieses Gebietes stark hervor.

Literaturverzeichnis:

Aoyama: Dtsch. Zeitschr. f. Nervenheilk., Bd. 24. 1904. — Astwazaturow: Dtsch. Zeitschr. f. Nervenheilk. 1911. — Bielschowsky: Zeitschr. f. klin. Med., Bd. 37. — Brüinnig: Dtsch. Zeitschr. f. Nervenheilk. 1904. — Cassierer-Maas: Monatsschr. f. Psych. u. Neurol. 1908. — Comfort: Med. Klin. of North America. 1925. — D'Antona: Rivista di neurologica. 1928. — Darkschievitz: Neurol. Zentralbl. 1892. — Euzière-Pagès-Jambon: Bull. de soc. des sciences med. et biol. Montpellier et du Languedoc mediterranien. 1926. — Falkiewicz: Dtsch. Zeitschr. f. Nervenheilk. 1926. — Grunov: Dtsch. Zeitschr. f. Nervenheilk. 1901. — Lhermitte-Nicolas: Encéphale. 1926. — Margulis: Dtsch. Zeitschr. f. Nervenheilk., Bd. 86. — Marie-Foix: Nouvelle Iconographic de la Salpêtrière. 1912. — Modena-Cavara: Monatsschrift f. Psych. u. Neurol. 1911. — Moleen u. Spiller: Amer. Journ. of med. Science. 1905. — Nonne: Dtsch. Zeitschr. f. Nervenheilk. 1891. — Oppenheim: Arch. f. Psych., Bd. 5. — Sapas: Jahrb. f. Psych. u. Neurol. 1923. — Senator: Dtsch. med. Wochenschr. 1894. — Schuster: Neurol. Zentralbl. 1897.

Senile Myelopathien auf vaskulärer Basis

Von

Hans Peter Kuttner

Mit 9 Textabbildungen

Von den Gefäßschädigungen des zentralen Nervensystems sind die zerebralen ziemlich gut gekannt. Während die eine Gruppe infolge schwerer Wandschädigung zur Blutung oder Erweichung führt, steht bei der anderen Gruppe mehr die trophische Schädigung des Gewebes im Vordergrund. Es kommt dabei vorwiegend im Umkreis der geschädigten Gefäße zu degenerativen Veränderungen, wie sie vor allem von PIERRE MARIE als „Désintégration lacunaire" beschrieben wurden. Diese Lakunenbildung scheint jedoch auch ausheilen zu können, da wir bei älteren Prozessen dieser Art schwerste perivaskuläre Sklerosen sehen können. Auf Gefäßschädigungen dieser Art beruhen ja die bekannten klinischen Bilder der arteriosklerotischen Muskelstarre FOERSTERS und manche Formen der Paralysis agitans, wobei die Lokalisation der Schädigung die ausschlaggebende Rolle spielt. — Anderseits wissen wir, daß auch bei verhältnismäßig jugendlichen Individuen ganz analoge Prozesse perivaskulärer Desintegration dann auftreten können, wenn es sich um Toxämien handelt. Als Paradigma dieser Veränderungen kann man die Myelopathie bei perniziöser Anämie hinstellen, bei der allerdings noch fraglich ist, ob die Hydrämie, die Anazidität oder eine abnorme Blutbeschaffenheit infolge endokriner Störung schuldtragend ist.

Während aber für die zerebralen Veränderungen auf dem Gefäßwege, wenigstens soweit die Arteriosklerose in Frage kommt, unzählige Befunde vorliegen, ist die Kenntnis von den arteriosklerotischen Veränderungen im Rückenmark noch recht unvollkommen.

In der älteren Literatur finden sich einige Arbeiten, die senile bzw. arteriosklerotische Veränderungen der Rückenmarksgefäße im Zusammenhang mit der Pathologie der Paralysis agitans besprechen.

REDLICH beschreibt im Jahre 1894 das Vorkommen zahlreicher perivaskulärer sklerotischer Inseln im Rückenmark, besonders in den Hinter- und Seitensträngen auf der Basis peri- und endarteriitischer Prozesse. Ganz analoge Befunde waren bereits von KETSCHER, KOLLER und DANA bei Paralysis agitans erhoben worden. Sie wurden später besonders von Fürstner und Sander im wesentlichen bestätigt. Bei allen diesen Fällen ist jedoch wichtig, daß eigentliche Herdsymptome von diesen Veränderungen nicht in Erscheinung traten. — Anderseits liegen Untersuchungen über arteriosklerotische Veränderungen im Rückenmark von Greisen vor, bei denen klinisch verschiedene Bilder einer spinalen Affektion bestanden. Schon 1885 beschreibt Démange das Syndrom der „contracture tabétique progressive", bei dem die perivaskulären Sklerosen eine Strangerkrankung vortäuschten. Die Untersuchungen von Leyden, Campbell, Copin u. a. schließen sich diesen Befunden an. Auch Redlich verfügt über eigene Fälle dieser Art, ohne die Kombination mit Paralysis agitans. Sander unterscheidet auf Grund eigener Fälle drei Formen seniler Degeneration des Rückenmarks: die leichte Form mit geringem diffusen Markscheidenausfall, die sich in den physiologischen Grenzen der senilen Involution hält, eine schwere Form mit hochgradiger Sklerose, die durch Auftreten von Herden charakterisiert ist, und schließlich die präsenil einsetzende Form mit akuteren Zerfallsprozessen und zahlreichen Herden, die als arteriosklerotische Degeneration des Rückenmarks zu bezeichnen ist. In diese letzte Gruppe gehören wohl auch die Fälle von Ballet und Minor, Oppenheim und Henneberg, bei denen vaskuläre Prozesse im Gebiet der Hinter- und Seitenstränge durch Kombination mit sekundärer Degeneration das anatomische Bild der kombinierten Systemerkrankung vortäuschten.

Ich hatte nun Gelegenheit, eine Reihe von Fällen zu untersuchen, welche das Bestehen schwerer arteriosklerotischer Veränderungen im Rückenmark mit lokalisierten Ausfallserscheinungen erweisen.

I. Adalbert G., 67 Jahre alt, aufgenommen den 27. Mai 1926, gestorben den 31. Juli 1926.

Anamnese: Seit Dezember 1925 Parästhesien und langsam zunehmende Schwäche in beiden Beinen. Früher mäßiger Alkohol- und Nikotinabusus; keine venerische Infektion.

Status: Großer magerer Patient; Kopf, Hals o. B.; Lungen: Emphysema pulmonum; Herz: Spitze nach links verbreitert, Aorta mäßig dilatiert, röntgenologisch: Sklerose der Aorta; Blutdruck: 170/140. Abdomen frei; Urin o. B. — Neurologisch: Hirnnerven frei, Pupillenreaktionen prompt und ausgiebig; obere Extremitäten frei; Rumpf und Wirbelsäule o. B.; Bauchdeckenreflexe: obere +, mittlere in Spuren, untere —, später nicht mehr auslösbar; untere Extremitäten: Parese beiderseits, $r > l$, Dehnungswiderstand nur mäßig erhöht; Sehnenreflexe gesteigert, $r > l$, keine pathologischen Reflexe, später deutlicher Babinski beiderseits. Von D_{12}—L_1 eine stark hypästhetisch-hypalgetische Zone, die sich nach abwärts aufhellt, um sich an den distalsten Abschnitten der unteren Extremitäten für alle Qualitäten zu vertiefen; Tiefensensibilität an den Zehen vollkommen aufgehoben, in den Fußgelenken herabgesetzt. Hochgradige Ataxie; spastisch-paretisch-ataktischer Gang. Blasen- und Mastdarmfunktion intakt. Liquor klar, keine Zellvermehrung, geringe Eiweißvermehrung, Wassermannreaktion in Blut und Liquor negativ. Myelographie: mehrere Jodipinschattenflecke verstreut vom 5. Brust- bis 2. Kreuzbeinwirbel; ein kleiner, anscheinend reitender Fleck in der Höhe des 9. Brustwirbels. Zwei Tage später ist bis auf einen kleinen Kontrastfleck in Höhe des 8. Brustwirbels alles abgesunken.

Verlauf: Plötzlicher Verfall, Dekubitus, Exitus.

Diagnose: Myelitis disseminata? Tumor medullae spinalis?

Makroskopisch zeigt das Rückenmark im unteren Brustbereich eine Rötung der Basis der Hinterstränge und Quellung der weißen Substanz.

Die mikroskopische Untersuchung erfolgte in verschiedenen Höhen des Rückenmarks nach den gebräuchlichen Färbungen (Hämalaun-Eosin als Übersichtsfärbung, Nissl für die Zellfärbung und Original-Weigert für die Faserfärbung; teilweise wurden auch die Heidenhainsche Eisenhämatoxylin- und die van-Giesonfärbung mit herangezogen).

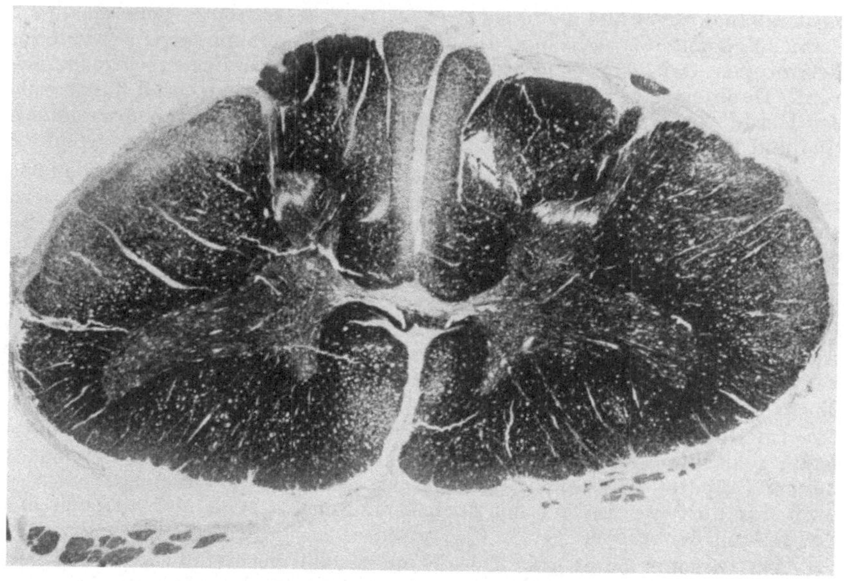

Abb. 1. Fall I a. Halsmark

Schon im Halsmark, und zwar in der Halsanschwellung zeigen sich Veränderungen, die in erster Linie die weiße Substanz betreffen (Abb. 1). Diese finden sich in den Vordersträngen, dann im Hinterseitenstrang und teilweise auch — aber am wenigsten — im Hinterstrang. Die Veränderungen imponieren zunächst wie ein einfaches Ödem, doch sind sie für ein solches zu lokalisiert. Man sieht mehr oder minder große Lücken im Gewebe, die bei den sehr dünnen Schnitten zumeist leer sind, so daß man den Eindruck eines Ödems gewinnt (Abb. 3). Eine Abhängigkeit von den Gefäßen zeigt sich nicht deutlich, da die Herde meist unregelmäßig begrenzt sind. Nur im Seitenstrang hat man gelegentlich den Eindruck eines keilförmigen Herdes. Bei genauerem Zusehen zeigt sich aber, daß in einzelnen dieser Lücken noch Körnchenzellen zu finden sind. Die Glia der Umgebung ist auffallend reaktionslos, vielleicht daß dort, wo sie dichter steht, die Kerne etwas vermehrt erscheinen. Auffallend ist, daß wir in diesen Präparaten keine Achsenzylinderschwellung wahrnehmen können. Hie und da sieht man eine etwas geschwollenere plasmatische Gliazelle in der Umgebung der Lücken. Sehr wichtig ist das Verhalten der Gefäße. Es zeigt sich, daß die Intima verhältnismäßig intakt ist. Dagegen zeigt die Media ein mehr homogenes Aussehen und die Adventitia ist etwas kernreicher. Man sieht dann in der Adventitialscheide einzelne Zellen, die meist den Charakter von Körnchenzellen erkennen lassen, obwohl nicht zu leugnen ist, daß auch einzelne lymphoide Elemente sich darunter befinden. Versucht man die zuführenden Gefäße des Rückenmarks daraufhin zu untersuchen, so kann man deutlicher sehen, daß dieses der Fall ist. Besonders die hintere Spinalarterie zeigt deutlich in den Scheiden zelluläre Elemente, die aber größtenteils Körnchenzellcharakter erkennen lassen. In den Hintersträngen findet sich eine kleine Anomalie. Es zeigt sich nämlich, daß die Spinalarterie in einem breiten Spalt liegt, der sich knapp hinter dem Zentralkanal öffnet und mehr als zwei Drittel des hinteren Septum einnimmt. Dann folgt eine Verwachsung, die aber nicht ein Septum zeigt, sondern von heterotopen Ganglienzellen, die quer über dem Spalt liegen, eingenommen wird. Dann erst folgt der Sulcus longitudinalis dorsalis. Überall in der Nähe der Herde zeigen die Gefäße Körnchenzellen, die zum Teil schon ausgelaugt sind und Vakuolen aufweisen. Nirgends eine Schwellung von Achsenzylindern.

Ein Wort sei noch über die Pia mater erwähnt, die zum Teil vorhanden, zum Teil abgerissen ist. Sie ist nur im allgemeinen etwas dicker und zeigt stellenweise Körnchenzellen im Subarachnoidealraum. Ein Nisslpräparat dieser Höhe zeigt die Ganglienzellen auffallend intakt. Es ist nicht einmal eine so beträchtliche Lipoidose vorhanden, wie man erwarten müßte. Jedenfalls sind die Tigroide intakt. Schwerer gestört sind die Zellen der Zona intermedia. Sie sind geschrumpft und zeigen zum Teil Fragmentation der Axone. Die großen Zellen des Hinterhorns sind intakt, die kleinen Zellen verhalten sich verschieden, indem man auch hier einzelne sieht, die nicht der Norm entsprechen.

Im Heidenhainschen Präparat ist auffällig, daß die Gegend der Lückenfelder schlechter gefärbt ist als die anderen Gebiete. Dagegen sieht man in diesem Präparat besser die Erfüllung der Lücken mit Körnchenzellen, aber auch nur dort, wo die Lücken noch kleiner sind. Auch hier nirgends eine Schwellung der Axone.

Am Giesonpräparat läßt sich erkennen, daß die Gefäßwände wohl verändert sind, indem eine gewisse Homogenisation unverkennbar ist. Besonders deutlich sieht man die Körnchenzellen hier an den Gefäßwänden. Von einer Sklerose kann aber nicht die Rede sein. Das ganze Gebiet ist ferner erfüllt von Corpora amylacea, die besonders in den Randgebieten, aber auch zentral — dorsal mehr als ventral — anzutreffen sind.

Das Weigertpräparat läßt an jenen Stellen, wo Lückenfelder sind, eine deutliche Aufhellung erkennen. Doch geht diese Aufhellung an einzelnen Stellen über das Lückenfeld hinaus und erweist sich als sekundäre Degeneration mit beginnender Sklerosierung. Letztere ist an den Präparaten, die mit Hämalaun und van Gieson gefärbt sind, nicht deutlich zu erkennen. Hier sieht man von dorsal nach ventral zunächst die beiden Gollschen Stränge schwer degeneriert, wobei die inneren Abschnitte deutlicher degeneriert sind als die äußeren. Nur dorsal und ventral bleibt ein Feld ziemlich frei. Gerade an Weigertpräparaten kann man erkennen, daß beginnende Degenerationen auch im Burdachschen Strang zu sehen sind, und zwar nur in der Umgebung von Gefäßen. Diese Degeneration ist so, daß ein Ring um die Gefäße herum vollständig aufgehellt und sklerosiert ist. Dann folgt eine mäßige Aufhellung, die vom Gefäß weg immer mehr abklingt. Solche Aufhellungen begleiten z. B. längsgeschnittene Gefäße vollständig entlang ihrem Verlauf. Ähnliches kann man im Seitenstrang, und zwar im Felde der Kleinhirnseitenstrangbahn sehen, doch konkurriert hier das Lückenfeld mit der Degeneration, während im Vorderstrang nur Lückenfelder zu sehen sind.

Im oberen Drittel des Brustmarks sind die Verhältnisse dem Befund im Zervikalmark analog (Abb. 2). Vielleicht daß die Degeneration ein wenig mehr diffus ist, d. h. auch im Antero-lateraltrakt des Seitenstranges sich ausbreitet; im dorsalen Teil des Seitenstranges reicht sie sehr weit medialwärts. Dem Charakter nach sind die Gefäßveränderungen die gleichen wie im Halsmark. Auffällig ist wiederum die Intaktheit der größeren Vorderhornzellen;

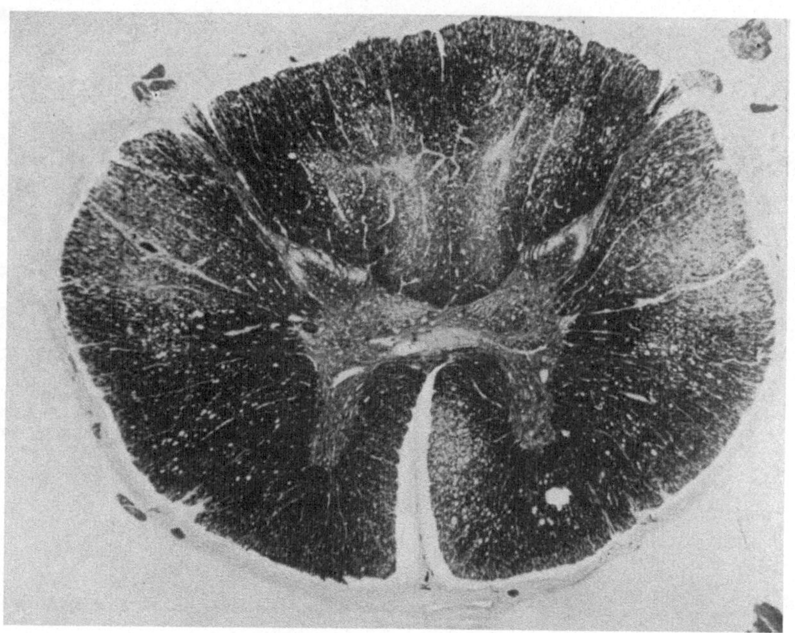

Abb. 2. Fall I b. Brustmark

im Zwischenstück sind einzelne Zellen degeneriert. Die Seitenhornzellen sind intakt, ebenso die hier beginnenden Clarkeschen Säulen. Während aber in den oberen Partien die Faserdegeneration mehr im Gebiet des spinozerebellaren Systems lag, ist sie hier mehr in das Pyramidenfeld gerückt.

In der Mitte des Brustmarks ändern sich die Verhältnisse nur wenig. Doch ist hier schon im Hämalaun-Eosinpräparat die perivaskuläre Desintegration und Sklerose sehr deutlich. Im Seitenstrang tritt das Lückenfeld deutlicher hervor; die Ausbreitung ist etwas geringer als im Halsmark, da hier die dorsalen Anteile verschont sind. Der Prozeß in den Hintersträngen ist nahezu symmetrisch. Die in diesen Präparaten besser erhaltenen Meningen erweisen sich als eine Spur verdickt. Dagegen kann man an den Gefäßen der Meningen eine eigentümliche Veränderung erkennen. Die Intima ist etwas geschwollen, die Media zeigt eine Homogenisation und Effilochement.

Die Wand erscheint glasig, während die Kerne der Zellen stellenweise noch
ganz gut erhalten sind. Dieser Prozeß greift auch auf die Adventitia über.
Bezüglich der Gefäße im Innern kann man ähnliches sagen. Doch ist der
Prozeß nicht so weit vorgeschritten.

Für die Zellen gilt das für das Halsmark Gesagte. Es sind die Vorderhornzellen hier noch besser erhalten als im Halsmark. Auch hier sind im Zwischenstück einzelne Zellen degeneriert, aber nicht im Processus lateralis. Das
Weigertpräparat zeigt hier ganz deutlich die Veränderungen längs der Gefäße. Das sieht man sowohl im Hinterstrang, wo hauptsächlich zentrale
Partien des Gollschen Stranges affiziert sind, besonders aber auch im Seitenstrang. Hier ist keine Degeneration im Spinozerebellatrakt zu sehen, dagegen

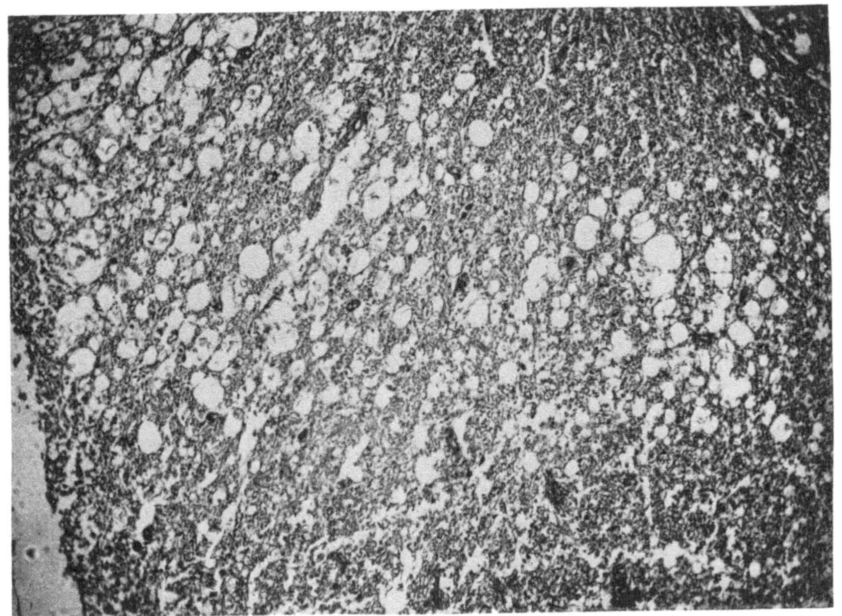

Abb. 3. Fall I c. Lückenfeld

eine deutliche Affektion beider Pyramidenstränge, was ja der Ausbreitung
des Lückenfeldes in höheren Ebenen vollständig entspricht. Auffällig ist,
daß hier der eine Vorderstrang vollständig frei, der andere aber affiziert ist.

Das unterste Dorsalmark zeigt wiederum nur die perivaskuläre
Sklerose und Desintegration im Hinterstrang, ferner das gleiche im Pyramidenareal, und zwar bilateral nahezu symmetrisch, während der Vorderstrang noch Lückenfelder zeigt, diesmal beiderseits, aber auf einer Seite
stärker als auf der anderen. Interessant ist folgendes: es findet sich ein Herd
im Gebiete der einen Clarkeschen Säule, während die andere Clarkesche Säule
vollständig intakt ist.

Bezüglich der Ganglienzellen in den unteren Partien des Dorsalmarks
muß man sagen, daß die Lipoidose hier stellenweise stark ist. Das betrifft
sowohl die großen als auch die kleinen Zellen. An einer Zelle, die ziemlich

lipoidotisch verändert ist, läßt sich das Axon verfolgen und man sieht eine Auftreibung des Axons in einer kleinen Entfernung von der Ganglienzelle. In diesen Ebenen ist auch das Infiltrat um die Gefäße deutlicher und man muß zugeben, daß neben den Körnchenzellen lymphoide Elemente zu erkennen sind. Auch gewucherte Adventitiazellen lassen sich wahrnehmen.

Im zweiten Lumbalsegment sieht man noch ähnliche Verhältnisse wie im Dorsalmark, und zwar eine deutliche Lückenbildung in beiden Hintersträngen und eine solche in beiden Pyramidensträngen, wobei die der Pyramidenstränge über das Gebiet derselben hinausgeht. Man kann in der Lückenbildung noch deutlich Körnchenzellen wahrnehmen. Die Gefäßschädigung ist in allen Partien des Querschnittes unverändert stark.

Im fünften Lumbalsegment sind die Vorder- und Seitenstränge nahezu frei. Im Hinterstrang zeigt sich bilateral symmetrisch die Ausbildung von Lücken, die jedoch nur ein ganz geringes Areal einnehmen. Es stellt den allerersten Beginn einer Desintegration dar.

Zusammenfassung

Bei einem 67jährigen Patienten entwickeln sich in der Zeit von acht Monaten langsam zunehmende Hinterstrangs- und Pyramidensymptome ohne meningeale Erscheinungen. Wegen der zonal begrenzten Sensibilitätsstörung wurde bei der klinischen Diagnose außer an eine disseminierte Myelitis auch an die Möglichkeit eines Tumors gedacht, zumal auch der myelographische Befund kein völlig negativer war. Pathologisch-anatomisch findet sich in den verschiedenen Höhen des Rückenmarks, besonders aber in den mittleren und unteren Partien des Dorsalmarks eine schwere, teilweise symmetrische Desintegration und Sklerose, hauptsächlich in den Hinter- und Seitensträngen mit schweren Veränderungen an den Gefäßen im Sinne einer Wandverdickung mit Homogenisation. Die Abhängigkeit der Degenerationsherde von den Gefäßen ist deutlich, wenn auch nicht an allen Stellen mit gleicher Sicherheit nachweisbar. In der meist betroffenen Gegend des Brustmarks sind die Herde diffus über den ganzen Querschnitt verteilt und konfluieren teilweise. Die im Halsmark über das Gebiet der Lückenfelder hinausgehenden Aufhellungen der weißen Substanz sind als sekundäre Degeneration mit beginnender Sklerose aufzufassen. Die Meningen sind bis auf eine geringe Verdickung nicht verändert.

II. Johann W., 66 Jahre alt, aufgenommen am 22. März 1924, gestorben am 11. April 1924.

Anamnese: Beginn im September 1923 mit Schmerzen und Müdigkeit in beiden Beinen; langsame, stetige Zunahme der Beschwerden, Hinzutreten von Unsicherheit beim Gehen und Gefühllosigkeit in den Beinen. Seit Februar 1924 auch Ungeschicklichkeit in den Händen. Venerische Affektionen werden negiert.

Status: Patient in sehr reduziertem Ernährungszustand; Marasmus senilis. An den Lungen r. h. u. handbreite Dämpfung mit aufgehobenem Atemgeräusch, vereinzelt Giemen. Intern sonst o. B. Neurologisch: Hirn-

nerven frei; Pupillenreaktionen o. B. Obere Extremitäten in Adduktions-
und Beugekontraktur wechselnder Stärke. Bewegungen verlangsamt; Einzelbewegungen sehr erschwert. Fibrofaszikuläre Zuckungen am linken Ober-
arm. Sehnen- und Periostreflexe fehlen beiderseits. Sensibilität intakt.
Stamm: Wirbelsäule im Dorsalanteil stark kyphotisch; mäßige, diffuse
Druckempfindlichkeit. Bauchdeckenreflexe fehlen. Untere Extremitäten
sind in hochgradiger Beugekontraktur fixiert; aktive Beweglichkeit bis auf
geringe Reste aufgehoben. Sehnenreflexe fehlen; Mendel-Bechterw und
Rossolimo links +, rechts angedeutet und inkonstant. Kein Babinski.
Hochgradige Sensibilitätsstörung für alle Qualitäten von D_{10} abwärts.
Retentio urinae; Mastdarmfunktion intakt. Multipler Dekubitus.

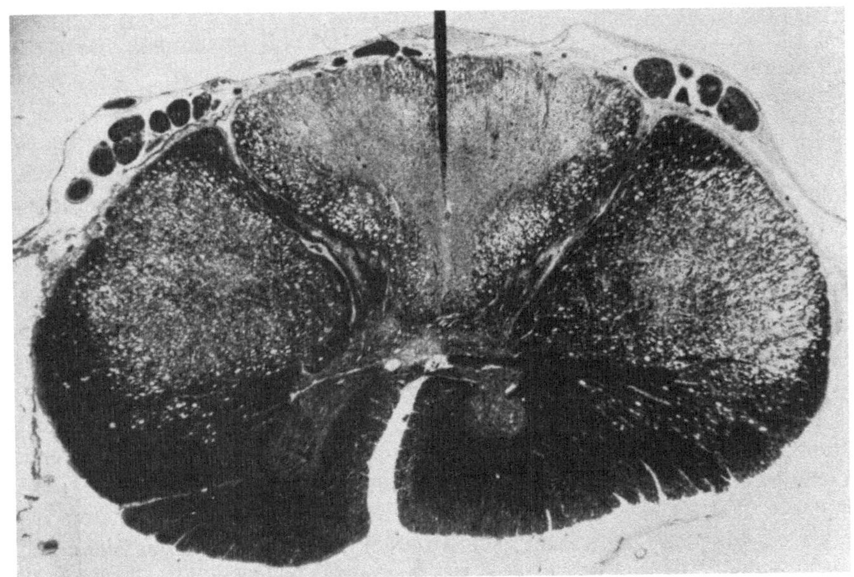

Abb. 4. Fall II a. Halsmark

Verlauf: Interkurrente Pneumonie; Exitus.

Diagnose: Querschnittsläsion? Multiple Sklerose? Dekubitus multi-
plex; Pneumonie.

Obduktionsbefund: Lobäre Pneumonie; Endarteriitis chron. def.,
besonders der Koronararterien; Schleimhautpoly des Magens; katarrhalische
Zystitis; multipler gangränöser Dekubitus; Degeneration der Hinterstränge.

Mikroskopische Untersuchung:

Oberes Halsmark: Die Gollscher Stränge sind beiderseits sklerotisch,
kaum Nervenfasern in ihnen zu erkennen, wenige an der Grenze der Gollschen
Stränge. An den Burdachschen Strängen sieht man dagegen diffuse Lückenfelder. Man kann an diesen Lückenfeldern erkennen, daß sie sich aus mehreren Territorien zusammensetzen. Das größte Gebiet der Lückenfelder aber
ist im Seitenstrang, und zwar betrifft es dort nicht nur das Areal der Pyramiden, sondern es reicht in der Mitte des Seitenstranges bis an die Peripherie

und weit in das Vorderseitenstranggebiet hinein (Abb. 4). Auffallend ist die beiderseitige Symmetrie, auffallend weiter, daß diesem Hauptherd kleine isolierte typische Desintegrationsherde vorgelagert sind. Histologisch sieht man die Lückenbildung dadurch entstanden, daß zunächst nach Ausfall der Markscheide die Glia intakt war, dann aber auch die Glia dehiszent wird und mehrere Einzellücken zu einem größeren zystösen Gebilde sich zusammenschließen. An einzelnen dieser kann man noch deutlich Fettkörnchenzellen wahrnehmen, die in Haufen beisammenliegen und gleichfalls degenerative Veränderungen aufweisen. Aber im großen und ganzen erscheinen die Lücken bereits gereinigt und man sieht von den erhaltenen Septen, besonders aber

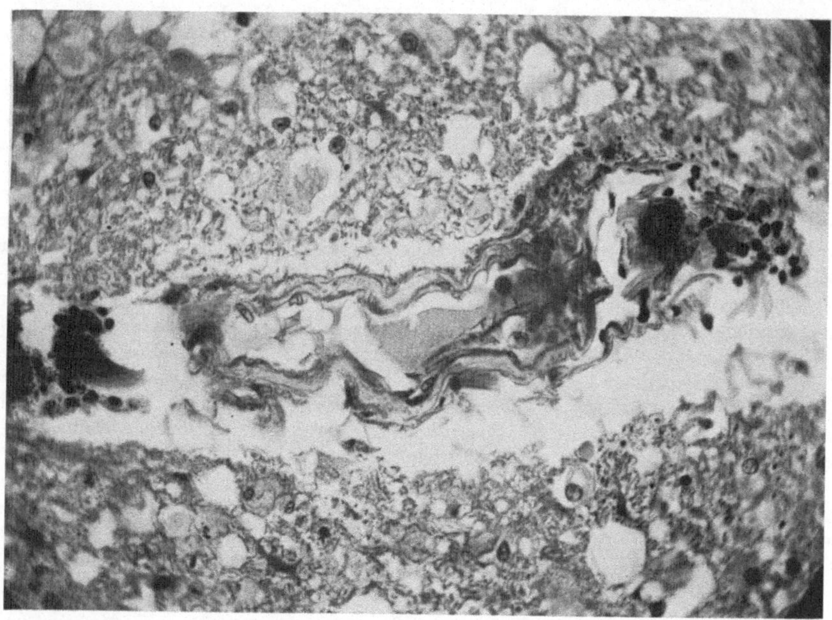

Abb. 5. Fall IIb. Gefäß im Lückenfeld

von der Peripherie her, bereits Glia hineinwuchern. An den Gefäßen sieht man noch, aber auch nur stellenweise, Mäntel von Körnchenzellen. Auffallend ist, daß im Gollschen Strang die Sklerose vollständig ist.

Die Ganglienzellen sind nur zum Teil lipoidotisch verändert, zum Teil zeigen sie eine leichte deutliche Atrophie mit Pyknose. Im großen und ganzen aber sind die Ganglienzellen viel weniger geschädigt als das Mark, da man auch vollständig intakte Zellen findet. Die Schrumpfung ist keine beträchtliche. An den Weigertpräparaten läßt sich über die Verhältnisse der Markscheide wenig aussagen. Doch sieht man in den Lücken vielfach Marktrümmer. Besonders schön sind solche Marktrümmer an einzelnen Abräumzellen wahrzunehmen.

Die Gefäße (Abb. 5) zeigen eine ziemlich dicke Wand und eine deutliche Homogenisation der Wände, aber keine Verkalkung. Die Lumina der Gefäße sind stellenweise sehr eng. Leichte Meningofibrose. Die Sklerose der Gefäße tritt sehr deutlich an den Heidenhainschen Präparaten hervor, wo die Homogenisation der Wand eine besonders beträchtliche ist.

Im unteren Halsmark sind die Verhältnisse fast vollständig analog dem oberen, nur daß im Zentrum des Seitenstranges bereits eine Sklerose im Pyramidengebiet eintritt.

Mittleres Brustmark: Hier sind die Hinterstränge ganz analog affiziert wie im Halsmark, nur mit dem Unterschied, daß paramedian noch intakte Partien ganz dorsal erhalten sind und sich die Areale im Seitenstrang etwas ventralwärts zurückziehen. Dafür sieht man im Zentrum des Seitenstrangherdes gleichfalls deutlich Sklerose. Der Charakter des Prozesses ist im Dorsalmark vollständig der gleiche wie im Zervikalmark. Die Ganglienzellen sind hier besser erhalten und zeigen mehr die Lipoidose. Auch die Clarkeschen Säulen sind lipoidotisch verändert. An Weigertpräparaten sieht man besonders deutlich den Abbau im Pyramidenareal. Gefäßwandverhältnisse die gleichen wie früher.

Ganz analoge Verhältnisse kann man auch in den kaudaleren Partien des Brustmarks wahrnehmen. Nur daß sich hier im Seitenstrang sowohl wie im Hinterstrang das degenerierte sklerotische Areal etwas mehr ausgebreitet hat. Auffällig ist auch hier die Intaktheit der Ganglienzellen, die nicht einmal eine sonderliche Lipoidose zeigen. Auch die Clarkesche Säule ist sehr gut erhalten. Doch findet sich hier eher eine Lipoidose als in den anderen Partien.

Lendenanschwellung: Hier zeigt sich in den Seitensträngen der Prozeß wesentlich frischer, d. h. es fehlt die sekundäre Sklerose bis auf zentrale Partien. Alles andere ist Lückenfeld. Noch auffälliger ist die Reduktion des Prozesses im Seitenstrang, in dem nur in einer ganz kleinen Partie Lücken vorhanden sind. Die Vorderhornzellen im Lendenmark sind sehr gut erhalten. Außer einer nicht besonders hochgradigen Lipoidose keine Veränderung. Gefäße und Pia wie früher.

Im unteren Sakralmark fehlt bereits die fast totale Degeneration der Hinterstränge; man sieht nur einzelne Lücken. In den untersten Abschnitten des Rückenmarks fehlen auch diese Lücken. Sonst ist der ganze Querschnitt intakt. Meningen und Vorderhornzellen normal.

Zusammenfassung

Bei einem 66jährigen Patienten, der in hochgradig reduziertem Ernährungszustand, mit senilem Marasmus und multiplen Dekubitalgeschwüren zur Aufnahme kommt, schwankt das klinische Bild zwischen den Erscheinungen einer Querschnittsläsion und denen einer multiplen Sklerose. Pathologisch-anatomisch finden sich sowohl im Hinterstrang wie in beiden Seitensträngen symmetrisch konfluierende Herde eines malazischen Prozesses, der offenbar ziemlich chronisch abläuft und demzufolge keine umschriebenen Erweichungen setzt. Es handelt sich um eine Reihe von Desintegrationen, die konfluieren und schließlich bis auf Reste des Vorderseitenstranges alles besetzen. Der Prozeß erscheint in den Lendenpartien am wenigsten intensiv und am frischesten, im Brustmark und im Halsmark am ältesten. Es läßt sich nicht sicher entscheiden, was sekundäre Degeneration ist, da in dem Gebiete derselben die Herde sich sehr ausbreiten. Jedenfalls handelt es sich hier um eine Affektion in allererster Linie der Gollschen Stränge, weniger der Burdachschen Stränge, ferner um eine solche der beiden Seitenstrangpyramiden und der angrenzenden Gebiete, besonders der dorsalen Kleinhirnbahn und jener Systeme, die ventral der Pyramide vorgelagert sind. Das Auffallendste dabei ist, daß eigentlich die Gefäße verhältnismäßig wenig affiziert sind, von Verkalkungen nicht die Rede ist, aber eine Homogenisation und Verbreiterung der Wände deutlich in Erscheinung tritt.

III. **Joseph B.**, 63 Jahre alt, aufgenommen am 29. Juli 1921, gestorben am 19. Juni 1927.

Anamnese: Beginn 1915 mit Parästhesien in den Händen; in langsam progredientem Verlauf Hinzutreten von Ungeschicklichkeit der Hände, Schwäche der Beine und Unsicherheit beim Gehen. 1917 bereits nur mit Krücken gehfähig; 1922 Auftreten von Blasenbeschwerden. Früher leichter Nikotinabusus, keine Alkoholabusus, keine Infectio venerea. Früher angeblich Ruhr (Angaben unbestimmt).

Status: Intern an den Lungen die Erscheinungen eines alten Spitzenkatarrhs, am Herzen leichte Pericarditis adhaesiva, abdominell Verdacht auf ulzeröse Kolitis. Neurologisch bot Patient im Jahre 1923 das Bild einer kombinierten Systemaffektion. 1926: Hirnnerven und Pupillen o. B. An den oberen Extremitäten Parese mäßigen Grades; Einzelbewegungen hochgradig beeinträchtigt; Schwäche der Schultergürtelmuskulatur; außerdem Intentionstremor und Ataxie; Sensibilität nicht sicher gestört; ungenaue und wechselnde Angaben, besonders an den Fingern. Tiefensensibilität sicher intakt. Stamm: An der Wirbelsäule Gibbus des V. Lendenwirbels; sehr heftige Druckempfindlichkeit; röntgenologisch totale Kompressionsfraktur des V. Lendenwirbels; Karies. An den unteren Extremitäten hochgradige spastische Parese der Beine und Ataxie; Bewegungen im Fußgelenk und Zehenbewegungen aufgehoben; Sehnenreflexe gesteigert, Fußklonus beiderseits Babinski, Rossolimo beiderseits +. Genaue Abgrenzung der Sensibilitätsstörung nicht möglich; obere Grenze etwa D_{12}. Tiefensensibilität hochgradig gestört, an den Zehen fast aufgehoben. Merkwürdige Anfälle von „Aufschlagen" beider Arme, in Schütteltremor der Arme und Kloni der Beine auslaufend. Später Incontinentia urinae. Liquor bis Juni 1926 o. B. Oktober 1926 Liquor trüb, hochgradig Zell-, Globulin- und Gesamteiweißvermehrung; Goldsolkurve nach rechts verschoben, aber keine Meningitiskurve; bakteriologisch steril. In der Folge bis Mai 1927 zahlreiche Lumbalpunktionen mit gleichem Liquorbefund. Wechselnde Temperaturen, meist subfebril.

Verlauf: Der Status bleibt im wesentlichen unverändert. Im Juni 1927 Pneumonie und Exitus.

Diagnose: Fractura vertebrae lumb. V nach Karies; Meningomyelitis tuberculosa.

Obduktionsbefund: Schwere eitrige Bronchitis und dichte Lobärpneumonie des rechten Hinterlappens. Seniles Lungenemphysem. Parenchymatöse Degeneration des Myokards; exzentrische Hypertrophie des rechten Herzventrikels. Die Aorta ist beinahe frei von Atherosklerose. Im Magen ein beginnendes Karzinom. Weder im V. Lendenwirbelkörper noch in einem anderen sind Anzeichen einer Fraktur auffindbar.

Das Rückenmark ist makroskopisch im Bereich des oberen Brustteiles im Gegensatz zu allen übrigen Abschnitten auffallend weich; an der Schnittfläche ist die Struktur ein wenig verwischt. Vom obersten Halsmark bis zum untersten Lendenmark erstreckt sich eine graue Degeneration der Hinterstränge. Oberhalb der weichen Brustsegmente ist das Bild der grauen Degeneration der Hinterstränge dem bei Tabes sehr ähnlich; nur ist im ganzen Gebiet ein weißes, nach vorne spitz zulaufendes „V" ausgespannt. In einem Querschnitt des oberen Brustmarks erscheinen die Vorderhörner kleiner. Von den weichen Dorsalsegmenten abwärts gesellt sich zu der grauen Degeneration der Hinterstränge auch eine solche der beiden Seitenstränge, die aber nach unten zu geringer wird. — Weder an der Dura, noch an den Leptomeningen des Rückenmarks ist eine pathologische Veränderung nachweisbar. Insbesondere ist an den Leptomeningen keine Spur von Exsudat und auch außerhalb der Dura an der Wirbelsäule nichts, was an entzündliche Vorgänge denken ließe. Auch die Dura cerebralis ist völlig unverändert; die Leptomeningen des Gehirns sind zart und frei von jeder bindegewebigen Verdickung. Nur an ganz wenigen Stellen im Bereich der Fossa Sylvii beiderseits einige gelbe Flecken von eitrig aussehendem Exsudat. Das ganze Gehirn ist weich; die Struktur an der Schnittfläche nicht verändert. Die Ventrikel sind etwas erweitert; der aufgefangene Ventrikelliquor ist deutlich, aber nicht intensiv eitrig getrübt. Am Ependym geringe Granulationserscheinungen.

Mikroskopische Untersuchung:

Halsanschwellung: In den Meningen stellenweise ein deutliches, sehr dichtes Infiltrat. Dort, wo das Infiltrat dichter ist, sieht man, daß die Zellen einen mächtigen dunklen Kern haben und einen ganz minimalen Protoplasmasaum, also daß es doch im wesentlichen lymphoide Elemente sind. Daneben aber sieht man Zellen mit großen hellen Kernen, aber auch geringem Protoplasmasaum. Am ehesten könnten die letzteren adventitielle Elemente sein. Sichere Plasmazellen sind nicht abzuscheiden. Dieser entzündliche Prozeß hört an der Meninx auf. Im Gewebe selbst läßt er sich nicht erkennen. Die Ganglienzellen sind nahezu normal. Auch die Glia ist nicht sonderlich vermehrt. Nur an zwei Stellen sieht man Sklerosen. Die eine ist im Hinterstrang, die andere an der Peripherie des Seitenstranges.

In einer tieferen Ebene, aber noch im Halsmark (Abb. 6), zeigt sich dann die Meninx nicht unwesentlich verbreitert. Man sieht im Weigertpräparat eine leichte Randaufhellung und sonst das Bild einer kombinierten Systemaffektion, und zwar ist im Hinterstrang die laterale Abteilung des Gollschen Stranges und die laterale und ventrale Abteilung des Burdachschen Stranges intakt. Der übrige Hinterstrang ist sklerotisch. Dem Rande entsprechend, ist die Sklerose eine vollständige, sehr dichte. Im Seitenstrang setzt sich diese Sklerose fort auf den Tractus spinocerebellaris dorsalis, der aber auf der einen Seite deutlich Fasern in seinem Innern erkennen läßt, auf der anderen Seite dorsal vollständig entmarkt, ventral ziemlich faserreich ist. Die Meninx verhält sich ungefähr so wie in dem erstbeschriebenen Segment. Sie ist verbreitert und zeigt deutlich Infiltrate lymphoiden Charakters. Die Ganglienzellen sind auffallend gut erhalten, wenn auch eine Lipoidose in ihnen unverkennbar ist. Aber in Form, Größe und innerer Struktur zeigen sich keine Änderungen.

Im Dorsalmark erweist sich der Hinterstrang ganz verzogen. Hier sieht man deutlich, daß im lateralen Abschnitt fast alles intakt ist, während der mediale Abschnitt nahezu total zerstört ist bis auf die Peri pherie, die hier intakt erscheint. Im Seitenstrang vergrößert sich das Areal der degenerierten Partie, indem der Prozeß sich medialwärts weit über die Kleinhirnbahn fortsetzt. Die Meninx ist identisch mit den früheren Schilderungen. Hier lassen sich die Gefäße besser beurteilen als in den anderen Ebenen; es zeigt sich keine auffällige Sklerose, wenn auch nicht geleugnet werden kann, daß die Wände im großen und ganzen homogenisiert sind, ohne jedoch den Charakter der hyalinen Degeneration erkennen zu lassen. Zahlreiche Corpora amylacea. So weit die Zellen zu sehen sind, sind sie intakt.

Untersucht man nun die Schnitte, die vom ersten Lumbalsegment bis etwa zur Lumbalanschwellung reichen (Abb. 7), so zeigt sich, daß in

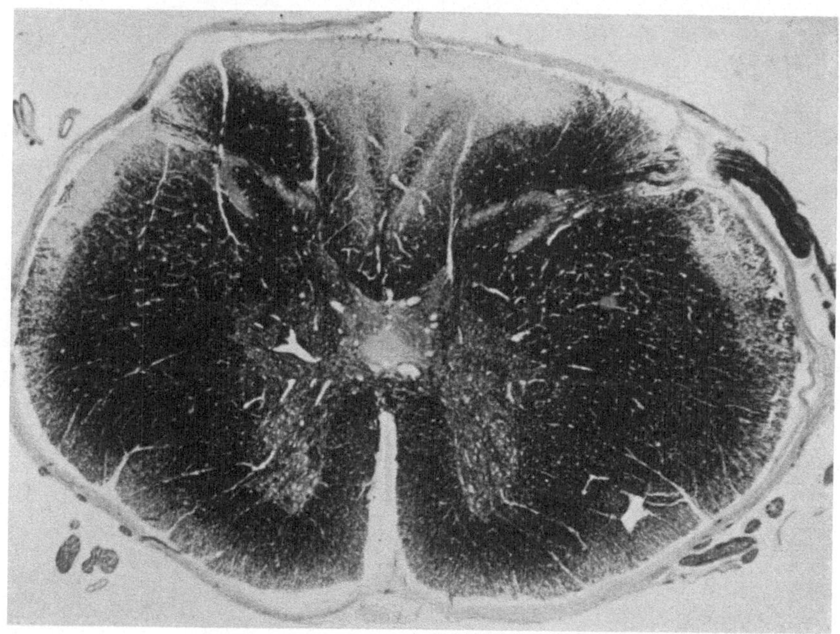

Abb. 6. Fall III a. Lendenanschwellung

diesen Gebieten symmetrische Herde auftreten. Zwei dieser Herde liegen in den Hintersträngen, und zwar gleich weit vom Septum und vom Hinterhorn entfernt, ebenso auch von der ventralen und dorsalen Peripherie der Hinterstränge durch gesunde Markbrücken abgesetzt. Die Herde sind fast vollständig sklerotisch. Nur an den Rändern kann man noch Lückenbildung erkennen. Zwei analoge Herde befinden sich im Seitenstrang, ungefähr entsprechend dem Pyramidenareal. Diese sind aber asymmetrisch und man kann erkennen, daß der eine Herd weit über das Areal der Pyramide hinausgeht, während der andere sich ungefähr an dieses Areal hält.

Betrachtet man die Gefäße in den entsprechenden Gebieten, so zeigt sich vor allem eine schwere Veränderung der A. spin. dors. Es handelt sich nicht um eine Intimaverbreiterung, sondern um eine schwere Media- und Adventitiaschädigung mit ziemlich mächtiger Verbreiterung des gesamten Gefäßes. Die Gefäße in der Nachbarschaft der Herde sind schwer sklerotisch.

Allerdings muß man zugeben, daß auch die A. spin. ventr. deutlich sklerotisch ist.

Die Meningen in diesem Gebiete zeigen wie in den anderen Teilen eine mächtige Verbreiterung — Meningofibrose. Die Infiltratzellen daselbst sind verhältnismäßig spärlich, zeigen aber wiederum einen Charakter, wie er den Lymphozyten gewöhnlich nicht eigen ist.

In der Lumbalanschwellung zeigt sich die Randdegeneration sehr wesentlich. Auffällig die Hinterstränge, die nahezu intakt sind. Nur eine diffuse Verbreiterung der perivaskulären Gebiete ist wahrzunehmen. Im Seitenstrang ist jetzt das Pyramidenareal degeneriert. Doch reicht die De-

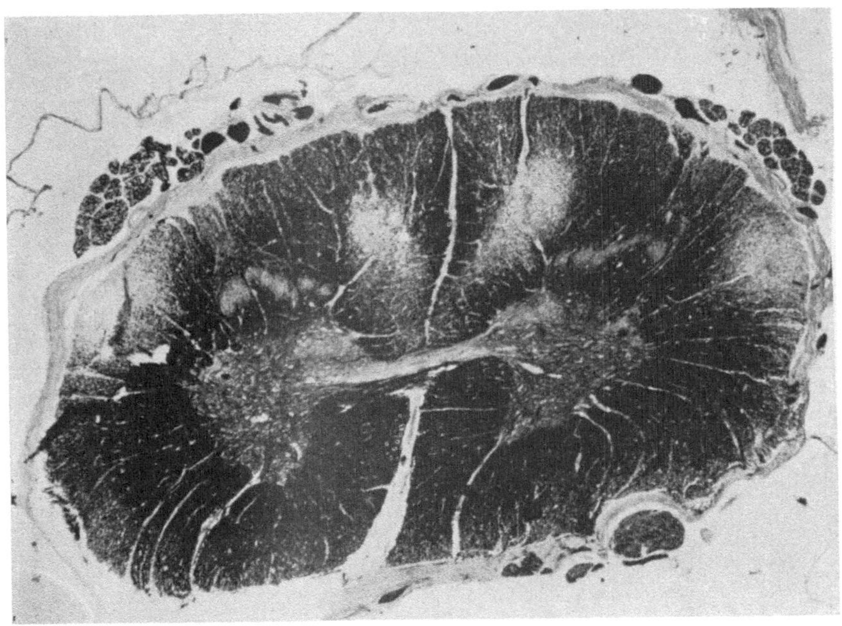

Abb. 7. Fall III b. Unterstes Zervikalmark

generation über das Areal der Pyramide hinaus. Außerdem besteht die Randdegeneration, eigentlich besser ein Randödem. Die Meninx zeigt genau den gleichen Charakter wie früher, d. h. eine Meningofibrose mit einem vollständig frischen Infiltrat dazu. Auch in diesem Gebiete sind außer bindegewebigen und adventitiellen Elementen vorwiegend lymphoide Zellen (Polyblasten) zu sehen. An einzelnen Stellen haben wir den Eindruck, als ob die Zellen, die einzelnen Schichten der Gefäßwände durchbrechend, direkt tumorartigen Charakter tragen. Sie liegen nicht vereinzelt, sondern in Gruppen dicht aneinander.

Zusammenfassung

Bei dem 63jährigen Patienten bestand zeitweise das klinische Bild einer kombinierten Systemaffektion. Er zeigt spastische Parese der unteren Extremitäten und leichte Parese der oberen Extremitäten mit leichter Ataxie. Die Oberflächensensibilität der Beine ist gestört, ohne daß sie sich abgrenzen läßt; die Tiefensensibilität ist beträchtlich herabgesetzt. Der trübe Liquor zeigt starke Eiweiß- und Zellvermehrung ohne Meningitiskurve. — Es findet sich eine Herdaffektion in den unteren Dorsal- und oberen Lumbalabschnitten, sowohl in den Hintersträngen wie in den Seitensträngen, weit über das Pyramidenareal hinausgehend. Die Gefäße zeigen schwere sklerotische Veränderungen. Meningofibrose mit geringen Infiltraten. Es handelt sich um perivaskuläre Degeneration mit sekundärer Sklerose. Von der röntgenologisch gefundenen Karies finden sich wie makroskopisch auch mikroskopisch keine Zeichen.

Auf die klinischen Besonderheiten dieses Falles, die nicht ohne Interesse sind, kann hier nicht eingegangen werden, ebensowenig wie auf die auffälligen Differenzen der klinischen Erscheinungen zum pathologisch-anatomischen Befund.

IV. Aloisia W., 62 Jahre alt, aufgenommen am 16. Februar 1927, gestorben am 7. Mai 1927.

Anamnese: Beginn im Sommer 1923 mit brennenden Schmerzen in der linken Hüfte; zehn Wochen später Besserung. Im Herbst 1926 neuerliche Hüftschmerzen und lanzinierende Schmerzen in den Beinen. Seit November 1926 ist das Gehen nur mit Mühe möglich und steigert sich in vierzehn Tagen zu vollkommener Gehunfähigkeit. Seit der Zeit auch Incontinentia urinae et alvi. Keine venerische Infektion.

Status: Intern an den Lungen rauhes Atemgeräusch über der rechten Spitze, am Herzen systolisches Geräusch über der Spitze und Akzentuation des zweiten Pulmonaltones; Puls o. B., rigides Arterienrohr. Abdomen o. B. Neurologisch: Hirnnerven o. B. Pupillen reagieren prompt und ausgiebig auf Lichteinfall und bei Konvergenz. An den oberen Extremitäten bis auf eine geringe Ataxie beim Fingernasenversuch links und geringe Behinderung der Einzelbewegungen links kein pathologischer Befund. Sehnenreflexe lebhaft. Stamm: Mittlere und untere Brustwirbelsäule leicht kyphotisch, Lendenwirbelsäule lordotisch; am Os sacrum eine knochenharte Auftreibung. Keine Klopfempfindlichkeit; beim passiven Aufsetzen heftige Schmerzen in beiden Beinen. Bauchdeckenreflexe lebhaft. Die unteren Extremitäten sind vollkommen paraplegisch; außerdem Hypotonie hohen Grades; Oberschenkelmuskulatur rechts druckempfindlich; Schmerzäußerungen bei passiven Bewegungen im Knie- und Hüftgelenk. Sehnenreflexe fehlen; keine pathologischen Reflexe; Oberflächensensibilität vollkommen intakt; schwere Störung der Tiefensensibilität. Incontinentia alvi et urinae. Dekubitus. Blut und Liquor serologisch o. B.

Verlauf: Vergrößerung der Dekubitalgeschwüre, Temperaturen über 39°, Exitus.

Diagnose: Tabes dorsalis; Dekubitus; Sepsis.

Obduktionsbefund: Ausgedehnter, bis auf den Knochen reichender Dekubitus über dem Sakrum und den Fersen. Seniles Lungenemphysem; kappenartige Spitzenschwiele links. Über haselnußgroßes benignes Hypernephrom am oberen Pol der rechten Niere. Karies der Wirbelsäule mit Käseherd im IV. Lendenwirbel und völliger Zerstörung der Bandscheibe

zwischen XI. und XII. Brustwirbel mit Sklerosierung der Spongiosa dieser
beiden Wirbel. Paravertebraler kalter Abszeß links. — Graue Degeneration
der Gollschen Stränge im unteren Anteil des Rückenmarkes. In der Höhe
der Wirbelkaries alte Pachymeningitis spinalis externa.

Mikroskopische Untersuchung:

Halsmark: Deutliche Degeneration in den Gollschen Strängen, die
nahezu vollständig ergriffen sind. Es zeigen sich jedoch zahlreiche intakte
Fasern. Auch ist die Sklerose keine sehr tiefgreifende. In den Hinterseitensträngen peripher Ödem. Zahlreiche Corpora amylacea in den beiden Hinter-

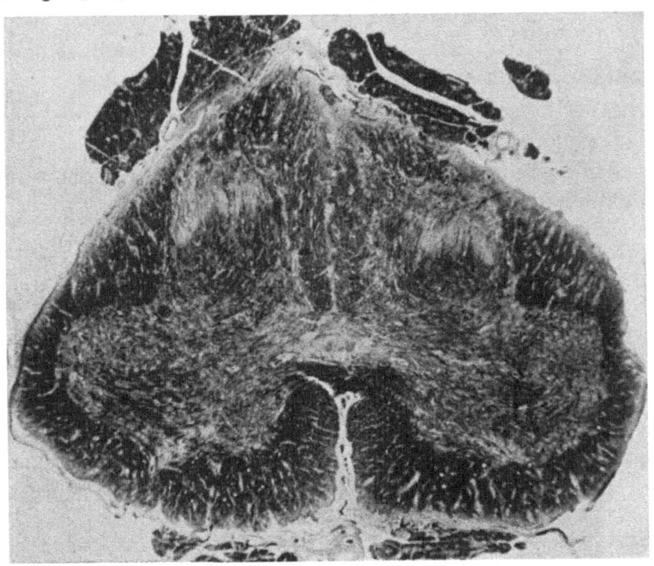

Abb 8. Fall IVa. Lumbalmark

strängen. In den Vorderhornzellen sieht man nur an einzelnen Gefäßen Veränderungen im Sinne einer Schrumpfung und Homogenisation.

Oberes Brustmark: Ganz analoge Veränderungen; ganz leichte
meningeale Reizung, aber sichtlich chronisch. Das Ödem der Peripherie
wandert nach vorne. Auch hier sind die Ganglienzellen verhältnismäßig gut
erhalten.

Im unteren Brustmark sind die Aufhellungen mehr diffus in den
Hintersträngen, das Randödem unverändert. Trotz der diffusen Affektion
sehr viele Fasern in den Hintersträngen erhalten. Auch die Clarkeschen
Säulen zeigen eigentlich verhältnismäßig intakte Zellen.

Oberes Lumbalmark: Hier zeigt sich wiederum mehr der mediale
Abschnitt der Hinterstränge ergriffen, lateral weniger. Das Ödem erscheint
jetzt mehr diffus in den Seitensträngen, d. h. geht von der Peripherie auch
gegen die Tiefe zu. Die Meningen sind verdickt. Deutliche Randsklerose.

Lendenanschwellung: Hier sind die Hinterstränge schwer degeneriert, und es zeigt sich auch wieder im Hinterstrang Ödem. Sonst ist eigentlich der Querschnitt hier noch verhältnismäßig wenig lädiert. Die Ganglienzellen sind verhältnismäßig gut erhalten. Besonders die großen Vorderhornzellen zeigen nur vereinzelt atrophische Veränderungen.

Etwas unterhalb, noch im Bereiche der Lendenanschwellung, bekommt das Rückenmark eine eigentümliche Herzform (Abb. 8), indem die Hinterstränge, zum Teil auch das Hinterhorn in eine eigentümliche Spitze ausgezogen sind, wie es sonst diesem Gebiete nicht zukommt. Gerade in diesem Gebiete sind die Gefäße in einer sehr schweren Weise erkrankt, und zwar sieht man folgendes. Betrachtet man eines der veränderten Gefäße, so zeigt

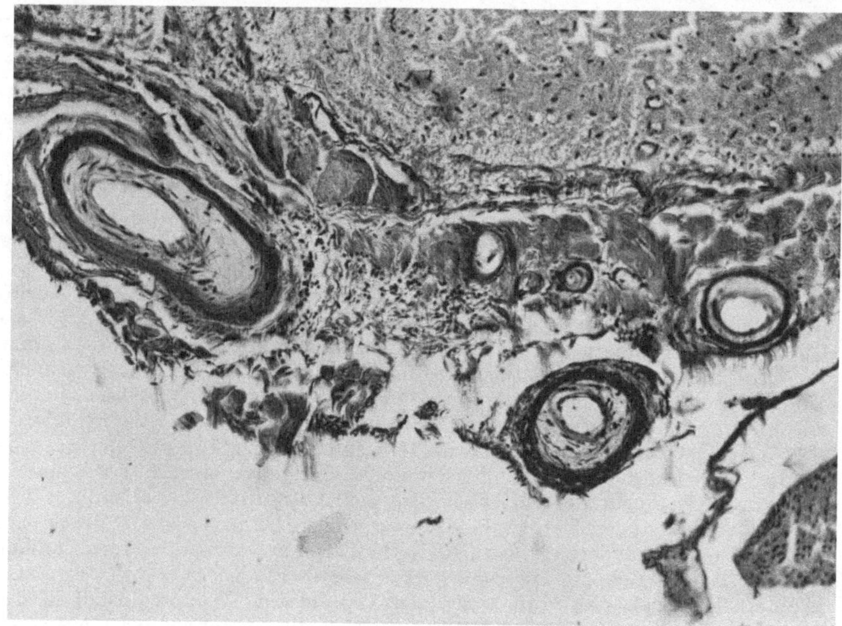

Abb. 9. Fall IV b. Gefäßwandnekrose

sich, daß die Intima noch die Zellen erkennen läßt, wenn sie auch geschrumpft sind. Unter dem Endothel findet sich dann ein Lichtungsbezirk, der von einer zartgefärbten, netzigen Substanz eingenommen wird. Dann folgt eine ganz homogene Masse, die am ehesten der Muskularis vergleichbar ist, die aber gegen die Peripherie zu eine Verdichtung aufweist, vielleicht einer Verkalkung entsprechend. Die Adventitia erscheint abgehoben, auch homogenisiert, körnerarm (Abb. 9). Es ist nun interessant, daß solche Gefäße nicht nur in den Sulcis gefunden werden, sondern auch in den Wurzeln und daß man verschiedene Stadien nachweisen kann. Z. B. findet sich im Sulcus longitudinalis ventralis ein Gefäß, das noch keine Zeichen eines Lichtungsbezirkes erkennen läßt, sondern diffus verbreitert ist. Die Gefäße im Sulcus longitudinalis dorsalis sind alle in der erstgeschilderten Weise verändert. Im Rückenmark selbst ist die Wandveränderung der Gefäße eine gleiche. Es handelt sich um eine Gefäßwandnekrose, wobei auffälligerweise die Intima die Zellen noch zeigt, während die Media und Adventitia ganz homogenisiert und abgeblaßt sind und sich zum Teil im Zustand der Kolliquation befinden. Die Folgen dieser Gefäßwandschädigung äußert sich in einem mehr oder minder diffusen Ödem und einer Malazie; diese ist aber nicht diffus, sondern mehr fleckweise, mit deutlichen Körnchenzellanhäufungen im Gewebe. Es kommt zu Lückenbildung und Körnchenzellanhäufungen; man kann solche Körnchenzellen auch an den Gefäßscheiden wahrnehmen. Dort, wo der Prozeß schon längere Zeit gedauert hat, sieht man deutlich Sklerose und plasmatische Gliazellen. Man könnte den Prozeß in den Hintersträngen als malazisches Ödem mit sekundärer Sklerose als Folge schwerster Gefäßerkrankung bezeichnen. Am besten erkennt man diese schwere Gefäßveränderung an den Weigertpräparaten, wo sowohl in den Wurzeln als auch im Gewebe perivaskuläre Lichtungsbezirke, die aber bereits sklerotisch sind, hervortreten. Besonders ist dies in den Hintersträngen der Fall. Auch hier muß hervorgehoben werden, daß die Vorderhornzellen sich verhältnismäßig gut erhalten haben, wenn auch nicht zu verkennen ist, daß eine gewisse Rarefikation der Tigroide hier Platz hat.

Im oberen Sakralmark zeigt sich die Veränderung der Gefäße in der schwersten Form. Im ganzen Umkreis des Rückenmarks sind die Gefäßwände verdickt, vorwiegend auf Kosten der Media. Stellenweise haben wir eine schwere Mediadegeneration bei verhältnismäßig intakter Intima und es zeigt sich, daß die Außenseite der Media verkalkt ist, desgleichen die verbreiterte Adventitia. Der Gefäßprozeß ist ein ganz genereller und betrifft alle Gefäße, sowohl die Arterien wie die Venen, nicht nur im Umkreis des Rückenmarks, sondern auch im Rückenmark selbst. Hier sind die Partien der Hinterstränge am stärksten betroffen. Man sieht schwerste perivaskuläre Sklerose, stellenweise noch Desintegrationen, Lückenbildung, Achsenzylinderschwellung und Gliawucherung. Es besteht lediglich eine Meningofibrose, aber keinerlei Zeichen einer tuberkulösen Entzündung. Im Weigertpräparat ist die Aufhellung eine ziemlich weit vorgeschrittene, betrifft besonders die auch in ihrer Form deformierten hinteren Abschnitte der Hinterstränge.

Es ist von großem Interesse, daß ein Segment unterhalb dieser eben geschilderten Veränderung des Rückenmarks seine normale Form besitzt. Die Gefäßschädigung ist zwar auch hier sehr deutlich, aber von der Randdegeneration abgesehen und einer ganz minimalen Desintegration in den Hintersträngen, ist dieses abhängige Gebiet des Rückenmarks eigentlich intakt. Auch hier keine tuberkulöse Meningitis, einzig und allein ein Einwachsen der Glia in die Pia.

Zusammenfassung

Eine 62jährige Patientin mit einer Karies der Wirbelsäule im IV. Lendenwirbel, mit einer völligen Zerstörung der Bandscheibe zwischen XI. und XII. Brustwirbel und einem paravertebralen kalten Abszeß links bietet das Bild einer tabiformen Erkrankung. Pathologisch-anatomisch findet sich eine schwere Form der Arteriosklerose. Es handelt sich um einen Gefäßprozeß, hauptsächlich im Lumbo-Sakralmark im Sinne einer perivaskulären Sklerose mit schwerer sekundärer Degeneration. Auffällig sind die geringen Veränderungen an den Meningen; jedenfalls besteht keine Meningitis.

Wir sehen also in allen vier Fällen mehr oder minder lokalisierte Prozesse, die von den Gefäßen ausgehend das Rückenmark vorwiegend im Hinterstrang und im Seiten- bzw. Hinterseitenstrang schädigen, ganz analog den Befunden der eingangs erwähnten Autoren. — Nehmen wir zuerst den zweiten Fall, so handelt es sich klinisch um eine Querschnittsläsion bei einem 66jährigen Mann. Diese Querschnittsläsion ist bedingt durch eine schwere Arteriosklerose mit konsekutiver Desintegration, deren Intensität jedoch eine so hochgradige ist, daß sie Hinter- und Seitenstränge nahezu vollständig in sich aufgehen läßt. In diesem Falle ist sichergestellt, daß weder ein neoplastischer Prozeß, noch eine schwere Anämie vorhanden war. Dagegen bestand ein ziemlich hochgradiger Marasmus, der womöglich auf die bestehende Arteriosklerose, die auch die Koronararterien betraf, zu beziehen ist. Jedenfalls genügt zur Erklärung der schweren pathologischen Veränderungen die Arteriosklerose allein nicht.

Der erste Fall, bei dem es sich um einen 67 Jahre alten Mann handelt, ist in bezug auf den pathologischen Befund dem zweiten nahezu gleich. Auch hier findet sich vorwiegend im unteren Brustmark, aber auch an den anderen Partien des Rückenmarks eine Affektion im Bereich der Gefäße, vorwiegend im Hinter- und Seitenstrang. Auch hier sind die Gefäße schwer verändert und die perivaskulären Desintegrationen, die zum Teil schon zu Sklerosen geworden sind, konfluieren, so daß sie in den unteren Brustmarkpartien ziemlich diffus erscheinen. Auffällig in diesem Falle ist die relativ geringe Beteiligung der peripheren Arterien an dem Prozeß, während über Marasmus und die Kachexie hier leider kein Bericht vorliegt. Es ist nicht ohne Interesse, daß das klinische Bild dieser beiden Fälle ziemlich gleich ist. Es handelt sich immer um spastische Parese der unteren Extremitäten mit einer Sensibilitätsstörung, die ziemlich zonal, in der Höhe des Prozesses ziemlich intensiv ist und nach unten zu abklingt. Es ist gar kein Zweifel, daß es sich hier um Manifestationen bei einem arteriosklerotischen Prozeß handelt, daß hier die Gefäßveränderung im Vordergrunde steht, wobei allerdings nicht sicher zu entscheiden ist, ob nicht noch ein weiteres Moment unterstützend in Frage kommt, das auch durch das Senium bedingt sein kann.

Der dritte Fall betrifft einen 63jährigen Mann, bei dem die Röntgenuntersuchung einen scheinbar kariösen Prozeß des fünften Lendenwirbels feststellte. Die Erscheinungen, die der Kranke aber bot, sind absolut nicht solche der Cauda equina, wie die Krankengeschichte besagt, eher die einer kombinierten Systemaffektion. Neben einer Parese der oberen Extremitäten mäßigen Grades besteht eine hochgradige spastische Parese der Beine mit Ataxie, die auch in den oberen Extremitäten hervortritt. Die Oberflächensensibilität ist etwas, die Tiefensensibilität in den unteren Extremitäten sichtbar schwer gestört. In diesem Falle handelt

es sich um einen kombinierten Prozeß. Auf der einen Seite haben wir die
Veränderungen der Wirbelsäule, auf der anderen Seite eine scheinbar
rezente Meningitis, wofür ja auch der Befund der Spinalpunktion zu
sprechen scheint. Und trotzdem kann man die Erscheinungen, die der
Kranke besonders von den unteren Extremitäten geboten hat, durch
diese Befunde absolut nicht erklären. Es zeigt sich überraschenderweise
ganz analog wie in den eben geschilderten zwei Fällen neben einer
schweren Gefäßveränderung im unteren Brustmark und im oberen
Lendenmark eine auf die Hinterstränge und die Seitenstränge be-
schränkte Desintegration mit perivaskulärer Sklerose, die so intensiv ist,
daß an einzelnen Stellen die ganzen Hinter- und Hinterseitenstränge
zerstört sind. Wir haben also hier eine Kombination zweier Prozesse und
es wäre nicht unmöglich, daß die Intensität der durch den arteriosklerotischen Prozeß bedingten Veränderungen durch die komplizierende
Tuberkulose verstärkt wurde. Es ist auch nicht unwahrscheinlich, daß
ein Teil der Erscheinungen, besonders jene der oberen Extremitäten,
meningeal bedingt ist. Für die unteren Extremitäten aber kann das keine
Geltung haben, da sowohl klinisch wie pathologisch-anatomisch der
Prozeß vollständig identisch ist mit dem in den ersten beiden Fällen
beschriebenen.

Ganz analog wie der eben geschilderte dritte Fall ist auch der vierte
Fall. Diese 62 Jahre alte Patientin bietet klinisch infolge der Para-
plegie der unteren Extremitäten, die hypoton waren, infolge des Fehlens
der Sehnenreflexe und der schweren Störung der Tiefensensibilität der
unteren Extremitäten das Bild der Tabes. Hier ergab die Obduktion eine
Karies des vierten Lendenwirbels, ein Prozeß, der absolut nicht im Zusammenhang stehen konnte mit den Erscheinungen, die klinisch zu registrieren
waren. Das Auffälligste in diesem kariösen Prozeß, der noch durch eine
Tuberkulose der Bandscheiden zwischen dem elften und zwölften Brustwirbel kompliziert war und bei dem sich außerdem ein kalter Abszeß
nachweisen ließ, ist, daß auch hier eine typische Veränderung der Hinterstränge wie in den ersten Fällen, diesmal nahezu dieser allein, bestand,
wobei die Arteriosklerose der Rückenmarkgefäße die höchsten Grade
erreichte, die wir in unseren Fällen gesehen haben. Ferner ist auffällig,
daß die Meningen außer einer Fibrose keine Spur eines Infiltrates zeigten,
und daß der Prozeß als ein eminent alter dadurch charakterisiert war,
daß die Glia in die Pia einwucherte. Auch hier bleibt der arteri
skle-
rotische Prozeß streng lokalisiert.

Aus der Übersicht ergibt sich, daß diese vier Fälle übereinstimmend
durch die Intensität des Prozesses charakterisiert sind, die zu einer vollständigen oder nahezu vollständigen Zerstörung der besonders affizierten
Partien geführt hat. Demzufolge mußten auch klinisch Erscheinungen
auftreten, die in der überwiegenden Mehrzahl der Fälle sich wie ein

Kompressionssyndrom äußern; spastische Parese der unteren Extremitäten mit entsprechender Sensibilitätsstörung. Je nach dem Sitz der Veränderung aber ist es ersichtlich, daß nicht nur die genannten klinischen Erscheinungen auftreten können, sondern auch irgend ein anderes Bild, ein tabiformes z. B., wodurch sich auch klinisch dieser Prozeß jenen nähert, die wir als funikuläre Myelose bei den verschiedensten Toxämien kennen. Auffällig ist hier nur die Lokalisation in den abhängigen Partien, besonders in den unteren des Brustmarks und die Bevorzugung der Hinter- und Hinterseitenstränge. Auffällig ist weiter die relative Intaktheit der großen motorischen Ganglienzellen und schließlich der Umstand, daß trotz genereller schwerer Gefäßschädigung der eigentliche Prozeß sich immer nur auf ein relativ kleines Areal beschränkt. Daß es sich in diesen Fällen um chronische Prozesse handelt, geht aus der langen Dauer der Erkrankung hervor. In den letzten beiden Fällen kann man die Krankheit über mehrere Jahre verfolgen. Auch die Kombination von Lückenfeldern und Sklerosen weist auf das Chronisch-progressive des Prozesses.

Wenn auch die Kranken alle über 60 Jahre alt waren (62 bis 67), so ist nicht daran zu zweifeln, daß ähnliche Prozesse auch schon in einem früheren Alter vorkommen können. So hat UCHIDA im gleichen Heft einen Fall beschrieben, der als kombinierte Systemerkrankung imponierte und der einen ganz analogen Herd im unteren Dorsalmark zeigte, wie ich ihn eben beschrieben habe. Auch hier schwere Gefäßveränderung mit perivaskulärer Desintegration bzw. Sklerose und — soweit die klinische Untersuchung es ermöglicht — Ausschluß von Syphilis.

Wir haben also hier ein ganz eigenartiges Krankheitsbild vor uns, bedingt durch Gefäßschädigung auf arteriosklerotischer Basis, die stellenweise soweit gehen kann, daß sie zu einer Herdaffektion Veranlassung gibt. Es ist dies ein Prozeß, der sicherlich häufiger vorkommen wird, als wir bisher in Rechnung zogen, ein Prozeß, der zum Teil selbständig, zum Teil aber kombiniert mit anderen Prozessen auftreten kann. Ich möchte, trotzdem scheinbar im letzten Fall Tuberkulose mit in betracht kommt, in dem einen Fall Marasmus erwähnt wird, gerade weil in den ersten beiden Fällen und, besonders in jenem von UCHIDA, keine Zeichen einer Toxikose da sind, die Arteriosklerose als solche ätiologisch in Rücksicht ziehen. Freilich ist es nicht unmöglich, daß besonders die Früharteriosklerose gleichfalls toxisch bedingt ist und daß das gleiche Toxin, das die Arteriosklerose hervorruft, auch schädigend für das Nervensystem ist. Jedenfalls kann wohl mit Sicherheit angenommen werden, daß der vaskuläre Prozeß den Veränderungen zugrunde liegt, wenn auch der exakte Nachweis der Gefäßabhängigkeit der Herde im einzelnen nicht immer möglich ist.

Damit soll nicht behauptet werden, daß die Wandveränderungen der Gefäße allein für das Zustandekommen der Gewebsdegenerationen verantwortlich zu machen sind. Dagegen sprechen die Untersuchungen von LEWY, der bei Greisen, die an Arteriosklerose litten, niemals derartige Strangdegenerationen gesehen hat. Auch KINICHI NAKA fand bei 17 Fällen seniler Rückenmarkserkrankungen in Übereinstimmung mit früheren Untersuchungen von NONNE, CAMPELL, FÜRSTNER u. a. trotz deutlicher Verdickung, Homogenisation und Hyalinisation der Gefäßwände relativ nur sehr geringe Parenchymschädigungen, die ohne jeden klinischen Befund bestanden. Außerdem fiel schon bei diesen Untersuchungen die Inkongruenz auf, die zwischen der Intensität der Gefäßwandschädigung einerseits und der Gewebsdegeneration anderseits bestand. Wir müssen demnach zur Erklärung der beträchtlichen Ausdehnung der Gewebsveränderungen den Einfluß eines weiteren schädigenden Agens annehmen. Da ähnliche Bilder kombinierter Strangdegenerationen bei den verschiedenen Toxikämien gefunden werden, wird es wahrscheinlich, daß auch in unseren Fällen ein Toxin wirksam war. Eine Entscheidung über die Art der Noxe zu treffen, ist auch aus unseren Befunden nicht möglich. Es ist zu bedenken, ob überhaupt die Wirksamkeit eines Toxins im engeren Sinne durchaus notwendig ist. Es kann sich ebensogut um vasomotorisch oder durch Blutdruckänderung bedingte Zirkulationsstörungen in den kleinen Arterien, Arteriolen und Kapillaren des Rückenmarks handeln, wie um eine abnorme Beschaffenheit des Blutes, die von HENNEBERG besonders bei der perniziösen Anämie (infolge endokriner Störung) als Grundlage der Veränderungen am Zentralnervensystem vermutet wird, oder um einen Mangel an für den Stoffwechsel der spinalen Nervenfasern wichtigen Stoffen oder auch um avitaminotische Einflüsse, die besonders MODES und CASSIRER für einige Formen der funikulären Myelose verantwortlich machen. In unserem vierten Fall könnte vielleicht die Kombination der Erkrankung mit einer Knochentuberkulose zur Erklärung der Intensität und Expansion der Ausfälle ausreichen; die übrigen Fälle dagegen geben und keinen sicheren Hinweis auf die Art und Herkunft des Toxins. (Der Marasmus senilis des ersten Falles kann deshalb nicht in Betracht gezogen werden, weil er erst einen Monat vor dem Exitus des Patienten in der Krankengeschichte verzeichnet ist.) Ebensowenig läßt sich die auffällige Übereinstimmung in der Lokalisation der Herde, besonders im Hinter- und im Hinterseitenstrang, eindeutig klären. Jedenfalls ist die alte Ansicht von LEYDEN und GOLDSCHEIDER, die die Architektonik des Rückenmarks zur Erklärung anführen, mit in betracht zu ziehen. Während sich Herde in den kurzen Bahnen bald hinter dem Herd der Beobachtung entziehen, summiert sich die Wirkung der Herde in den meist betroffenen, an der Peripherie gelegenen Bahnen. Die zuerst von MARIE eingeführte Begründung, die Verteilung der Herde aus der Erkrankung eines Gefäßsystems (der Art. spin. post., speziell der Rami interfuniculares für die Hinterstrangsherde) abzuleiten, reicht keineswegs aus, da sich jedesmal auch an allen übrigen Gefäßen des Rückenmarks recht schwere Veränderungen fanden. Viel Wahrscheinlichkeit hat die Ansicht HENNEBERGs, daß die doppelt und also am besten versorgten Bezirke am längsten bzw. dauernd den Schädigungen der Unterernährung widerstehen. Für die Annahme einer disponierenden Besonderheit im funktionellen Zustand des Gewebes bzw. einer geringeren Widerstandskraft der dorsalen Partien des Rückenmarks fehlt bisher jeder Beweis. GOLDSCHEIDER glaubt für das Zustandekommen einer lokalen Toxinwirkung neben dem Verhalten der Gefäßwandungen die Verhältnisse des Gewebedruckes an den betroffenen Stellen verantwortlich machen zu können. Eine Erklärung der Prädilektion in der Eigenart des überhaupt noch hypothetischen Toxins zu suchen, ist deshalb nicht angängig, da einerseits verschiedenartige Toxine genau dieselben topischen Gebiete angreifen können, anderseits aber dasselbe Toxin ganz verschiedene Herdlokalisationen verursachen kann. Wir kommen bei der pathogenetischen Betrachtung derartiger Krankheitsbilder zurzeit nicht über Vermutungen hinaus. Jedenfalls wird man bei so schweren, unter dem klinischen Bilde einer Querschnittsläsion verlaufenden Krankheitsbildern das Zusammenwirken mehrerer schädigender Ursachen annehmen müssen, deren Besonderheit im Einzelfall zu bestimmen ist. Es ist nicht unwahrscheinlich, daß die Veränderungen der Wirbelsäule, die in drei der hier beschriebenen Fälle in der Krankengeschichte verzeichnet sind, zweimal als kyphotische Versteifung, einmal als Zerstörung der Bandscheiben zwischen elftem und zwölftem Brustwirbel als konstellative Faktoren unterstützend mitgewirkt haben. Die Differentialdiagnose zu den kombinierten Hinter- und Seitenstrangsdegenerationen anderer Genese zu stellen, wie sie bei der perniziösen Anämie, bei Leukämie, Septikämie, Endocarditis ulcerosa, Malaria, Karzinomatose, Diabetes, Alkoholismus, Nephritis und manchen anderen Erkrankungen beschrieben sind, ist aus dem pathologisch-anatomischen Bilde allein nicht möglich. Das hat seinen Grund darin, daß der Reaktionsmodus des Rückenmarks auf Ernährungsstörungen irgend einer Art nicht sehr variabel ist. Entzündungserscheinungen treten bei diesen nicht infektiös bedingten Erkrankungen nicht auf, und der langsam progrediente, schleichende Verlauf verhindert die Entstehung malazischer Herde. Es handelt sich eben bei allen diesen Erkrankungen, ebenso wie bei der hier beschriebenen senilen bzw. arteriosklerotisch bedingten Degeneration um den gleichen Prozeß einer spinalen Nutritionsstörung, mag sie auf dem Blut- oder Lymphweg vermittelt werden. Wir sind noch nicht in der Lage, aus dieser Gruppe Einzeltypen, z. B. Karzinomatose-Typ, Diabetes-Typ, seniler Typ oder Typ der perniziösen Anämie usw., zu isolieren. Zur Entscheidung über die Ätiologie sind wir auf die klinischen Daten und den Obduktionsbefund

19*

angewiesen. Da in unseren Fällen für eine andere Genese — bis auf die berücksichtigte Tuberkulose im letzten Fall — kein Anhaltspunkt vorliegt, glauben wir, die Veränderungen als senile bzw. arteriosklerotische auffassen zu dürfen, wie sie Démange, Pic-Bonnamour, Crouzon, Wilson u. a. bereits beschrieben haben. Der Entstehungsmechanismus einer als strangförmig imponierenden Erkrankung aus multiplen, primären, herdförmigen Läsionen ist ja schon lange bekannt und entspricht im einzelnen genau dem Vorgang, den Henneberg für die Genese funikulärer Myelosen wahrscheinlich gemacht hat. Der durch Unterernährung bedingte Zerfall des Parenchyms führt im weiteren Verlaufe der Erkrankung zu einem Konfluieren der Herde, die durch Hinzukommen sekundärer Degeneration, besonders der langen Bahnen, schließlich ein strangförmiges Aussehen annehmen. Das Überschreiten der anatomischen Grenzen der Strangdegenerationen, ferner einzelne diffus über den Querschnitt verteilte perivaskuläre Gewebsschädigungen und schließlich die Randdegeneration sprechen auch bei unseren Fällen in diesem Sinne.

Analogien mit dem Gehirn lassen sich sicher viele aufstellen. Die bilaterale Symmetrie des Prozesses findet sich im Gehirn bei der Pseudobulbärparalyse, die spezifische Lokalisation, die Gebundenheit an eine bestimmte Gegend ist gleichfalls im Gehirn charakteristisch, wo die Stammganglien am häufigsten getroffen erscheinen. Es ist wohl wahrscheinlich, daß derartige Prozesse arteriosklerotischer Desintegration im Gehirn häufiger anzutreffen sind als im Rückenmark. Trotzdem wird man der Beteiligung des Rückenmarks in Hinkunft mehr Aufmerksamkeit schenken müssen als bisher.

Literaturverzeichnis:

Ballet u. Minor: Arch. de neurol. 1884. — Copin: Thèse de Paris 1887. — Dana: New York med. journ. 1893. — Démange: Révue de méd. 1884. — Derselbe: Révue de méd. 1885. — Derselbe: Das Greisenalter. Wien 1887. — Fürstner: Arch. f. Psych., Bd. 30. 1898. — Geist: Klinik der Greisenkrankheiten. Erlangen: Encke. 1860. — Henneberg: Arch. f. Psych., Bd. 32. — Derselbe: Arch. f. Psych., Bd. 40. 1905. — Derselbe: Lewandowskys Handb. d. Neurol., Bd. 2, Spez. Neurol. I. — Hirsch: Journ. of neur. and ment. dis., Bd. 74. 1903. — Homburger: Med. Klin., Nr. 8. 1906. — Ketscher: Zeitschr. f. Heilk. 1892. — Kinichi Naka: Arch. f. Psych., Bd. 42. 1907. — Klippel u. Durante: Révue de méd. 1895. — Koller: Virchows Arch., Bd. 125. — Lewandowsky: Rückenmarkserkrankungen durch Störung der Zirkulation. Lewandowskys Handb. d. Neurol., Bd. 2, Spez. Neurol. I. — Lewy, F. H.: Neurol. Zentralbl., S. 1232. 1913. — Leyden: Klinik der Rückenmarkskrankheiten. Berlin 1875. — Marie: Révue de méd., Bd. 21. 1901. — Nonne: Zeitschr. f. Nervenheilk., Bd. 14. — Oppenheim: Berl. klin. Wochenschr. 1896. — Pic u. Bonnamour: Révue de méd. 1904. — Redlich: Zeitschr. f. Heilk., Bd. 12. 1891. — Derselbe: Jahrb. f. Psych., Bd. 12. 1894. — Sander: Dtsch. Zeitschr. f. Nervenheilk., Bd. 17. 1900. — Derselbe: Monatsschr. f. Psych. u. Neurol., Bd. 3. 1898. — Spielmeyer: Dtsch. med. Wochenschr. 1911. — Wilson u. Crouzon: Rev. of. neurol. 1904.

Zur Frage der Leitung der Sensibilität im Rückenmark
Experimentelle Studie
Von
Masaki Hashiguchi, Tokio

Trotz vieler darauf gerichteter Bemühungen ist die Frage nach der Leitung der Sensibilität im Rückenmark noch immer eine nicht ganz geklärte. Besonders ist es noch nicht ganz einwandfrei bewiesen, daß die Bahnen für Schmerz und Temperatur lange Bahnen sind, da noch immer eine Reihe von bedeutenden Autoren dafür eintreten, daß diese Systeme aus kurzen, nacheinander geschalteten Faserzügen bestehen.

Ich habe deshalb den Versuch gemacht, experimentell diese Frage in der Form zu lösen, daß ich zunächst ganz kleine Läsionen der Hinterhörner des Rückenmarks bei Hunden und Katzen anlegte und die sekundären Degenerationen derselben nach MARCHI verfolgte. Im Gegensatz zu diesen Läsionen wurden dann seichte Einschnitte im Vorderseitenstranggebiet des Rückenmarks gemacht, um durch retrograde Degeneration den Ursprung der dort verlaufenden Fasern sicherzustellen.

I. Fall.

In jenem Falle, der als der bestgelungene angesehen werden kann (Hund), betrifft der Schnitt die Lissauersche Randzone, setzt durch die Substantia gelatinosa, den Hinterhornkopf, wo er endet. Er findet sich ungefähr in der Ebene des obersten Lumbalmarks und man sieht deutlich die Clarkesche Säule medial vom Schnitt.

Leider setzt sich, wenn man die Serie durchmustert, in höheren Ebenen dieser anfänglich dorsale Spalt ventral fort durch das ganze Vorderhorn in den Vorderstrang. Die ganze Läsion umfaßt ungefähr 500 μ. Es ist auffällig, daß sowohl vom Hinter- als auch vom Vorderstrang degenerierte Einzelfasern gegen die Mittellinie hin streichen. Während aber die Kreuzung in der vorderen Kommissur eine sehr intensive ist und der dorsale Abschnitt des kontralateralen Vorderseitenstranges vollständig mit degenerierten Schollen erfüllt ist, sind im kontralateralen Seitenstrang weit weniger Fasern zu sehen und es gelingt auch nicht, diese Fasern einzeln zu verfolgen. Man sieht nur lateral am Vorderhorn degenerierte Fasern, die eher aus der vorderen als der hinteren Kommissur aufzutauchen scheinen, und zwar in nicht geringer Menge. Ferner sieht man dann deutlich Fasern im Hinterhorn der Gegenseite degeneriert, die ebenfalls durch die Kommissur, aber die hintere, lateralwärts gelangen. Diese letzteren Fasern ziehen lateral und ventral um die Clarkesche Säule, bevor sie medial biegen. Es ist aber zweifelsohne, daß auch ein Teil durch die vordere Kommissur auf die andere Seite gelangt. In den folgenden Schnitten, 400 μ oberhalb der Läsion, zeigen sich beide dorsale Abschnitte des Vorderstranges schwer degeneriert und man sieht eine mächtige Kreuzung in der vorderen Kommissur nach der Seite ziehen. Die einseitige Degeneration um den Vorderhornteil bleibt aufrecht. Es treten dann weiters bilateral symmetrisch, etwa dem Pyramidenareal entsprechend, aber bis zur Peripherie reichend, degenerierte Schollen auf. Das für uns wichtigste sind jedoch die Fasern, welche um das Vorderhorn gelegen sind. 2 mm oberhalb des Herdes hat sich die um das Vorderhorn befindliche Degeneration gesammelt und liegt nun ganz an der Peripherie, im Gebiete des Tractus spino-tectalis et thalamicus.

II. Fall.

Das zweite Tier, eine Katze, ist nur deshalb bemerkenswert, weil die Läsion hier nicht das Hinterhorn, sondern eine Wurzel und den angrenzenden Teil des Hinterstranges getroffen hat, und man eine uniradikale Wurzeldegeneration aszendierend verfolgen kann. Bei diesem Tier aber tritt noch ein zweites Moment hervor, das den Wert des Experimentes sehr wesentlich herabzudrücken imstande ist. Es zeigt sich nämlich eine bilateral-symmetrische Degeneration in den Hinterseitensträngen und ebensolche in den Vordersträngen, ein Umstand, der ja seit langem bekannt ist und die Beurteilung von Tierversuchen sehr erschwert. Jedenfalls zeigte sich hier im Vorderseitenstrang keine Degeneration.

III. Fall.

Bei dem dritten Tier (ein Hund) ist der Versuch jedoch wieder gelungen. An ähnlicher Stelle wie beim ersten Tier ist eine Läsion gesetzt, die ebenfalls sehr weit ventralwärts reicht, aber eine ziemlich mächtige Malazie gerade im Hinterhornkopf bewirkt. Nun sieht man aber von dieser Malazie — es ist wieder die Gegend etwa des I. Lendensegmentes — deutlich Fasern ventral von der Clarkeschen Säule durch die hintere Kommissur kreuzen. Ferner sieht man von da Fasern in den Seitenstrang der gleichen Seite ziehen und wiederum ist das Gebiet um das Vorderhorn der gesunden Seite deutlich degeneriert. Auch hier sieht man von dorsal durch die vordere Kommissur Fasern auf die andere Seite ziehen, welche lateroventral in das Gebiet am Vorderhorn gelangen.

In diesem Falle zeigen sich allerdings bilateral symmetrisch Degenerationen im Tractus spino-cerebellaris dorsalis sowie eine Degeneration, die von der ventro-lateralen Seite des Vorderhorns sich immer mehr und mehr lateralwärts bewegt. Sie ist auch beiderseits. Aber das ist erklärlich, weil auf der einen Seite der Herd bis in dieses Gebiet vorgedrungen war. Auch diese Degenerationsschollen lassen sich schließlich an der Peripherie im Tractus spino-tectalis et thalamicus nachweisen.

IV. Fall.

Die schwerste Läsion zeigt der IV. Fall. Es ist der Schnitt so, daß sich an ihn eine schwere Malazie anschließt, die gerade im Gebiete der Kommissur über die Mittellinie hinübergeht, so daß beide Kommissuren vollständig zerstört sind. Neben schweren Degenerationen einzelner Hinterwurzeln kann man hier deutlich die gleichen Veränderungen im Vorderseitenstrang wahrnehmen wie bisher. Auch hier erreicht die Degeneration die Peripherie.

Es wurde weiters versucht, bei Hunden den Vorderseitenstrang zu verletzen, wobei allerdings die Verletzungen über das Areal dieses Seitenstranges hinausgingen. Im Anschluß an diese Verletzungen wurden die Tiere vierzehn Tage am Leben gehalten und dann das Gebiet um die

Verletzungsstelle nach aufwärts und abwärts in Serien untersucht, um festzustellen, ob nicht an irgend einer Stelle eine zelluläre Degeneration vorhanden war.

Da die Verletzung nur eine Seite betraf, so hat es nicht sehr Wesentliches zu bedeuten, wenn das Areal der Verletzung über die gewünschte Partie hinausging.

Beim ersten Tier fällt die Verletzung in das Gebiet des II. Thorakalsegmentes. Die serienweise Untersuchung der Verletzung ergibt, daß sie vom Vorderseitenstrang ausgehend gegen den Hinterseitenstrang reicht, von da aus übergeht auf das Hinterhorn der Verletzungsseite und auch zum Teil auf den Hinterstrang. Das Gebiet dieser ausgedehntesten Verletzung ist jedoch sehr klein und zieht sich bald wieder zurück auf den Vorderseitenstrang. Sowohl aszendierend als deszendierend haben wir dann im Seitenstrang ein Ödem zu sehen.

Vergleicht man nun die Hinterhörner dort, wo sie bereits intakt sind, miteinander, so zeigt sich eine deutliche Veränderung der Zellen des Hinterhorns eigentlich nur im Hinterhornkopf der Gegenseite. Man sieht ferner auf der operierten Seite knapp am Processus retricularis größere Zellen, die auf der gesunden Seite fehlen, bzw. hier nur durch kleine Elemente repräsentiert werden. In tieferen Ebenen sieht man dann sehr große Elemente an der Basis des Hinterhornkopfes auf der operierten Seite. Auf der gesunden Seite fehlen diese großen Elemente, bzw. man sieht schattenförmig veränderte Zellen, die aber keine die Größe der Zellen auf der operierten Seite erreichen.

Auch in den Schnitten, die weiter kaudalwärts folgen, sieht man die gleichen Verhältnisse. Auf der operierten Seite sind immer reichlich größere Zellen, als auf der nichtoperierten Seite. Die Marginalzellen dagegen sind bei beiden ziemlich gleich. Eine axonale Degeneration wird vollständig vermißt. Das Einzige was man findet, ist Verkleinerung und Pyknose der Zellen.

Ungefähr 4,3 mm nach abwärts von der Verletzungsstelle sind die beiden Hinterhörner vollständig gleich.

Zusammenfassung

Bei einem Tiere, das im Seitenstrang verletzt vierzehn Tage überlebt hat, zeigt sich in den abhängigen Partien, knapp unterhalb der Verletzungsstelle bereits, die das gesamte in Frage kommende Seitenstranggebiet umfaßt, ein eigentümlicher Ausfall oder eine grobe Verkleinerung der großen Zellen des Hinterhornes bis etwa 4,3 mm unterhalb der Verletzungsstelle.

II. Fall.

Die Verletzung fällt auch hier in den Vorderseitenstrang, reicht aber bis an das Vorderhorn, so daß alle Fasern, welche nach der Kreuzung den Seitenstrang erreichen, geschädigt sein müßten. Auffälligerweise treten jedoch an zwei Stellen Malazien hervor, die vielleicht für die Beurteilung des Ganzen nicht belanglos sind. Die eine im kontralateralen Vorderseitenstrang in der Sulco-Marginalzone, die andere im Pyramidengebiet des kontralateralen Seitenstranges. Jedenfalls ist die Hauptverletzung an der rechten Stelle.

In diesem Falle kann man mit absoluter Sicherheit auf der kontralateralen Seite gequollene und schattenhaft veränderte Zellen sehen, die aus axonaler Degeneration hervorgegangen sind. Auch hier sind die Zellen, die im Hinterhornkopf betroffen sind, mittelgroße Elemente.

Leider tritt neben dieser primären Verletzung knapp unterhalb eine neue Verletzung, eine schwere Malazie, hervor, die eine Beurteilung der Verhältnisse nicht ermöglicht. Dort, wo diese Malazie wieder weicht und das Rückenmark normal hervortritt, zeigt sich auf der der Verletzung gegenüberliegenden Seite, wiederum im Hinterhorn, eine große Zelle typisch axonal ·degeneriert.

Da nun in diesem Falle bilateral ein Herd war, so zeigt sich in den Partien, die wieder vollständig normal sind, die Veränderung an beiden Seiten. Infolge der verschiedenen Herde ist jedoch eine Abgrenzung der Degeneration keineswegs zu finden.

Zusammenfassung

Wenn wir diesen Fall zusammenfassend betrachten, so muß man sagen, daß der operative Eingriff ein zu großer gewesen ist und diskontinuierliche Herde erzeugt hat. Man kann aber auch aus dieser übermäßigen Schädigung erkennen, daß die Degeneration im Hinterhorn hauptsächlich die mittelgroßen und großen Zellen des Hinterhornkopfes betraf und daß hier tatsächlich axonal veränderte Zellen anzutreffen sind.

III. Fall.

Bei dem dritten Tier wurde die Läsion im V. Zervikalsegment gesetzt. Hier war sie so klein, daß sie schon makroskopisch kaum sichtbar war. Mikroskopisch zeigte sich keine wie immer geartete schwere Veränderung, es sei denn, daß man an einer Stelle in der Peripherie eine kleine, schon gereinigte Narbe wahrnahm. Sie war so klein, daß sie nur die äußerste Oberfläche besetzt hielt. Demzufolge fand sich in den entsprechenden abhängigen Rückenmarkspartien keine absolut sicher nachweisbare Läsion von Zellen. Muß man doch annehmen, daß die Zellveränderungen bei einem so lateralen Sitz der Läsion höchstens in den kaudalen Abschnitten zu finden gewesen wären.

Wenn man die wenigen Befunde, die ich erheben konnte, zusammenhält, so zeigt sich, daß aus den Hinterhörnern ein System entspringt, das in der hinteren und vorderen Kommissur kreuzend die Peripherie des Seitenstranges erreicht, also in jenes Gebiet fällt, das wir als Tractus spino-tectalis et thalamicus bezeichnen. Die gewöhnlich exzentrische Lage der langen Bahnen, die also auch für dieses System zutrifft, genügt allein, um sie als langes System zu charakterisieren.

Der zweite Befund, den ich erheben konnte, ist allerdings noch nicht ganz einwandfrei, da die Läsionen der drei operierten Tiere eine absolut sichere Entscheidung nicht ermöglichten. Doch kann man in zwei Fällen konstatieren, daß — da der Herd bis an die graue Substanz reicht, also das Gesamtgebiet des Seitenstranges, soweit die in Rede stehenden Fasern zu finden sind — betrifft, diese Fasern aus dem Kopf des Hinterhornes stammen und wahrscheinlich der Hauptmasse nach aus den größeren und mittelgroßen Zellen entspringen. Auch das ist sehr wahrscheinlich, weil wir ja wissen, daß die Länge einer Faser der Größe einer Zelle zu entsprechen pflegt.

Infolge meiner Abreise nach Japan konnte ich diese Untersuchungen nicht fortsetzen und muß sie deshalb vorläufig zum Abschluß bringen.

Wenn ich trotzdem die Ergebnisse meiner Untersuchungen vorläufig mitteile, so hat das seinen Grund darin, daß doch Tatsächliches gefunden wurde und daß die Befunde mit den Annahmen einer großen Anzahl von Autoren im Einklang stehen.

Zur Frage der Tabes mit Epilepsie und Hemiplegie

Von

Dr. **Kensuke Uchida**, Saitama, Japan

Es mag vielleicht auffällig erscheinen, die überaus seltene Komplikation der Tabes mit epileptischen Anfällen zum Gegenstand einer Untersuchung zu machen. Man wird aber sofort den Grund hiefür verstehen, wenn man eine der wenigen Publikationen über dieses Thema ins Auge faßt, ich meine die Arbeit von Trenel aus dem Jahre 1910. Hier hat sich nämlich gezeigt, daß regelmäßig in etwa vierwöchentlichen Intervallen epileptische Anfälle bei einer Tabika aufgetreten sind, gleichzeitig mit dem Auftreten tabischer Krisen, so daß die Frage nicht unberechtigt erscheint, ob nicht das gleiche Moment, das die Krise bedingt, auch Anlaß zu den epileptischen Anfällen wird. Freilich sind wir heute noch nicht in der Lage, Genaueres über die Ursache der Krisen anzugeben. Wir können nur sagen, daß gewisse degenerative Veränderungen im Vagussystem auf der einen Seite, oder im Splanchnikussystem wahrscheinlich Veranlassung zu diesen Anfällen sind und daß der Mechanismus der Anfälle vielleicht darin gelegen ist, daß es sich um Schwellungszustände im affizierten Nerven handelt. Jedenfalls ist die Kombination Tabes mit Krisen auf der einen Seite und epileptische Anfälle auf der anderen Seite ein Hinweis dafür, daß diese epileptischen Anfälle der Tabiker vielleicht ein Analoges sind als die Krisen. Leider ist die Literatur über solche Fälle sehr gering.

So existiert ein Fall von Vulpian, der zwar infolge motorischer Ausfallserscheinungen die Diagnose Tabes etwas erschwert, aber nachdem Vulpian die Annahme macht, daß es bei diesem 27jährigen Mann sich um Tabes handelt, so muß man doch annehmen, daß er genügend Hinweise für diese Diagnose besaß. Es ist nur auffällig, daß sich die Tabes dieses Falles mit epileptischen Anfällen einleitete und daß auch in diesem Falle Krisen bestanden, allerdings L a r y n x k r i s e n.

Ein dritter Fall stammt von Veit. Auch dieser Fall ist keine reine Tabes. Es handelt sich um einen Knaben mit kongenitaler Lues. Als im sechsten Lebensjahre dieses Knaben epileptische Anfälle auftraten, fehlte das Kniephänomen. Erst später stellte sich unsicherer Gang mit vollständiger Schlaffheit der Beine und ausgesprochener Rhomberg ein, so daß man wohl an der Diagnose Tabes, wie das der Autor tut, nicht zweifeln kann.

Wenn man nun weiß, daß bei der Lues in einer ganz beträchtlichen Anzahl von Fällen (Bratz, Veit mit ihren großen Erfahrungen in 5%) Epilepsie eintrat, so würde ja an sich die Kombination Tabes mit Epilepsie nicht besondere Aufmerksamkeit beanspruchen. Nur der Umstand, daß wir in den angezogenen Fällen die Komplikation mit Krisen finden, spricht dafür, daß man der Frage etwas nähertreten sollte, damit man vielleicht auf diesem Wege einen Einblick in das Wesen der komplizierten Vorgänge der Krisen bekommt.

Ich habe einen Fall von Tabes mit Epilepsie zu untersuchen Gelegenheit gehabt, der mir in freundlicher Weise von Herrn Professor Pappenheim zur Verfügung gestellt wurde.

Ich will zunächst die Krankengeschichte dieses Falles kurz erwähnen.

Dieser Fall betrifft eine 53jährige Frau K. H.

Die Anamnese ist unvollständig. Sie hat mit acht Jahren Scharlach überstanden, angeblich auch einigemal akuten Gelenksrheumatismus mit starker Schwellung aller Gelenke gehabt. Im April des Jahres 1921 machte sie eine Grippe durch, auf die sie alle Erscheinungen, die sie derzeit darbietet, zurückführt. Seit Jahren leidet sie schon an Fieber mit Nachtschweiß und Husten. Sie soll auch zeitweise etwas blutigen Schleim ausgeworfen haben. Im Jahre 1920 soll auch eine linksseitige Rippenfellentzündung bestanden haben. Die Patientin hat immer normal menstruiert, hatte einen Abortus und drei normale Partus. Von den drei Kindern sind zwei schwachsinnig.

Der objektive Befund im Oktober 1922 ergibt: Die rechte Pupille weiter als die linke. Die rechte ist auch leicht entrundet. Die linke Pupille reagiert kaum, die rechte träge und unausgiebig. Rechts eine Abduzensparese. Die Stimme ist heiser, häufiges Husten und Stridor. Anfälle von Atemnot und Husten. Die Lunge ergibt beiderseits über den Spitzen verkürzten Schall und scharfes Inspirium, links, hinten, unten Dämpfung, Tachykardie, unreine Töne, Abdomen frei.

Die unteren Extremitäten zeigen motorisch keine wesentlichen Erscheinungen. Die Schmerzempfindung ist sehr stark herabgesetzt, ebenso besteht eine starke Ataxie. Die Achillesreflexe sind vorhanden, die Patellarreflexe fehlen.

Während der Untersuchung bekommt die Patientin einen Anfall von typisch epileptischem Charakter. Im Anfalle absolute Pupillenstarre. Kein Zungenbiß. Patientin gibt auf eindringliches Befragen nach dem Anfall an, daß sie mit achtzehn Jahren aus einer Höhe von 2 m herabgestürzt sei, damals bewußtlos war und daß sie seit dieser Zeit öfters Anfälle hätte. Im Januar wiederholen sich diese Krämpfe, sie bleiben oft wochenlang aus, sind typisch epileptiform, gehen mit Bewußtlosigkeit einher, ohne Zungenbiß, ohne Schaum vor dem Munde, aber nachher vollständige Amnesie.

Diese Anfälle wiederholen sich aber auch oft mehrmals im Monat, und zwar vorwiegend tagsüber. Es treten auch gelegentlich starke Kopfschmerzen auf. Die Pupillenreaktion schwindet im September 1923. Es tritt Ataxie der oberen Extremitäten auf und Hypotonie in den unteren Extremitäten. Die Sensibilitätsstörung, besonders der Tiefensensibilität ist schwer gestört. Stehen ist ganz unmöglich, Sitzen nur mit Unterstützung. Die Patientin muß katheterisiert werden.

Neben den Anfällen, die typisch epileptiform sind, bekommt Patientin Anfälle von Atemnot, und zwar haben sie ganz den Charakter von Larynxkrisen, keuchende Inspiration, ungestörte Expiration. Sie wird dabei zyanotisch. Das Herz arbeitet tadellos und nach einer halben Minute hört der Anfall auf. Es wechseln nun diese Anfälle von Larynxkrisen mit den echten epileptischen Anfällen. So hatte sie zum Beispiel im Januar 1924 einen Anfall von Krise um halb 11 Uhr vormittags und den zweiten Anfall (epileptiform) am Abend. Es tritt später eine vollständige Stimmbandlähmung ein, die Stimmbänder in Kadaverstellung. Von Tuberkulose ist nichts mehr nachzuweisen. Die Patientin mußte infolge ihrer Asthmaanfälle tracheotomiert werden. Die Anfälle haben trotz der Tracheotomie weiter bestanden. Sie reagiert auf Asthmolysin. In diesem Zustand bleibt die Patientin bis zum Ende des Jahres 1924. Anfangs 1925 tritt dann eine starke Kachexie ein. Die Patientin muß mit der Sonde gefüttert werden und stirbt am 7. April 1925 an Herzschwäche.

Der Obduktionsbefund ergibt im Rückenmark eine graue Degeneration der Hinterstränge.

Die histologische Untersuchung des Rückenmarks ergibt den Befund einer typischen Tabes. Diese Tabes beschränkt sich auf die Affektion der lumbo-sakralen Wurzeln, wobei das ventrale Hinterstrangsfeld und das dorso-mediale Sakralbündel vollständig intakt ist. Im Halsmark ist demnach das Gebiet des Burdachschen Stranges vollständig frei, das des Gollschen Stranges, mit Ausnahme der lateralsten Partie, nahezu völlig entmarkt. Der tabische Prozeß ist ein verhältnismäßig alter, was aus der Schrumpfung der Hinterstränge hervorgeht und aus der dichten Sklerose, die sich hier findet. Man sieht auch zahlreiche Corpora amylacea. Die Meningen sind chronisch erkrankt. Es zeigt sich eine ziemliche Verbreiterung, ferner ein Einwachsen der Glia in die Pia, sowie ein Infiltrat in der Pia, vorwiegend lymphozytären Charakters.

Die basalen Hirngefäße zeigen deutlich die typisch endarteriitischen Veränderungen. Auch hier ist die Pia verdickt und stellenweise auch infiltriert, aber nicht wesentlich.

Die Hirnrinde wurde aus den verschiedensten Regionen untersucht. Wo die Meningen vorhanden sind, läßt sich eine ganz leichte Verdickung und Schwellung feststellen.

Nimmt man zunächst die motorische Region, so zeigt sich, daß das Schichtenbild der Rinde vollständig erhalten ist. Auch in der Form und Größe der Ganglienzellen ist kein Unterschied wahrzunehmen. Des weiteren findet sich keine durchgreifende degenerative Veränderung.

Das gleiche gilt auch für die sensible Rinde. Dagegen fällt in der motorischen Rinde auf, daß die Gefäße eine ziemlich starre Wand zeigen, die Wand ist verdickt und es findet sich deutlich ein perivaskulärer Lymphraum erweitert, aber ohne nennenswerten Inhalt. Und was noch auffällt, ist ein deutliches Ödem im Mark, weit weniger in der Rinde. Während das Ödem der Rinde nur durch die Erweiterung der perivaskulären Räume zum Ausdruck kommt, ist jenes im Mark etwa entsprechend einem chronischen Ödem mit Lückenbildung und verdickten Gliabalken in den Lücken. Auffällig ist, daß reaktiv im Mark eine Anreicherung der Gliakerne zu sehen ist, was sich besonders perivaskulär zum Ausdruck bringt. In der Rinde fehlt diese Gliaanreicherung. Nur in der Tiefe derselben kann man eine Andeutung wahrnehmen, während nach der Oberfläche zu eine reaktive Gliavermehrung nicht zu finden ist.

Ein Weigertpräparat dieses Gebietes zeigt auch in den oberflächlichen Schichten eine verhältnismäßig gute Färbung. Die Markstrahlen sind dicht, aber man kann doch deutlich die leichten perivaskulären Aufhellungen und auch die leichte Aufhellung im innern durch das Ödem erkennen. In der Rinde selbst sind die tangentialen Fasern, die Flechtwerke verhältnismäßig gut erhalten.

Das Stirnhirn wurde in toto geschnitten und zeigt, soweit die Schichtung anlangt und die Zellen in der Rinde, analoge Verhältnisse wie die motorische Region, d. h. keine Schichtverwerfung, keine auffallende Zellveränderung. Dagegen ist in der Rinde leichtes Ödem, wiederum am besten ausgesprochen an den Gefäßen. Auch in den Meningen Ödem. Hier ist das Ödem in der weißen Substanz geringer. Sonst aber sind die Verhältnisse vollständig gleich der motorischen Region.

Im Zerebellum tritt gleichfalls perivaskulär ein Ödem hervor. Sonst aber fehlt es vollständig in der Rinde. Dagegen im Marklager, besonders im Nucleus dentatus sind deutlich die Zeichen eines chronischen Ödems zu sehen. Es ist interessant, daß dieses Ödem sich nur in den Partien um den Nucleus dentatus findet und in dem angrenzenden Markstrahl oder von diesem ausgeht. Überall sonst fehlt es. Eine Zellschädigung ist hier nicht wahrzunehmen, indem die Purkinjeschen Zellen ihre normale Konfiguration zeigen und auch die Körnerzellen nichts erkennen lassen, was einem degenerativen Vorgang entspräche. Die Gefäße dieses Gebietes sind in der gleichen Weise verändert wie in der motorischen Region. Dasselbe gilt auch für die Brücke. Hier ist ein Ödem nicht vorhanden, dagegen ein Ödem perivaskulär, indem die Lichtungsbezirke wesentlich größer sind als normal.

Da es sich in diesem Falle um Krisen aus dem Gebiete des Vagus gehandelt hat, so wurde selbstverständlich das Vagusgebiet besonders untersucht. Es ist nun sehr interessant, daß im Gebiete des dorsalen Vaguskerns eine Reihe von Zellen, und zwar vorwiegend in der dorsalsten, weniger in der mittleren Abteilung, gar nicht in der ventralen Abteilung eine typisch-axonale Degeneration aber schwerster Art zeigen, und zwar bilateral symmetrisch, mit einer gleichzeitigen Lipoidose der Zellen. Auch hier ist ein wenig mehr Ödem als in dem übrigen Gewebe. Auch der Nucleus intercalatus zeigt einzelne Zellen degeneriert. Das Ependym dieses Gebietes trägt ein paar Zotten und die subependymäre Glia ist vermehrt. Vergleicht man z. B. damit die Zellen der unteren Olive, so fehlt eine Degeneration in diesen Zellen völlig. Es hat auch den Anschein, daß bei Durchmusterung mehrerer Präparate der dorsale Vaguskern verhältnismäßig in einzelnen Gruppen weniger zellreich ist und daß das Grundgewebe eine deutliche Gliaverdichtung aufweist. Auffallend ist aber auch in diesen Präparaten das Vorhandensein einer axonalen Degeneration der Zellen. Ich wiederhole, daß der dorsalste Abschnitt davon am meisten betroffen ist.

Es handelt sich bei diesem Falle um eine echte Tabes, bei der sich, offenbar bedingt durch die gleichzeitige luetisch vaskuläre Schädigung, ein Ödem entwickelt hat, mit einer verhältnismäßig lokalisierten besonderen Ausprägung. Während perivaskulär das Ödem fast nur in einer Region deutlich hervortritt, findet man es im Gewebe vorwiegend in der motorischen Region ausgesprochen, und zwar hier wieder im Marklager stärker als in der Rinde. Ferner zeigt sich, daß das Kleinhirn auch in der Tiefe und in einzelnen Markstrahlen diese ödematösen Veränderungen erkennen läßt. Sonst aber wird es im Gewebe überall vermißt. Es handelt sich um einen mehr chronischen Prozeß, worauf schon die Gliareaktion verweist, einen Prozeß, den wir, da er in der motorischen Region eigentlich seine beste Ausprägung erfährt, wohl als die Prädisposition oder aber die Folge der epileptischen Anfälle ansehen können.

Es erübrigt sich, noch ein paar Worte über die Anfälle von Atemnot, die als Larynxkrisen aufgefaßt wurden, zu äußern. Wir haben als Substrat eigentlich nur eine Veränderung im dorsalen Vaguskern gefunden, und zwar, wie erwähnt, in der dorsalen Abteilung dieses Kerns, bilateralsymmetrisch. Diese Veränderung macht den Eindruck einer chronischen Veränderung und besteht in einer der axonalen Degeneration nahestehenden Degenerationsform, mit einer anfänglichen Schwellung, Randstellung des Kerns und späteren Schrumpfung bei eigenartigem Verhalten der Tigroide, die am Schrumpfungsprozeß teilnehmen, allerdings nur randständig am Kern sitzen. In einem späteren Stadium ist die Schwellung verschwunden, die Zellen homogen geschrumpft, aber noch so, daß man den Charakter der axonalen Degeneration erkennen kann. Es ist nun unendlich auffällig, daß diese Veränderung fast vollständig jener gleicht, die Hess und Pollak bei zerebraler Oligopnoe gefunden haben. In einem zweiten Fall der genannten Autoren bestand auch eine lokale ödematöse Durchtränkung.

Es ist nun interessant, daß diese Autoren zum Schlusse kommen, daß die Ausschaltung vagischer Einflüsse die Frequenz der Atemzüge reduziert und die Pause zwischen denselben verlängert, ohne daß der Rhythmus alteriert wird. Es ist natürlich von Bedeutung, daß wir in diesem Falle von Tabes den vollständig analogen Befund erheben konnten, so daß wir in diesem Befunde wohl eines der Momente vor uns haben, das zu den Larynxkrisen Veranlassung gab.

Leider ist die Gegend des Locus coeruleus in diesem Falle zerstört, so daß wir diesbezüglich kein Urteil abgeben können, ob dieser die Atmung regulierende Kern tatsächlich auch bei der Tabes eine Veränderung erfährt.

Versucht man nun, die Ursache der epileptiformen Anfälle aus dem anatomischen Befund zu deduzieren, so ergeben sich eigentlich nur zwei Momente, die man als disponierend betrachten könnte. Das erste Moment ist die Veränderung der Meningen. Sie ist jedoch eine solche — chronisch produktive Entzündung —, daß man es, da sie sehr häufig in anderen Fällen auch ohne Epilepsie zu finden ist, wird kaum glaubhaft machen können, in ihr den Anstoß für den Anfall zu sehen. Dagegen möchte ich auf das eigenartige Ödem hinweisen. Es hat sich hauptsächlich an drei Stellen gezeigt:

1. In der motorischen Region. Hier hauptsächlich im Mark, weniger in der Rinde.

2. Im Zerebellum. Hier auffälligerweise nur in der Umgebung des Nucleus dentatus und in den lateral an diesen angrenzenden Windungszügen. Die Intensität des Ödems an dieser Stelle ist jedoch eine verhältnismäßig geringe.

3. Hat sich dieses Ödem am Boden der Rautengrube gezeigt, hier kombiniert mit einer auffallenden Läsion der dorsalen Kerngruppe des Vagus.

Es ist natürlich diese Untersuchung insoferne eine unvollständige, als ich über die Veränderungen im peripheren Vagusgebiet nichts aussagen kann. Es ist aber immerhin von einigem Interesse, daß wir zumindest in den beiden Gegenden, von welchen aus wir Anfälle auftreten sahen, die gleichen Veränderungen finden, nämlich ein chronisches Ödem, dessen Ausprägung absolut deutlich ist, und das gar keinen Zweifel aufkommen läßt.

Es ist natürlich nicht sicherzustellen, daß dieses Ödem die Ursache der Anfälle war. Im Gegenteil, man könnte ebensogut folgern, daß infolge der Anfälle in den genannten Gebieten Ödem auftrat. Auch ist absolut kein Grund zu finden, warum gerade an den umschriebenen Stellen Ödem auftrat, denn die Gefäßveränderungen sind hier, wie in den anderen Partien des Gehirns, die gleichen.

Jedenfalls wird man in Hinkunft den Veränderungen in den genannten Gebieten Aufmerksamkeit zuwenden müssen und wird vielleicht mit Rücksicht auf diese Befunde die Epilepsie der Tabiker anders bewerten müssen als die genuine Epilepsie und sie vielleicht bezeichnen können als Äquivalent der Krisen, als eine Gehirnkrise, so wie gewisse Magenkrisen und solche des Larynx Krisen im Gebiete des Vagus sind und Schmerzkrisen vielleicht solche spinaler Natur.

Allerdings darf man nicht vergessen, daß in meinem Falle die Epilepsie traumatisch bedingt ist, wenn sie auch ein auffallendes Vikariieren mit den Larynxkrisen zeigte.

Der Umstand, daß im Vaguskerngebiet nur die dorsale Kernsäule getroffen ist und es sich tatsächlich nur um Larynxkrisen handelt, der Umstand ferner, daß ein gleiches in den Fällen von POLLAK und HESS zu beobachten war, die gleichfalls mit Atemstörungen einhergingen, spricht dafür, daß wir im Vagussystem, wenigstens soweit der Kern in Frage kommt, differenzieren können und daß die verschiedenen Krisen des Vagussystems nicht nur peripher, sondern auch zentral bedingt sein können.

Frau E. W., 68 Jahre alt. Im 43. Lebensjahre hatte sie eine Gallenblasenentzündung und eine Herzbeutelwassersucht, im 53. Lebensjahr eine rechtsseitige Mittelohrentzündung. Seit dem Jahre 1921 leidet nun die

Patienten an eigentümlichen Bauchschmerzen. Es tritt ein starker Marasmus auf und eine Urinstörung, vorwiegend Inkontinenz. Patientin ist vorübergehend im Jahre 1921 im Versorgungshaus gewesen. Damals fanden sich rigide Arterien, aber keine wesentlichen Herzerscheinungen, Inkontinenz des Harns und ein auffallender Marasmus. Sie blieb nur wenige Tage im Versorgungshaus und wurde erst wieder im Oktober 1925 aufgenommen.

Bei der damaligen Untersuchung der sehr marantischen Person ergaben sich: Pupillenstarre, Herzdämpfung verbreitert, dumpfe Töne, rigide Arterien, fehlende Patellarsehnenreflexe. Da sich eine mäßige Schwäche der rechten oberen Extremität zeigte, so gibt Patientin auf eindringliches Befragen an, daß sie etwa zehn Tage vor ihrer Aufnahme einen Schlaganfall erlitten habe mit rechtsseitiger Schwäche. Seither sei auch die Urininkontinenz, die eine Zeitlang verschwunden war, wieder aufgetaucht. Auch gibt sie nachträglich an, daß sie seit Jahren an reißenden Schmerzen leide. Beiderseits fehlende Patellar- und Achillesreflexe, doch ist rechts Babinski angedeutet. Beiderseits Hypotonie, Störung der Lageempfindung in allen Gelenken der unteren Extremität. Es besteht ferner eine leichte Hypästhesie und Hypalgesie der unteren Extremitäten sowie des Stammes, etwa von D 8 abwärts. Ferner läßt sich bei einer weiteren Untersuchung nachweisen, daß der rechte Mundfazialis eine Spur paretisch ist. Bei genauerer Untersuchung der rechtsseitigen Motilitätsstörung zeigt sich, daß die grobe Kraft rechts herabgesetzt ist, daß alle Bewegungen verlangsamt und in ihrer Extensität eingeschränkt sind, soweit die Hand in Frage kommt, mit Ausnahme des Daumens, der frei erscheint. Sonst sind die Bewegungen an allen Gelenken frei, keine Spasmen, dagegen besteht leichte Ataxie der oberen Extremitäten. Auch was die unteren Extremitäten anlangt, ist die grobe Kraft in allen Muskelgruppen herabgesetzt, die Sprung- und Zehengelenke zeigen eine geringe Extensität. Auch hier ist nur eine Hypotonie zu verzeichnen, dagegen deutliche Ataxie. Die Lokomotion ist infolge der Parese und Ataxie nicht zu prüfen. Die Wassermannprobe im Liquor ist positiv. Es fanden sich 55 Zellen im Liquor. Nonne-Appelt und Eiweißprobe positiv.

Es entwickelt sich bei der Patientin ein Karzinom der Blase, das heftige Schmerzen in der Blase und auch wieder nahezu völlige Retention hervorruft. Sie geht an Kachexie im Juni 1926 zugrunde.

Was das Nervensystem anlangt, findet sich im hinteren Anteil des Nucleus lentiformis links ein alter Erweichungsherd, ferner eine graue Degeneration im Lumbalmark am deutlichsten.

Im Rückenmark findet sich eine typische Tabes, die das Lumbalmark nahezu total betrifft. Nur das ventrale Hinterstrangsfeld und dorso-mediale Sakralbündel sind intakt, die Meningen stark verbreitert, nicht infiltriert, die Gefäße typisch verändert, eine schwere Intimaauflagerung ist zu sehen. Der Prozeß ist ein eminent chronischer, wofür schon die starke Gliasklerose in den Hintersträngen spricht. Nun kann man außer der Wurzeldegeneration schon in der Lendenanschwellung ganz deutlich auf der einen Seite einen dreieckigen Markausfall im hinteren Seitenstrang wahrnehmen, entsprechend einer Pyramidendegeneration. Es sind aber in diesem Areal ziemlich reichlich Fasern erhalten. Im Halsmark zeigt sich der Burdachsche Strang vollständig intakt, der Gollsche Strang bis auf die äußersten Fasern vollständig degeneriert. Im Seitenstrang der einen Seite ist eine typische Degeneration im Pyramidenareal, die ziemlich weit nach vorn geht und auch nach hinten die Lissauersche Randzone erreicht. Die Degeneration ist eine unvollständige. Eine ganze Reihe von Fasern sind intakt.

Im Gebiete des Linsenkernes der linken Seite zeigen sich ebenso wie in den benachbarten Gebieten der inneren Kapsel, besonders in den mittleren Abschnitten, die Gefäße schwerst verändert. Man kann deutlich nicht nur eine Verdickung der Wand, sondern auch eine Intimaauflagerung erkennen, sowie schwere Veränderungen der Elastika, die zum Teile bereits eingerissen oder nach außen gestülpt ist. Je nach dem Grade der Gefäßveränderung zeigen sich entweder nur perivaskuläre Desintegrationsherde oder aber kleine Erweichungen, die an einer Stelle in eine größere Malazie übergehen. Es ist der typische Charakter des malazischen Herdes, eine veränderte Gefäßwand, wobei an einer Stelle der schwersten Veränderung das ganze Gewebe eingeschmolzen ist. Es ist nun interessant, daß das gleiche Bild, das wir im Linsenkern sehen, auch in der inneren Kapsel zu sehen ist, daß es sich aber in der inneren Kapsel nur um kleine Herdchen handelt, die nur stellenweise den ganzen Querschnitt der Kapsel einnehmen und besonders das Knie und die daran angrenzenden Teile betreffen.

Zusammenfassung

Es findet sich also im vorliegenden Falle pathologisch-anatomisch eine typische Tabes, die mit einer schweren luetischen Gefäßveränderung einhergeht. Auf Basis dieser luetischen Gefäßveränderung haben sich nun links im Nucleus lenticularis und in der Kapsel ein größerer und einzelne kleinere Erweichungs- bzw. Desintegrationsherde entwickelt, die auf Basis schwer luetischer Gefäßveränderungen entstanden sind. Dem entspricht auch vollständig das klinische Bild typischer Tabes, vorwiegend in den unteren Partien (initiale Blasenstörung, Atxiea der u. E., fehlende Patellar- und Achillesreflexe), ferner die rechtsseitige Hemiplegie, die vorwiegend den Mundfazialis und die o. E. trifft, entsprechend dem Sitz in dem Kapselknie. Auffallend bei diesem Prozeß erscheint nur der Umstand, daß die bei Pyramidenläsion sonst auftretende Spastizität hier vollständig fehlt und daß auch die Wiederkehr des Patellarreflexes, wie sie gelegentlich beschrieben wurde, nicht vorhanden ist, wohingegen aber das Babinskische Zehenphänomen die Pyramiden. schädigung allein anzeigt. Möglicherweise ist der Grund für dieses Ausbleiben der Tonusstörung, die von zwei Seiten her erfolgende Tonusbeeinflussung durch die Wurzeldegeneration auf der einen Seite und die Degeneration im Linsenkern auf der anderen Seite. Die Herde im Linsenkern sind viel zu ausgedehnt, d. h. finden sich an zu vielen Orten, um aus ihnen etwas bestimmtes abzuleiten.

Nachträglich möchte ich noch erwähnen, daß an der Patientin ein gewisser Tremor aufgefallen ist, vielleicht ein Hinweis dafür, daß es sich in diesem Falle mehr um ein hyperkinetisches hypotonisches als ein akinetisches hypertonisches Syndrom gehandelt hat. Die Affektion distaler Abschnitte der Extremitäten kann auch als Ausdruck der Pyramidenschädigung gewertet werden.

Die Literatur über die Frage der Tabes mit Hemiplegie ist in neuerer Zeit eine verhältnismäßig geringe.

Frank, der zwei, allerdings nur klinisch beobachtete Fälle vorbringt, erörtert zunächst die Frage, ob es sich nicht um transitorische Erscheinungen handle, die als Folge der Syphilis aufzufassen seien. Man müsse annehmen, daß es vasomotorische Störungen sind, die eine vorübergehende Ausschaltung einer Hirnprovinz zur Folge haben können. Schon der Umstand, daß diese Hemiplegien gerade in dem Falle von Frank nicht Residuen hinterlassen, spricht gegen eine vasomotorische Genese.

Der Fall von Lévi und Bondet hat insofern eine besondere Bedeutung, als neben der typischen Hemiplegie sich noch eine Reihe von Hirn- bzw. Rückenmarknerven mitbeteiligt finden, wie der Vagus, der Hypoglossus, der Akzessorius.

Die Fälle von Bovéri sind insofern von Interesse, als hier die Hemiplegie den Prozeß einleitete, ähnlich wie in dem Falle von Frank, während sonst gewöhnlich die Hemiplegie sich erst im Verlaufe der Tabes zeigt.

Der zweite Fall des Autors ist auch ein solcher und es ist nicht uninteressant, daß hier eine Kontraktur und Steigerung der Sehnenreflexe der oberen Extremitäten aufgetreten war.

William Callwell fand bei einem hemiplegischen Kinde gleichfalls später Tabes. Interessant war, daß auch hier bei fehlendem Patellarreflex der Babinski positiv war.

Eiszenmann fand in seinen zwei mit Hemiplegie komplizierten Tabesfällen das eine Mal die Reflexe fehlend, das andere Mal den Patellar-reflex auslösbar. Er ist der Meinung, daß die Auslösbarkeit des Patellarreflexes von der Tonussteigerung abhängt, die bei Wegfall der Pyramiden die Vorderhornzellen in eine Erregbarkeit versetzt, wenn nur einzelne Hinterwurzelfasern noch vorhanden sind und auf diese Weise einen Reflex zustande kommen läßt.

Eine ähnliche Beobachtung eines Reflexes bei einem Hemiplegiker, der später Tabes bekam, führen Benedek und Kulcsar an.

Majevsky findet als den Ausdruck einer Hemiparese bei einem Tabiker Babinskiphänomen und eine Extension der zweiten und fünften Zehe bei Beklopfen der kleinen Zehe. Die große Zehe war absolut bei diesen Erscheinungen nicht beteiligt. Dagegen kann es bei Verstärkung des Klopfreizes auch zu einer Extension des Fußes und einer Hebung des äußeren Fußrandes kommen. Hier handelt es sich wohl nur um das Auftreten des signe d'éventail (Fächerphänomen), wie man es bei Kindern vielfach findet und auch bei Erwachsenen in Fällen von Hemiplegie sehen kann.

In dieser kurzen Literaturübersicht zeigt sich eigentlich nur das Bestreben der Autoren, sich mit dem Verhalten der Reflexe auseinanderzusetzen. Ich verzichte auf die Wiedergabe älterer Literatur und möchte nur erwähnen, daß die Tabes mit Hemiplegie ganz verschiedenen Prozessen ihre Entstehung verdankt. So kann z. B. das eine Mal die Hemiplegie bei einem Tabiker der erste Beginn des paralytischen Prozesses sein. Das gilt für jene Hemiplegien, die rasch vorübergehen.

In einer zweiten Gruppe handelt es sich wohl um vaskuläre Prozesse. Doch scheint es, daß gerade bei den Tabikern die Intensität der Hemiplegie keine besonders tiefe ist und daß sich weitgehende Rückbildungen zeigen. Hier muß man wiederum zwei verschiedene Gruppen unterscheiden. Die erste Gruppe ist jene, bei welcher die Hemiplegie den Prozeß einleitet und sekundär die Tabes folgt, und die zweite Gruppe ist jene, bei welcher sich die Hemiplegie auf eine Tabes aufpfropft. Während nun bei den ersteren Fällen der primären Hemiplegie es sich meist um eine junge Syphilis handelt und auch um jüngere Kranke, ist die Hemiplegie der zweiten Art eigentlich vorwiegend bei älteren Kranken zu finden und demzufolge auch ganz so zu werten wie die Hemiplegie der Arteriosklerotiker.

Es erscheint nun interessant, daß wir klinisch diese Hemiplegie vielfach sehr wenig hervortreten sehen und das kommt offenbar daher, daß ein Teil der Erscheinungen durch die gleichfalls gestörte Sensibilität kompensiert wird. Es ist hervorzuheben, daß fast in allen Fällen das Babinskizeichen vorhanden ist und daß nur in einzelnen Fällen der Patellarreflex wieder in Erscheinung tritt oder sich gar eine Kontraktur entwickelt.

Es ist wichtig, zu betonen, daß diese Kontraktur sich hauptsächlich in jenen Teilen findet, die von der Tabes nicht ergriffen sind, d. h. in den oberen Extremitäten. An den unteren Extremitäten sieht man gemeinhin außer der motorischen Schwäche nur das Auftreten des Babinskizeichens oder eine Wiederkehr des Patellarreflexes.

Die Verschiedenheit der klinischen Bilder der Hemiplegie ist aber nicht nur bedingt durch die Kombination des Ausfalles der motorischen Bahn mit der hauptzuleitenden sensiblen, sondern auch durch die gleichzeitige Affektion im Gebiete der Stammganglien. Denn dadurch wird die Tonussteigerung eine noch kompliziertere; denn es scheint, als ob bei gleichzeitiger Störung der motorischen und sensiblen Bahn die Schädigung der Tonuszentren einen besonderen Einfluß nimmt. Nur so kann es sich erklären, daß trotz einer schweren Pyramidenschädigung, die anatomisch bis in das untere Lendenmark nachweisbar ist, die gelähmte Seite hypotonisch bleibt. Allerdings sind die ganzen unteren Rückenmarkwurzeln mit zerstört. Es wird sich deshalb empfehlen, diesen Fällen wiederum eine größere Aufmerksamkeit zuzuwenden, da sie geeignet sind, wichtige Entscheidungen bezüglich der Wirksamkeit der einzelnen Tonuszentren zu treffen.

Literaturverzeichnis

BENEDEK, LÁSZLO und KULCSÁR Ferene: Über das Erhaltenbleiben des halbseitigen Patellarreflexes bei Tabes dorsalis infolge vorausgegangener

20*

und gebesserter Hemiplegie. Grógyászat, Jg. 65, H. 10, S. 218. 1925. (Ungarisch.) — Bovéri: Tabes et hémiplégie (Société de neurologie 7, décembre 1911.) Arch. int. de neurol. 34, 52. 1912. — Bratz: Epilepsie nach hereditärer Lues (mikroskopische Demonstration). Zentralbl. f. d. ges. Neur. u. Psych., S. 187, 1900. — Calwell, William: Hemiplegia in a young Child, followed later by locomoter ataxia. Brit. med. Journ., S. 11, 1922. — Eiszenmann, Oszkár: Tabes dorsalis mit Hemiplegie und Zentralganglien- symptomen. Orvosi hetilap, Jg. 66, Nr. 35, S. 339 bis 341. 1922. (Ungarisch.) — Frank, D.: Hemiplegie und Tabes. (Russ. Archiv für Psychiatrie 1897, Bd. XXIV, Nr. 2.) — Lévi, A., et S. Bondet: Hémiplégie d'origine bulbo-médullaire chez un tabétique. Rev. neur. 18, 561. 1910. — Majevskij, W.: Kombination von Tabes und Hemiplegie. Sovremennaja psichonevrologiya, Bd. 2, Nr. 4, S. 474. 1926. (Russisch.) — Souques: Influence de l'hémiplégie sur les réflexes tendineux du tabes. Rev. neur. 33 (1), 898. 1916. — Trénel: Cas complexe d'épilepsie avec tabes. (Avec arthropathie du genou et griffe du fléchisseur profond des doigts), et troubles mentaux circulaires combinés à un délire systématisé. Bull. de la soc. clin., de méd. ment. 3, 306. 1910. — Veit (Wuhlgarten) stellt einen Knaben mit Epilepsie und einer Gehstörung vor, die er für eine tabische hält. Zbl. f. ges. Neur. u. Psych., S. 114. 1905. — Vulpian (Paris): Observation de Tabes avec phénomènes épileptiformes pendant les premières périodes de l'affec- tion. Revue de médecine, Nr. 2. 1882.

Erster Band:

Allgemeiner Teil I

Mit 44 Abbildungen. VIII, rund 750 Seiten. 1928
RM 66.—; gebunden RM 68.80

Inhaltsverzeichnis

Dritter Band:

Allgemeiner Teil III

Körperliche Störungen

Mit 77 Abbildungen. V, 333 Seiten. 1928

RM 32.—; gebunden RM 34.40

Inhaltsverzeichnis.

Im Juli 1928 wird erscheinen:

Siebenter Band:

Spezieller Teil III

Die exogenen Reaktionsformen und die organischen Psychosen

Mit etwa 75 Abbildungen.　Etwa 770 Seiten.　Etwa RM 75.—

Inhaltsverzeichnis.

thylchlorid und Methylbromid. 11. Abkömmlinge des Benzols, besonders Nitrobenzol und Aniline. IV. Arzneimittel. 1. Chloralhydrat. 2. Veronal und verwandte Mittel. 3. Brom. 4. Scopolamin und Atropin (Bilsenkraut, Stechapfel und Tollkirsche). 5. Jodoform. 6. Extractum Filicis Maris. V. Mit Nahrungsmitteln einverleibte Gifte. 1. Mutterkorn (Ergotin). 2. Bacillus botulinus. 3. Pilze. 4. Pellagra. VI. Tierische Gifte. Literatur.

Psychosen bei Gehirnerkrankungen, Meningitis. Von Professor Dr. B. Pfeifer, Halle a. S.-Nietleben. Psychosen bei den verschiedenen Formen der Meningitis. 1. Meningitis acuta purulenta. 2. Meningitis cerebrospinalis epidemica. 3. Meningitis tuberculosa. 4. Pachymeningitis interna haemorrhagica. 5. Hydrocephalus (Meningitis serosa). Literatur.

Die psychischen Störungen nach Hirnverletzungen. Von Professor Dr. B. Pfeifer, Halle a. S.-Nietleben. I. Häufigkeit. II. Pathogenese. III. Pathologische Anatomie. IV. Symptomatologie. 1. Die akuten Psychosen durch Hirnerschütterung und Hirndruck (Kommotionspsychosen). 2. Die akuten psychischen Störungen durch Hirnkontusion. 3. Die residuären psychischen Störungen bei Hirnverletzungen. V. Hysterie bei Hirnverletzten. VI. Die hirntraumatische Epilepsie. VII. Sonstige Psychosen. VIII. Prognose. IX. Therapie. Literatur.

Psychosen bei Hirntumoren. Von Professor Dr. B. Pfeifer, Halle a. S.-Nietleben. I. Vorkommen. II. Symptomatologie. 1. Psychische Allgemeinsymptome der Hirntumoren. 2. Psychische Lokalsymptome des Tumors. III. Diagnose. IV. Pathogenese. V. Prognose. VI. Therapie. Literatur.

Psychosen bei Blutungen, Abszessen, Encephalitis, Chorea usw. Von Professor Dr. W. Runge, Chemnitz.

Die weiteren Bände werden behandeln:

Zweiter Band:

Allgemeiner Teil II

Störungen des Wollens, Handelns und Sprechens:

Einleitung und Allgemeines. Von Prof. Dr. A. Bostroem-München.

Psychogene Störungen. Von Dr. E. Braun-Freiburg i. Br.

Katatone und striäre Störungen. Von Prof. Dr. A. Bostroem-München.

Aphasie, Apraxie, Agnosie. Von Dr. R. Thiele-Berlin.

Vierter Band:

Allgemeiner Teil IV

Allgemeine Behandlungen der Geistesstörungen. Von Obermed.-Rat Dr. P. Nitsche-Leipzig-Dösen.

Forensische Beurteilung. Von Prof. Dr. W. Vorkastner-Greifswald.

Grenzgebiete der Psychiatrie. Von Prof. Dr. K. Birnbaum-Berlin.

Fünfter Band:

Spezieller Teil I

Die psychoreaktiven (psychogenen) Symptomenbildungen. Von Prof. Dr. K. Birnbaum-Berlin.

Die psychopathischen Anlagen, Reaktionen und Entwicklungen:

Neurasthenische Reaktion. Von Prof. Dr. G. Stertz-Kiel.

Konstitutionelle Nervosität. Von Prof. Dr. J. H. Schultz-Berlin.

Psychogene Reaktionen. Von Dr. E. Braun-Freiburg i. Br.

Hysterische und andere psychopathische Konstitutionen. Von Prof. Dr. E. Kahn-München.

Behandlung der abnormen nervösen Reaktionen und der Psychopathien. Von Prof. Dr. J. H. Schultz-Berlin.

Ich bestelle hiermit:

1 Expl. **Handbuch der Geisteskrankheiten** (kompl.)

Jeweils nach Erscheinen:

.... Expl. Band I: Allgemeiner Teil I. 1928. RM 66.—; gebunden RM 68.80

.... Expl. Band III. Allgemeiner Teil III: Körperliche Störungen. 1928.
RM 32.—; gebunden RM 34.40

.... Expl. Band ....

(Verlag von Julius Springer, Berlin)

> *Betrag anbei — folgt gleichzeitig durch Postanweisung, Postscheck,*
> *Überweisung auf Bank — ist nachzunehmen.*

(Nichtzutreffendes bitte zu streichen.)

Name und Adresse: ....

(Um genaue und deutliche Angaben wird höflichst gebeten.)

.... *Datum:* ....

72. 5. 28. 463.

Bücherzettel

An die Buchhandlung

Sechster Band:

Spezieller Teil II

Endogene und reaktive Gemütskrankheiten und die manisch-depressive Konstitution. Von Prof. Dr. J. Lange-München.

Paranoische Zustände. Von Prof. Dr. F. Kehrer-Münster i. W.

Achter Band:

Spezieller Teil IV

Luetische Geistesstörungen:

Ätiologie und Pathogenese. Von Prof. Dr. A. Hauptmann-Halle a. S.

Klinik. Von Prof. Dr. A. Bostroem-München.

Behandlung der syphilogenen Geistesstörungen. Von Prof. Dr. F. Plaut-München und Privatdozent Dr. B. Kihn-Erlangen.

Psychosen des Rückbildungs- und Greisenalters, einschließlich Arteriosklerose. Von Prof. Dr. W. Runge-Chemnitz.

Epileptische Reaktionen und epileptische Krankheiten. Von Prof. Dr. H. Gruhle-Heidelberg.

Neunter Band:

Spezieller Teil V

Schizophrene u. paraphrene Psychosen. Von Prof. Dr. K. Wilmanns-Heidelberg, gemeinsam mit Prof. Dr. H. Gruhle-Heidelberg, Prof. Dr. A. Homburger-Heidelberg, Prof. Dr. G. Steiner-Heidelberg, Prof. Dr. A. Wetzel-Stuttgart, Privatdozent Dr. W. Mayer-Gross-Heidelberg, Dr. K. Beringer-Heidelberg u. Dr. H. Bürger-Heidelberg.

Angeborene und im frühen Kindesalter erworbene Schwachsinnszustände. Von Prof. Dr. W. Strohmayer-Jena.

Kretinismus und Myxödem. Von Prof. Dr. E. Gamper und Privatdozent Dr. E. Scharfetter-Innsbruck.

Zehnter Band:

Spezieller Teil VI

Die Anatomie der Psychosen

Herausgegeben von Professor Dr. W. Spielmeyer-München

Allgemeines. Von Prof. Dr. W. Spielmeyer-München.

Idiotie. Von Privatdozent Dr. F. Schob-Dresden.

Paralyse. Von Prof. Dr. F. Jahnel-München.

Hirnlues. Von Prof. Dr. A. Jakob-Hamburg.

Dementia praecox. Von Privatdozent Dr. H. Josephy-Hamburg.

Extrapyramidale Erkrankungen. Von Privatdozent Dr. H. Creutzfeldt-Berlin.

Multiple Sklerose. Von Prof. Dr. G. Steiner-Heidelberg.

Arteriosklerose. Von Dr. K. Neubürger-München.

Senile Psychosen. Von Privatdozent Dr. E. Grünthal-Würzburg.

Epilepsie. Von Dr. W. Scholz-Tübingen.

Infektions-Psychosen mit Ausnahme spezifischer zentraler Prozesse. Von Prof. Dr. H. Spatz-München.

Hirnverletzungen. Von Dr. K. Neubürger-München.

Eigenartige, nicht rubrizierbare Prozesse. Von Oberarzt Dr. J. Hallervorden-Landsberg/Warthe.

Intoxikationspsychosen. Von Dr. W. Weimann-Berlin.

Tuberkulose und andere spezifische Entzündungen. Von Dr. W. Weimann-Berlin.

Picksche Krankheit. Von Dr. A. von Braunmühl-Eglfing bei München.

Verlag von Julius Springer, Berlin

Der Nervenarzt

Monatsschrift für alle Gebiete nervenärztlicher Tätigkeit mit besonderer Berücksichtigung der psychosomatischen Beziehungen

Herausgegeben von

Privatdozent Dr. K. Beringer-Heidelberg / Professor Dr K. Hansen-Heidelberg / Privatdozent Dr. W. Mayer-Gross-Heidelberg / Privatdozent Dr. E. Straus-Berlin

Beiräte:

Professor Dr. G. v. Bergmann-Berlin / Dr. L. Binswanger-Kreuzlingen / Geheimrat Professor Dr. K. Bonhoeffer-Berlin / Professor Dr. K. Goldstein-Frankfurt a. M. / Professor Dr. O. Marburg-Wien / Professor Dr. V. v. Weizsäcker-Heidelberg

Die Zeitschrift erscheint am 15. jedes Monats. Sie enthält neben dem Originalienteil die Abteilungen: Kasuistik, Gutachtertätigkeit, praktische Mitteilungen, Fragen und Antworten, Literaturberichte

Preis vierteljährlich RM 12.—

Für Bezieher des „Zentralblattes für die gesamte Neurologie und Psychiatrie" ermäßigt sich der Bezugspreis um 10%

Die bis Mai 1928 vorliegenden Hefte enthalten folgende Originalarbeiten:

Die Gefahren der Überspannung des psychotherapeutischen Gedankens. Von Professor Dr. A. Homburger. — Zur traumatischen Entstehung der Paralysis agitans. Von Privatdozent Dr. F. Lotmar. — Heilkraft und Zähmung. Beitrag zur seelenärztlichen Führung. Von Dr. A. Maeder. — Zur Theorie der Symptombildung in der Neurose. Von Professor Dr. K. Hansen. — Über den diagnostischen Hirnstich und seine Gefahren. Von Dr. E. Heymann. — Bemerkungen zur Frage der Organminderwertigkeit. Von Professor Dr. E. Kahn. — Einige Bemerkungen über die Schizophrenia mitis, vornehmlich in psychotherapeutischer Hinsicht. Von Privatdozent Dr. A. Kronfeld. — Der Hypophysenstich beim Menschen. Von Professor Dr. A. Simons und Dr. C. Hirschmann. — Was wirkt bei der Psychoanalyse therapeutisch? (Gedanken im Anschluß an einen Aufsatz von Fritz Mohr.) Von Dr. V. E. Freiherr von Gebsattel. — Ein Beitrag zur Frage der Verflechtung organischer und psychogener Symptome. Von Dr. H. Bürger. — Psychotherapie als Beruf. Von Dr. L. Binswanger. — Die röntgenologische Sicherung des Hypophysenstichs. Von Dr. K. Frik. — Über die optischen Phänomene in der Katharsis. Von Dr. K. Tuczek. — Zur Prognosenstellung in der Psychotherapie. Von Dr. G. R. Heyer. — Zur Theorie und Praxis des serologischen Luesnachweises. Von Privatdozent Dr. A. Klopstock. — Bemerkungen zur sogenannten Psychopathie. Von Dr. L. Klages. — Psychotherapie als Beruf (Schluß). Von Dr. L. Binswanger. — Bemerkungen zu den mechanisch-diagnostischen Methoden in der Chirurgie des Zentralnervensystems. Von Geh. Med.-Rat Professor Dr. F. Krause. — Psycho-somatische Betrachtungen zur Ätiologie und Therapie des Asthma bronchiale. Von Dr. P. H. Wiedeburg. — Über ein neues, auf das extrapyramidal-motorische System wirkendes Alkaloid (Banisterin). Von Privatdozent Dr. K. Beringer. — Zeitbezogenes Zwangsdenken in der Melancholie. Von Dr. V. E. Freiherr von Gebsattel. — Zur Psychopathologie des Selbstmordes. Von Dr. E. Wexberg. — Röntgenkastration bei degenerativem Irresein. Von Dr. H. D. v. Witzleben.

8

Zur Pathologie des Conus terminalis

Von

Dr. **Eisuke Ishikawa,** Tochigi, Japan

Mit 9 Textabbildungen

Bei der Mehrzahl der Erkrankungen des Rückenmarks, in welchen Ebenen immer wir auch die Hauptveränderungen finden mögen, kann man die verschiedenartigsten Störungen im Urogenitalapparat wahrnehmen. Es ist nun auffällig, daß solche Störungen auch in Fällen auftreten, in welchen keinerlei wie immer geartete primäre Veränderungen in den entsprechenden Partien des Konus zu finden sind.

Es erschien mir deshalb nicht ohne Interesse, den Conus terminalis bei den verschiedensten Krankheiten zu untersuchen, um festzustellen, ob nicht auch in den Fällen von Fehlen primärer Schädigungen sekundäre Veränderungen in demselben festzustellen sind. Das große Material des Wiener Neurologischen Institutes gestattete mir eine ziemlich beträchtliche Anzahl von Fällen dieser Art zu untersuchen, über die ich im folgenden berichten will.

Leider standen mir die Krankengeschichten dieser Fälle nicht zur Verfügung, so daß es sich hier nur um allgemeine Feststellungen handeln kann, nicht aber um Vergleiche der gefundenen Veränderungen mit klinischen Ausfallssymptomen.

Es wird sich aber zeigen, daß wir auch bei sekundärer Schädigung in vielen Fällen derart starke Störungen im Konus wahrnehmen können, daß man mit Ausfallserscheinungen von dieser Seite wird rechnen müssen.

Mein Material umfaßt traumatische Affektionen, Kompressionserkrankungen und Meningitiden. Es folgen dann die verschiedenen Formen der Myelitis, und zwar die einfache Myelitis, die Poliomyelitis, der ich die amyotrophische Lateralsklerose angeschlossen habe als chronische Form einer Vorderhornerkrankung, dann die degenerative Myelitis — die multiple Sklerose — sowie die Veränderungen bei perniziöser Anämie. Daran reihen sich Fälle von Lues, Tabes und Paralyse und schließlich die Syringomyelie.

Wenn ich zunächst die sekundären Veränderungen ins Auge fasse, die in meinem Material die wesentlichsten sind, so zeigt sich in der Mehrzahl der Fälle eine Veränderung in den Meningen. Man kann diese Veränderung, die nahezu in allen Fällen mehr oder minder deutlich in Erscheinung tritt, als Meningofibrose bezeichnen. Man versteht darunter eine fibröse Verbreiterung der Meninx, meist ohne deutliche entzündliche Erscheinungen, mit sekundärer Verklebung der Pia, wobei vom Rande her deutlich Glia in die Pia einbrechen kann. Es ist selbstverständlich, daß in einer Reihe von Prozessen entzündlichen Charakters auch leichte entzündliche Reizung der Pia auftreten wird. Doch steht das gegenüber der Meningofibrose weit zurück.

Es unterliegt keinem Zweifel, daß diese Veränderungen der Pia, insofern sie mit einer gleichzeitigen Verwachsung mit dem Rückenmark einhergehen, für dieses letztere nicht gleichgültig sein wird. Das spricht sich auch in der Tat in einer an der Peripherie sich merkbar machenden leichten Aufhellung an Weigertpräparaten aus, offenbar als Folge eines leichten Randödems.

Was nun die Veränderung des Parenchyms anlangt, soweit das Sekundäre in Frage kommt, so finden wir die Ganglienzellen in jenen Fällen verändert, in welche sich eine mehr oder minder beträchtliche Schädigung akuterer Art in den Meningen findet. Dabei ist diese Schädigung der Ganglienzellen keine besonders intensive. Man sieht nur an einzelnen axonale Degeneration. Bei chronischen Prozessen dagegen, wie z. B. bei der amyotrophischen Lateralsklerose, findet sich auch hier, trotzdem der Prozeß den Konus nicht erreicht, eine Lipoidose. Weit schwerer getroffen erscheinen die Nervenfasern in vielen Fällen, besonders dort, wo eine Meningofibrose mit Verwachsung der Meningen vorhanden ist, wie sie sich bei fast allen chronischen Prozessen findet. Dann sehen wir eine Randdegeneration von größerer oder geringerer Intensität. Bei den traumatischen Fällen, aber auch bei einer Reihe von Kompressionsfällen oder Entzündungen sieht man im Konus ein mehr oder minder diffuses Ödem, das vielfach zu Ausfällen in den Fasern führt. Aber diese Ausfälle sind äußerst geringfügig.

Die beträchtlichsten Störungen zeigen sich im Konus durch das Auftreten der sekundären Degenerationen. Hier kann man besonders in den Fällen vollständiger Querläsion höherer Ebenen vorwiegend zwei Degenerationen wahrnehmen. Die erste betrifft die Pyramidenbahn, die sich deutlich bis in die untersten Partien des Konus verfolgen läßt. Die zweite betrifft die endogenen Systeme der Hinterstränge und es ist interessant, daß bei höheren Querläsionen die dorsalen Abschnitte des dorsomedialen Sakralbündels intakt bleiben, bei tiefer gelegener Affektion kann das ganze dorsomediale Sakralbündel affiziert werden, so daß man wohl annehmen muß, daß die mehr dorsal gelegenen Abschnitte dieses Systems aus tieferen Ebenen entspringen.

Auffallend ist auch das Verhalten des Zentralkanals. Hier läßt sich keine Gesetzmäßigkeit zeigen. Sowohl das Trauma als besonders die Kompressionsmyelitis zeigen ihn erweitert. Aber auch sonst kann man gelegentlich eine Erweiterung des Zentralkanals sehen, ohne eine bestimmte Abhängigkeit von einer besonderen Veränderung. Da wir nun zudem wissen, daß der Zentralkanal an sich in den unteren Partien meist vielfache Erweiterungen aufweist, so wird man diesem Befunde keine besondere Aufmerksamkeit schenken.

Bezüglich der Gefäße kann man keine Veränderung gegenüber den anderen Partien wahrnehmen, während die Glia je nach dem Fall und nach der Nähe der primären Läsion, sich entweder in einem leichten Reizzustand befindet oder aber normales Aussehen zeigt.

Es erübrigt nur noch die primären Läsionen kurz zu erwähnen. Traumatisch ist der Konus direkt oft selbst getroffen. Es zeigt sich hier, daß die Malazien sehr schwere sind, vorwiegend aber die weiße Substanz treffen, daß es aber auch vollständig diffuse Affektion des Konus gibt, offenbar durch ein schweres traumatisches Ödem bedingt. Eine Differenz gegenüber den traumatischen Veränderungen höherer Partien läßt sich nicht erweisen. Eine Kompressionsmyelitis im Konus habe ich nicht gefunden. Dagegen ist die Meningitis häufig in gleicher Intensität mit den oberen Partien auch im Konus anzutreffen. Auffällig ist dabei, daß selbst bei schwersten Meningitiden nur Randdegenerationen sich finden, einzelne Zellen in den Vorderhörnern affiziert sind, und zwar im Sinne axonaler Degeneration, aber der Querschnitt respektiert erscheint. Eine einzige Ausnahme macht die tuberkulöse Meningitis, indem hier die Knötchenbildung sich gegen das Rückenmark hin fortsetzt und in einem Falle zu einer Knötchenbildung im Konus geführt hat. Die anderen entzündlichen Prozesse des Rückenmarks verhalten sich im Konus vollständig identisch jenen der anderen Teile des Rückenmarks, d. h. wir sehen typische Meningomyelitis oder isolierte Myelitis. Was das Interessanteste aber ist. Auch die Poliomyelitis kann sich bis an den Konus nach abwärts erstrecken und ruft dort die gleichen Veränderungen hervor, wie in den oberen Partien, im Gegensatz zur amyotrophischen Lateralsklerose, wo der Konus frei ist. Auch die perniziöse Anämie läßt die untersten Rückenmarkspartien frei (funikuläre Myelitia). Das gilt nicht für die multiple Sklerose. Wir haben bei der multiplen Sklerose im Conus terminalis vollständig analoge Veränderungen gefunden wie in den anderen Rückenmarkspartien und es ist interessant, daß gerade im Conus terminalis der entzündliche Charakter des Prozesses deutlich hervortritt. In den von mir untersuchten Fällen von Lues und Paralyse konnte ich keinerlei Konusaffektionen nachweisen. Im Gegensatz dazu war in allen Fällen von Tabes, das sind 14 Fälle, der Conus terminalis affiziert, entweder indem alle Wurzeln des Konus erkrankt waren oder aber einzelne Wurzeln intakt geblieben sind. Selten nur fanden wir den Beginn einer Affektion. Es sei noch erwähnt, daß gerade bei der Tabes die endogenen Systeme in meinen Fällen, bis auf eine geringfügige Aufhellung an einzelnen, intakt waren, wohingegen die Meningen aber eine schwere Affektion aufwiesen, zum Teile sogar mit akuten Infiltraten.

Sehr auffällig erscheint die Tatsache, daß bei der Syringomyelie der Prozeß im Conus terminalis nur in einem einzigen Falle eine Fortsetzung fand, obwohl man bekanntlich schon de norma leichte Erweiterung des Zentralkanals im Konus beobachten kann. Nur eines kann man vielleicht hervorheben, daß dort, wo der Zentralkanal geschlossen war, eine Wucherung des Ependyms hervortrat.

Wir sehen also aus dem Angeführten, daß bei den verschiedensten Krankheiten der Conus terminalis, sei es primär, sei es sekundär, in letzterem Falle vorwiegend auf dem Wege über die Meningen, erkranken kann und daß man auch dort, wo der Prozeß nicht in den Konus vordringt, infolge dieser sekundären Affektionen Symptome seitens des Conus terminalis finden wird.

Als Conus terminalis will ich im folgenden das Gebiet vom dritten Sakralsegment abwärts auffassen, eine rein konventionelle Annahme, die ich deshalb vornehme, weil von da ab die Zentren des Urogenitalapparates zu lokalisieren sind. Da bisher eine zusammenfassende Darstellung der Veränderungen des Conus terminalis bei den verschiedenartigsten Erkrankungen fehlt, so kann ich auch meinen Untersuchungen nicht eine umfassende Literaturangabe voranschicken; da ich aber über ein eigenes, sehr großes Material verfüge, möchte ich zunächst sehen, welche Veränderungen des Conus terminalis bei den verschiedenartigsten Erkrankungen des Rückenmarks, in welcher Höhe immer sie sich finden, nachzuweisen sind.

Das Trauma

Beim Trauma muß man vor allen Dingen unterscheiden, ob das Trauma die Gegend des Konus getroffen hat oder ob es sich um ein Trauma handelt, das in einer anderen Partie sitzt und nur sekundäre Erscheinungen hervorruft. Ich möchte gleich hier vorwegnehmen, daß bei lange genug bestehenden Traumen, mit einer mehr oder minder großen Querschnittsläsion oberhalb des Konus, die sekundären Degenerationen die gleichen sein werden, wie bei der Kompressionsmyelitis. Ich will diese also hier nicht eigens hervorheben.

I. Fall (Nr. 2839).

In einem Falle von Trauma des Lendenmarks mit schweren meningitischen Verwachsungen und malazischen Prozessen im Innern des Marks zeigt sich, daß die Meningen auch im Conus terminalis noch etwas verdickt sind, obwohl eine Verwachsung oder Verklebung derselben fehlt — (es handelt sich nur um Befunde an Traumen, die Monate bis Jahre dem Tode vorangegangen sind). Dagegen findet sich im Innern ein deutliches Ödem, Lückenbildung, die die gesamte weiße Substanz betrifft, bis in die tiefste Partie derselben, und zwar ganz gleichmäßig. Es ist auffällig, daß eigentlich eine Stauung sonst nicht gefunden worden ist, es sich also hier nur um ein Ödem handelt. Einzelne, offenbar phagozytäre Elemente sind in den Blutgefäßwandungen zu sehen, eine Schwellung von Achsenzylindern fehlt. In einzelnen Lakunen des Ödems sieht man phagozytäre Elemente. Bei genauerem Zusehen zeigen sich die Meningen stellenweise kernreicher, aber nur stellenweise. Marchipräparate lassen wohl diffuse Schollenbildung erkennen, die Ganglienzellen aber sind verhältnismäßig intakt. Von Bedeutung ist, daß der Prozeß gegen das untere Ende des Rückenmarks abnimmt und von Ödem nichts mehr zu sehen ist. Die Ganglienzellen sind vielleicht eine Spur geschwollen.

II. Fall (Nr. 3072).

In einem Falle von Kaudaläsion zeigt sich bei Betrachtung der Präparate von unten nach oben ein analoges Verhalten. Auch hier ein leichtes Ödem, aber eine schwere sekundäre Degeneration der gesamten Hinterstränge, mit Ausnahme der dorsomedialen Sakralbündel. Die Ganglienzellen erscheinen wohl zumeist intakt, aber einzelne zeigen deutlich axonale Degeneration. Es ist nicht ohne Interesse, daß man axonal degenerierte Zellen neben vollständig normalen finden kann. Es ist nicht ausgeschlossen, daß diese axonal degenerierten Zellen nicht die Folge der Kaudaläsion sind, sondern eher die Folge der Todeskrankheit (Urosepsis). Auffällig ist auch, daß in diesem Falle der Zentralkanal nur stellenweise erweitert, nicht vollständig erweitert ist.

III. Fall (Nr. 3078).

In diesem Falle trifft das Trauma gerade noch den Konus und man sieht eine schwere Schädigung der Meningen, besonders in den ventralen Partien, weniger in den dorsalen, obwohl auch hier die Läsion eine beträchtliche ist. Demzufolge zeigt sich die ganze Peripherie malazisch, aber auch im Innern ist Ödem und Malazie abwechselnd zu finden. Auch an den Wurzeln sind vereinzelt Malazien. Die Hinterstränge sind nahezu vollständig, die Seitenstränge in der Peripherie lädiert. Die hinteren Wurzeln sind relativ intakt, die vorderen vollständig zerstört. Erst in der Höhe des 4. Segmentes hören diese Prozesse etwas auf und da sieht man absteigend degeneriert das Triangle median und dorsolaterale Partien des Seitenstranges. Das ganze Gewebe ist noch durch Ödem verändert.

IV. Fall (Nr. 2984).

Auch dieser Fall stellt eine Läsion des Konus selbst dar, und zwar des Sakralmarks und der oberen Konuspartien, die total zerstört erscheinen, während bei den unteren vorwiegend die ventralen Partien affiziert sind, die dorsalen nur soweit als die absteigenden Fasern in Frage kommen (Abb. 1 und 2). Die aszendierenden sind meist intakt. Auch hier ist eine deutliche Erweiterung des Zentralkanals zu sehen. Die Ganglienzellen sind etwas gebläht, zeigen aber vielfach vollständig erhaltene Nißlstrukturen. Eine Gliareaktion ist wohl vorhanden, besonders in der Peripherie, und man sieht auch hier noch deutlich die meningeale Verklebung.

Es ist interessant, daß man in solchen Präparaten eigentlich nur die endogenen Hinterstrangsfasern findet und die Wurzeln beiderseits intakt sind. Auffällig ist die Intaktheit des untersten Konusabschnittes, so daß der Prozeß eigentlich unteres Lumbalmark, oberes Sakralmark und nur die obersten zwei Segmente des Konus umfaßt, das unterste Konussegment frei läßt. Auf diese Weise erklärt sich auch die Intaktheit der aufsteigenden Wurzeln.

V. Fall (Nr. 2842).

Dieser Fall ist wieder eine Kaudaläsion. Die hinteren Wurzeln sind nahezu vollständig zerstört, die deszendierenden Fasern vollständig intakt.

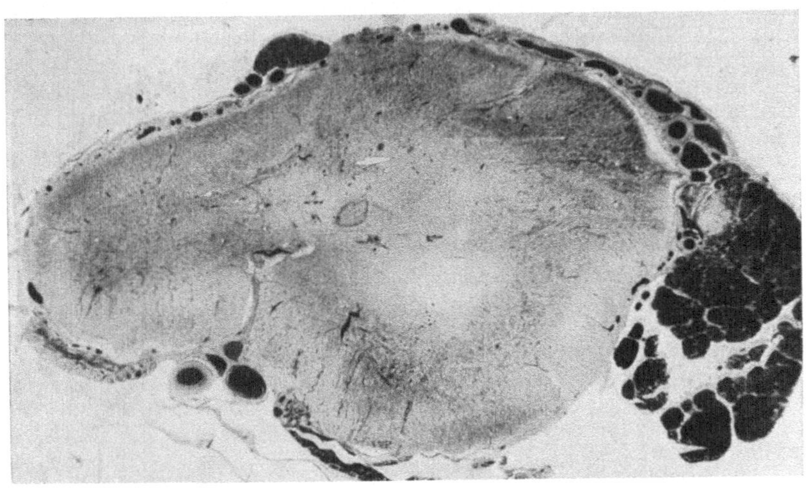

Abb. 1. Fast totale Entmarkung des Conus terminalis

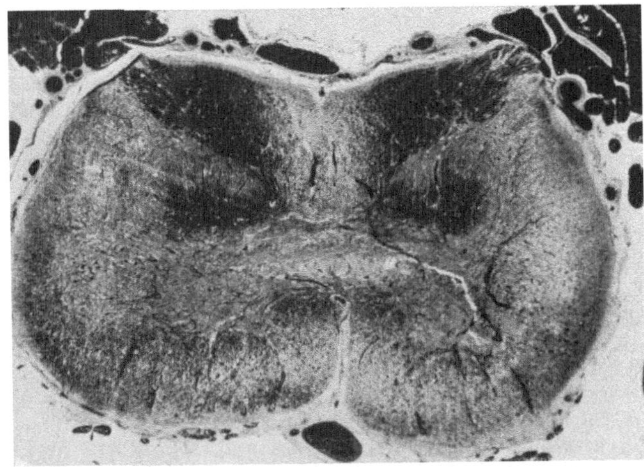

Abb. 2. Conus terminalis — die ventralen Partien entmarkt — dorsal wieder erhaltene Partien

Hier zeigt sich noch eine Degeneration nach Marchi, die aber vorwiegend in Körnchenzellen besteht und die Hinterwurzeln betrifft. Die Meningen sind verhältnismäßig zart, zeigen nur eine mäßige Verdickung, die Ganglienzellen zeigen auch hier Schwellungserscheinungen, aber nicht auffällige Degenerationen. Der Prozeß ist aszendierend, auf der einen Seite sind die Hinterwurzeln zum Teil erhalten.

VI. Fall (Nr. 2941).

Dieser Fall gehört wieder in die Gruppe der von oben herab degenerierenden. Hier zeigen sich Verklebungen aber in den höheren Partien des unteren Dorsalmarks, so daß von Ödem nicht mehr die Rede ist. Man kann nur die absteigende Degeneration wahrnehmen, sonst keinerlei schwere Veränderungen.

VII. Fall (Nr. 2822).

Genau das gleiche wie im vorhergehenden Fall gilt für diesen. Es ist auffallend, wie ausgezeichnet erhalten die Ganglienzellen sind. Kaum eine

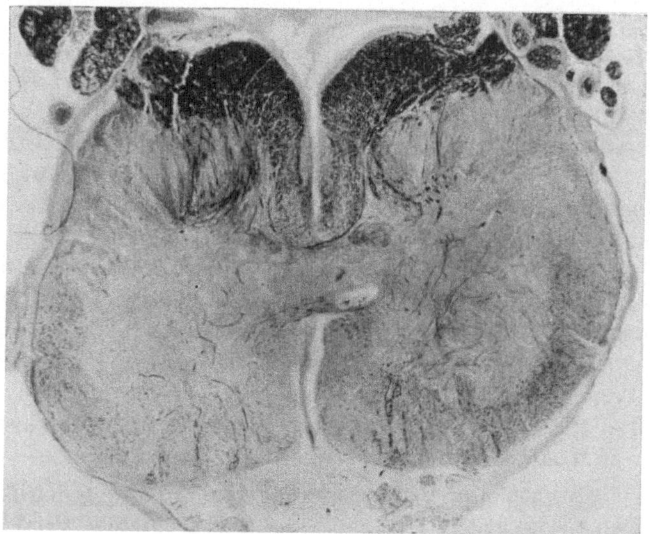

Abb. 3. Traumatische Schädigung des Conus terminalis

Reaktion, trotzdem die Meningen etwas verdickt sind. Vielleicht einzig und allein eine leichte Aufhellung der Umgebung ist wahrzunehmen.

VIII. Fall (Nr. 2903).

Auch dieser Fall gehört in die gleiche Gruppe. Er zeigt den Konus eigentlich vollständig intakt, keine Hyperämie. Auch die Ganglienzellen sind normal.

IX. Fall (Nr. 2841).

Dieser Fall zeigt wieder eine schwere Schädigung des Konus, bedingt durch meningeale Veränderungen und Verwachsungen, die aber vorwiegend die ventrale und nicht so sehr die dorsalen Partien betreffen (Abb. 3). Trotzdem läßt sich konstatieren, daß einzelne Ganglienzellen des Vorderhorns vollständig intakt sind, andere schwerst axonal degeneriert, bis zum Zellschatten verändert. Der ganze Vorderseitenstrang ist entmarkt und nur der Hinterseitenstrang zeigt Fasern. Auch im Hinterstrang sind einzelne Wurzeln geschädigt, so daß wir hier keine totale Intaktheit haben. Interessant ist weiter das Fehlen der absteigenden Bahnen.

20a*

X. Fall (Nr. 2950).

Hier ist der Konus intakt bis auf Läsion einzelner Wurzeln, die durch eine von oben nach unten steigende Meningitis geschädigt sind. Demzufolge nur isolierte Affektion einzelner Wurzelfasern und der absteigenden Systeme. Die Ganglienzellen in diesem Falle zeigen normale Verhältnisse. Nur an einzelnen vermag man eine gewisse Blähung wahrzunehmen. Die Glia ist diesmal stark reagierend, der Zentralkanal offen.

XI. Fall (Nr. 2370).

Herd in den oberen Partien des Rückenmarks. Einfache sekundäre Degeneration nach abwärts von geringer Intensität.

Zusammenfassung

Wir sehen beim Trauma, je nach dem Sitz desselben, verschiedene Veränderungen. Sitzt das Trauma oberhalb vom Konus, ziemlich weitab, dann kann man kaum etwas anderes finden als sekundäre Degeneration. Sitzt das Trauma oberhalb, aber nahe vom Konus, dann wirkt sich dasselbe, besonders bei Affektion der Meningen, durch ein ziemlich intensives Ödem im Konus aus. Sitzt das Trauma aber im Konus selbst oder knapp oberhalb desselben, so daß der Konus direkt geschädigt ist, dann findet man, je nach seiner Intensität und je nach der Beteiligung der Meningen, schwere Malazien oder eine diffuse Schädigung vorwiegend der weißen Substanz, während die graue Substanz die Ganglienzellen verhältnismäßig wenig geschädigt zeigt. Wir sehen zwar die axonale Degeneration in großer Menge, auch Schwund der Zellen, aber daneben vereinzelt intakte Ganglienzellen. Ist der Konus in seinen oberen Partien affiziert, dann fällt die Degeneration des dorsomedialen Bündels ins Auge, während die Hinterwurzeln oft vollständig intakt sein können.

Das Gegenstück zu diesen Bildungen bietet die Schädigung der Cauda aequina. Hier sind fast nur die Hinterwurzeln affiziert. Selten greift der Prozeß in den Meningen weiter und man findet dann eine Randsklerose mit entsprechender Degeneration.

Gelegentlich sieht man aber trotz relativer Intaktheit des Konus Ganglienzellschädigungen, offenbar sekundär bedingt durch die Todeskrankheit (Urosepsis).

Bei den Kompressionserkrankungen hebe ich nur heraus, was man gemeinhin als Kompressionsmyelitis bezeichnet, jene vorwiegend durch Tuberkulose bedingte Querschnittsschädigung mit sekundären Degenerationen.

I. Fall (Nr. 2004).

Erwachsener Mensch. Hier fallen zwei Momente ins Auge. Erstens, daß im Marchipräparat die Pyramidendegeneration im 3. und auch im 4. Sakralsegment und vom oberen Teil des 5. zu sehen ist, und zwar deutlich lateral vom Hinterhorn in der dorsalen Partie des Seitenstranges bis an die Pyramide reichend. Eine zweite Degeneration ist zu sehen im dorsomedialen Sakralbündel, wobei nur die Kuppe dieses letzteren getroffen ist.

Eine genauere Untersuchung des Lendenmarks zeigt, daß hier einzelne Wurzeln ödematös sind und Degenerationsschollen auftreten.

Im Weigertpräparat tritt eine solche Degeneration im Seitenstrang ebenfalls deutlich hervor, indem der dorsalste Abschnitt des Seitenstranges faserärmer ist. Im Hinterstrang läßt sich das nicht deutlich erkennen. Ferner zeigt sich eine starke Erweiterung des Ventrikels, stärker als es sonst im Konus der Fall ist. Die Meninx ist verhältnismäßig zart, nur wenig verbreitert, zeigt aber ein Ödem subpial. Ein entzündlicher Prozeß im Rückenmark wird vermißt. Leichte Hyperämie. Die Ganglienzellen zeigen meist normales Verhalten. Nur einzelne lassen eine Tigroidverarmung erkennen.

II. Fall. (Nr. 1466).

In diesem Fall sieht man deutlich im Marchipräparat eine Kompression in gleicher Höhe, ungefähr der Mitte des Brustmarks entsprechend. Keine Marchidegeneration, sondern nur eine leichte Aufhellung im Gebiete der Pyramiden und ebenso auch eine Degeneration im dorsomedialen Sakralbündel ganz dorsal.

III. Fall (Nr. 1705).

Hier reicht der meningitische Prozeß, der sehr schwer ist, bis an das unterste Ende des Konus und macht neben einer schweren Gefäßschädigung ein Randödem. Auch hier ist der Zentralkanal weit offen. An einzelnen Stellen dringt das Infiltrat in das Rückenmark ein. Trotzdem sind die Vorderhornzellen im Nißlpräparat sehr gut erhalten und auch sonst kann man an den großen Zellen keine Schädigung wahrnehmen. Eine sekundäre Degeneration ist schwer zu erkennen, da eine Abblassung der Fasern von der Peripherie aus erfolgt, desgleichen in den Hintersträngen, als auch in den Seiten- und Vordersträngen, wobei allerdings der dorsale Abschnitt des Seitenstranges besonders getroffen ist.

IV. Fall (Nr. 1325).

Dieser Fall wurde nur wegen der sekundären Degeneration studiert. Es handelt sich um eine Kompression in der Mitte des Brustmarks. Auch hier ist die Pyramidenschädigung ganz exquisit. Auch hier findet sich im dorsomedialen Sakralbündel eine schwere Degeneration, die aber ziemlich das gesamte dorsomediale Sakralbündel betrifft. Eine Meningitis wird vermißt. Der Zentralkanal ist weit, Vorderhornzellen intakt.

V. Fall (Nr. 1326).

Ein ganz analoger Fall von Kompression im mittleren Brustmark zeigt ähnliche Verhältnisse. Die Meningen sind zart, trotzdem es sich um eine tuberkulöse Kompression gehandelt hat. Wir sehen die Pyramidenschädigung deutlich, wir sehen ferner paramedian in den Hintersträngen streifenförmige Degenerationen.

Dieser Fall reicht hinten bis in das 5. Sakralsegment. Auch im 5. Sakralsegment sieht man noch einzelne Degenerationsschollen, die Pyramiden intakt, größere Mengen von Degenerationen in den Hintersträngen, aber keinesfalls ist hier das gesamte dorsomediale Sakralbündel affiziert, sondern nur einzelne Partien.

Das unterste Ende des 5. Sakralsegmentes im Gebiete, das man der Pyramide zuteilt, keine Degenerationsschollen mehr. Auch in den Hintersträngen finden sich kaum einzelne Schollen. Solche vereinzelte Schollen kann man allerdings auch hier noch an der untersten Grenze des Rückenmarks im Lateralstrang im Gebiete der Pyramiden wahrnehmen.

VII. Fall (Nr. 2963).

Hier fehlt das Marchipräparat. Die Meningen sind zart, der Zentral-

kanal ist nicht offen, sondern zeigt eine diffuse Einlagerung. Der Prozeß
sitzt hier in den unteren Partien des Lumbal- und in den oberen des Sakral-
markes. Es sind die Wurzeln mit affiziert. Darum ist die Degeneration hier
eine aszendierende. Der mediale Streifen ist frei. Lateral sieht man in den
Hintersträngen eine Aufhellung. Es ist interessant, daß trotz des Fehlens
der akuten Meningitis die Wurzeln stellenweise malazisch sind und daß
wir nur aus der Wurzeldegeneration schließen können. Es sind hier allerdings nur sehr wenige Präparate zur Verfügung, so daß man über das Wesen
des Prozesses nichts aussagen kann.

VIII. Fall (Nr. 1805).

Hier sitzt die Kompression wieder mehr im Dorsalmark. Typische
Pyramidendegeneration, Degeneration paramedian in den Hintersträngen.
Die Degeneration ist sehr wenig intensiv. Der Zentralkanal ist nicht so
offen wie in den anderen Fällen. Vorderhornzellen zeigen leichte Verfettung.

Zusammenfassung

Bei den Fällen von Kompressionsmyelitis mit Sitz des Prozesses
ungefähr in der Mitte des Dorsalmarks, zeigt sich im Conus terminalis
eine sekundäre Degeneration. Sie betrifft das Areal der Pyramide und
reicht in diesem Areal sehr weit nach abwärts, wobei allerdings im
4. Sakralsegment die Pyramidenschädigung zumeist kaum mehr nachweisbar ist, im 5. Sakralsegment nur einzelne Schollen. In den Hintersträngen ist die Situation so, daß von oben nach unten zu eine paramediane Degenerationszone sich zeigt, die immer weiter dorsal rückt, um
schließlich in den untersten Konuspartien nur mehr die dorsalste Gruppe
des dorsomedialen Sakralbündels, bzw. die dorsomediale Partie des
Triangle median einzunehmen. Es ist nicht ohne Interesse, daß die
endogenen Fasern des Rückenmarks, bzw. wenn es sich um absteigende
Fasern der Hinterwurzeln handelt, bis in das unterste Konusende zu
verfolgen sind.

Ferner zeigt sich in allen Fällen von Kompression eine Erweiterung
des Zentralkanals. Auffällig ist, daß die schwere tuberkulöse Meningitis
bei Kompressionen nicht nach abwärts zu reichen braucht und daß dort,
wo sie nach abwärts reicht, nur ein Randödem die Folge ist. Es zeigt
sich ferner die relative Intaktheit der Ganglienzellen, die wir allerdings
vorwiegend bei den großen Zellen in dem verhältnismäßig alten Material
feststellen konnten.

Meningitis

I. Fall (Nr. 1743).

In einem Falle von schwerer tuberkulöser Meningitis, in welchem die
ganzen Meningen ein dichtes Infiltrat zeigen und einzelne Tuberkelknötchen
in dem Infiltrat nachgewiesen sind, die ganzen Wurzeln von dem dichten
Infiltrat eingeschlossen erscheinen, ist das Rückenmark selbst fast vollständig intakt. Nicht einmal eine sonderliche Aufhellung der Randpartien
ist wahrzunehmen. Nur einzelne Vorderhornzellen zeigen axonale Degeneration und dementsprechend sieht man auch einzelne Wurzelfasern nach
Marchi degeneriert. Es handelt sich scheinbar um einen akuten Fall

von nicht zu langer Dauer und demgemäß geringen Veränderungen. Nicht einmal ein Ödem läßt sich im Mark nachweisen.

II. Fall (Nr. 1981).

Wenn man dem ersten einen Fall von epidemischer Meningitis an die Seite stellt, der gleichfalls ein dichtes Infiltrat der Meningen zeigt, so kann man hier schon eher von einem Ödem sprechen, das durch das ganze Rückenmark hindurch zu sehen ist. Wie im I. Fall, so ist auch hier der Zentralkanal auffällig weit. Die Ganglienzellen sind auch nur partiell geschädigt, die Fasern nur vielleicht in der dorsalen Partie etwas lichter, besonders im Seitenstrang. In den unteren Abschnitten zeigt sich ein Übergreifen des Prozesses ex contiguitate. Hier sind auch mehr Zellen affiziert als in den oberen Partien. Auch mittelgroße Zellen zeigen degenerative Veränderungen.

III. Fall (Nr. 1969).

Ein zweiter Fall dieser Art zeigt den Zentralkanal nicht sehr erweitert. Sonst aber analoge Verhältnisse wie im I. Fall.

IV. Fall (Nr. 1598).

Wenn man diesem einen Fall an die Seite stellt, der eine Meningitis, offenbar bei Myelitis und Enzephalitis zeigt, so ist in den unteren Partien von der Meningitis nur sehr wenig zu sehen. Aber sie unterscheidet sich von den beiden erstgenannten dadurch, daß direkt eine Einwucherung von den Meningen ins Rückenmark erfolgt. Trotzdem kann man auch hier nur an den Randpartien Aufhellungen sehen. Die Wurzeln sind ziemlich intakt, die Ganglienzellen desgleichen. Der Prozeß hält sich in gleicher Intensität bis an die untersten Partien des Konus. Immer zeigt sich das Einbrechen von Infiltratzellen von der Pia direkt, ohne daß eigentlich außer Hyperämie im Innern des Marks eine Wurzelschädigung zu sehen wäre. Der Zentralkanal ist hier nicht offen. Ganz unten ist die Infiltration stärker als oben.

V. Fall (Nr. 1581).

Hier ist das Infiltrat dichter. Es ist demzufolge ein Ödem zu sehen. Aber ein Einbrechen des Infiltrates ist hier nicht wahrzunehmen. Auffallend ist auch hier die Intaktheit der Ganglienzellen. In diesem Fall ist jedoch die Randdegeneration stärker als in den vorerwähnten Fällen. Auffällig ist, daß eine Verklebung des Rückenmarks mit der Meninx nicht stattfindet; trotzdem die Wurzeln von Exsudatmassen umspült sind, keine Degeneration.

VI. Fall (Nr. 1629).

In diesem Falle ist ein Infiltrat nicht mehr wahrzunehmen. Nur eine leichte Verbreiterung der Meninx. Im Konus keine wie immer gearteten Erscheinungen von Degeneration.

VII. Fall (Nr. 2262).

Auch in diesem Falle handelt es sich mehr um eine chronische Verbreiterung der Meninx, ohne daß man im Konus irgend eine Läsion sehen kann.

VIII. Fall (Nr. 1651).

Hier handelt es sich um einen mehr chronischen Fall von tuberkulöser Meningitis mit reichlicher Aussaat von Tuberkelknötchen in der Umgebung. Hier kann man nur sehen, wie tatsächlich von der Meninx aus eine Einwucherung von Infiltratzellen in das Rückenmark erfolgt und an einer Stelle ist im Rückenmark ein kleiner umschriebener Tuberkel zur Ausbildung gekommen. Man kann noch erkennen, wie dieser Tuberkel mit der Peripherie im Zusammenhang steht. Auffällig ist, daß knapp daneben in den unteren Segmenten nichts mehr vom Tuberkel zu sehen und auch die Infiltration vom Rande her aufgehört hat. Ein bißchen Ödem, einzelne degenerierte

Ganglienzellen, sind das einzige Zeichen, das hier zu finden ist. Auch die Marchipräparate zeigen keine Degeneration.

IX. Fall (Nr. 1997).

Hier ist eine mehr chronische Form, wobei auffälligerweise die Meninx nur stellenweise eine Verbreiterung zeigt, das Rückenmark aber sonst ein vollständig intaktes Aussehen hat. Es handelt sich mehr um zerebrale Meningitiden mit relativ geringer Beteiligung des Rückenmarkes.

Zusammenfassung

Wie man sieht, lädiert die Meningitis direkt das Rückenmark sehr selten. Das gilt auch für die tuberkulöse, wenn sie nicht von langer Dauer ist. Das einzige was man wahrnehmen kann, ist eine Randdegeneration und ein mehr diffuses, aber nicht sehr ausgesprochenes Ödem. Es kommt ferner zu einer leichten Degeneration der Vorderwurzelzellen in jenen Fällen, in welchen Vorderwurzelfasern degeneriert sind. Im großen und ganzen zeigt sich aber eine relative Intaktheit, besonders bei den chronischen Formen der Meningitis oder bei Meningitiden, die nicht das Rückenmark direkt betreffen. Eine Ausnahme macht die chronische tuberkulöse Meningitis infolge des Übergreifens auf das Mark und der Ausbildung eines Tuberkelknötchens.

Myelitis

Bei den verschiedenen Formen der Myelitis, sowohl infiltrativen als degenerativen Formen, mit Ausschluß der Poliomyelitis, verhält sich das Rückenmark im Conus terminalis je nach dem Sitze der entzündlichen Affektion.

I. Fall (Nr. 1707).

Der Prozeß spielt sich in den oberen Regionen des Rückenmarks ab. Affiziert ist im Conus terminalis von oben nach unten eigentlich nur die Meninx, indem an einzelnen Stellen eine kaum nennenswerte Vermehrung der korpuskulären Elemente zu sehen ist. Betrachtet man die Gefäße im Innern des Rückenmarks, so sind auch hier an einzelnen vielleicht ein paar Zellen mehr wahrzunehmen. Aber von einer Entzündung ist nicht die Rede. Dagegen sieht man deutlich Degeneration in den Ganglienzellen, und zwar inzipiente axonale Degeneration. Die Nervenfasern zeigen keine Schädigung, auch nicht in den Wurzeln. Die Reizung der Meninx ist eigentlich nur in den allerobersten Partien zu sehen. In den unteren Partien fehlt sie. Auch die Reizung der Gefäße fehlt. Statt dessen aber sieht man die axonale Degeneration der Ganglienzellen ganz deutlich. Marchipräparate des 4. Sakralsegments zeigen deutliche Degeneration akuter Art in den Vorderwurzelfasern. Auch sonst ist der Querschnitt von Schollen besetzt. Eine deutliche Pyramidendegeneration beweist die Läsion der höheren Ebenen.

II. Fall (Nr. 1811).

Dieser Fall ist gleichfalls einer, bei dem die Myelitis sich in den höheren Segmenten abgespielt hat. Auch hier kann man deutlich eine Schwellung der Nervenzellen wahrnehmen, vielleicht auch eine minime Vermehrung der

Kerne in der Pia und ein leichtes Ödem. Auch hier sieht man an den Blut-
gefäßen, aber nur ganz vereinzelt, den Beginn einer Reizung. Hier ist der
Konus bis in die untersten Partien geschnitten. Da sieht man schon im
Coccygealsegment noch immer deutlich die Spur der Reizung, besonders an den
Gefäßen. Aber auch die Ganglienzellen zeigen selbst hier Schwellungs-
erscheinungen und in der Pia eine ganz minime Reizung.

III. Fall (Nr. 2036).

In einem dritten analogen Fall sind nur Marchipräparate vorhanden,
die aber ein Analoges zeigen wie die zwei ersten Fälle, vielleicht daß das
Ödem ein bißchen stärker ist. Die sekundäre Degeneration der Pyramidenbahn läßt sich deutlich noch im 4. und selbst im 5. Sakralsegment nachweisen.

IV. Fall (Nr. 1694).

Auch in diesem Fall ist der Konus frei von Myelitis. Doch zeigt sich
eine deutliche Reizung der Pia, leichtes Ödem, Schwellung der Ganglienzellen. Die Gefäße jedoch sind hier ohne jede Vermehrung von Zellen. Es
ist auch keine besondere Hyperämie mehr vorhanden. Der Prozeß läßt sich
ziemlich weit nach abwärts verfolgen. Die großen Zellen des 4. Sakralsegmentes sind auffallend gebläht, das Ödem auch hier noch deutlich. Die
Pia zeigt auch hier neben Hyperämie eine ganz minimale Infiltration und
auch das ganze Gewebe des Marks erscheint etwas kernreicher.

V. Fall (Nr. 2816).

Der Fall nähert sich den erstbeschriebenen insoferne, als wir hier nur
eine leichte Affektion der Meningen haben mit einer leichten Schädigung
der Gefäße und einer Schwellung der Ganglienzellen. Auch das Gewebe
zeigt eine ganz minimale Kernvermehrung. Eher ist ein diffuses Ödem in die
Augen fallend.

VI. Fall (Nr. 2614).

In diesem Falle spielt sich der Prozeß in den unteren Partien ab und
es ist eine hämorrhagische eitrige Myelitis, die noch in den Sakralsegmenten
vorhanden ist, mit allen typischen Zeichen einer solchen (Abb. 4). Das
Exsudat zeigt wohl Lymphozyten. Man kann aber auch zahlreiche Leukozyten im Gewebe wahrnehmen. Die Gefäße sind von Mänteln von Zellen
umhüllt, unter denen die Lymphozyten im Vordergrunde stehen. Quellung
der Achsenzylinder, ebenso Zerfall von Achsenzylindern und Lückenbildung
sind deutlich zu sehen. Die Ganglienzellen, soweit sie nicht durch den Prozeß
zerstört sind, sind geschwollen und zeigen Zellschatten. In diesem Falle ist
die Pia ebenso wie das Rückenmark affiziert. Aber der Prozeß im Rückenmark
ist intensiver als der in der Pia. Aber man kann auch nicht sehen, daß der
Prozeß von der Peripherie in das Rückenmark einbricht. Auffallend gut
erhalten sind die Nervenfasern, am meisten geschädigt allerdings die Wurzeln,
während die Stränge ein ziemlich normales Verhalten zeigen. Offenbar ist
der Prozeß noch zu akut. Er setzt sich nach abwärts fort und wir können
im 5. Sakralsegment noch die gleichen Veränderungen wahrnehmen wie oben.

Es ist nun interessant, daß der Prozeß eigentlich nicht diffus ist, sondern
fleckweise sowohl die graue als die weiße Substanz affiziert, indem um Gefäße
herum sich die Herde bilden. Auch in den Coccygealsegmenten ist das gleiche
der Fall. Es handelt sich um eine Meningomyelitis acuta. Hier sind allerdings
an den Coccygealsegmenten die Fasern sehr schwer getroffen.

VII. Fall (Nr. 1504).

In diesem Falle handelt es sich um ein Übergreifen einer Kaudaläsion
auf die untersten Konuspartien. Es zeigen sich aber nur malazische Veränderungen.

Zusammenfassung

Wenn wir also die Fälle von Myelitis überblicken, dann zeigt sich, daß wir die Veränderungen der Myelitis und der Meningomyelitis im Conus terminalis in derselben Weise finden können wie in anderen Ebenen. Wenn aber z. B. im Zervikal- oder Dorsalmark eine Myelitis besteht, dann zeigt sich in allen Fällen auch eine Veränderung im Conus terminalis in der Weise, daß wir eine leichteste Reizung der Meningen neben einer solchen des Rückenmarks wahrnehmen können, gelegentlich begleitet von Ödem, daß wir in allen Fällen eine Schwellung der Ganglien-

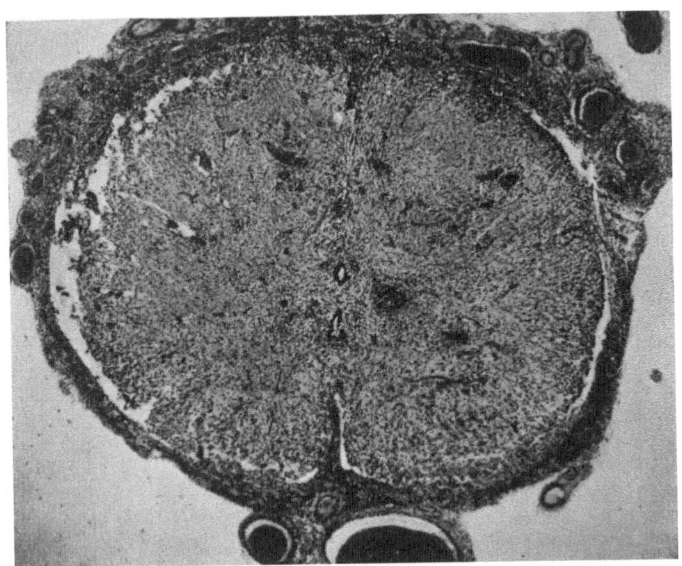

Abb. 4. Myelitis im Conus

zellen wahrnehmen können, die bis zur sekundären Degeneration fortschreiten kann, wobei sich dann zeigt, daß die Nervenfasern degenerieren, und zwar besonders die Vorderwurzelfasern. Im großen und ganzen ist es aber auffällig, daß gerade bei den Fällen von Myelitis die Nervenfasern ein vollständig normales Bild zeigen können, wenn man die Weigertpräparate ins Auge faßt. Es ist auch bei der Myelitis die Schädigung vorwiegend eine meningeale neben einer leichten Reizung und einem Ödem des Gewebes und einer akuten Schwellung der Ganglienzellen.

Poliomyelitis

I. Fall (Nr. 1819).

Im 3. Sakralsegment der beiden Vorderhörner noch diffuses Infiltrat, so zwar, daß man keine Ganglienzellen wahrnehmen kann (Abb. 5). Der

Prozeß ist aber nicht lediglich auf die Vorderhörner beschränkt, sondern man sieht, wie von da aus Gefäßinfiltrationen in das Zwischenstück hineinreichen. Auffallend geringfügig ist hier die Pia beteiligt. Das Infiltrat unterscheidet sich in nichts von dem bei der Poliomyelitis üblichen. Außerdem besteht eine Hyperämie und man sieht deutlich, dort wo das Infiltrat etwas gelichtet ist, Lücken im Gewebe. Der Prozeß ist ganz akut. Trotzdem sieht man an den Stellen, wo das Infiltrat hauptsächlich besteht, die Markfasern total zerstört und der Unterschied zwischen Vorder- und Hinterhorn ist ein in die Augen fallender. Interessant ist auch, daß die Vorderwurzeln eine deutliche Läsion erkennen lassen. Der Prozeß klingt nach unten zu ab (Abb. 6), ist aber auch im 4. Sakralsegment noch sehr deutlich und zeigt hier eine Beteiligung der Meningen mehr als in den oberen Partien, hauptsächlich im

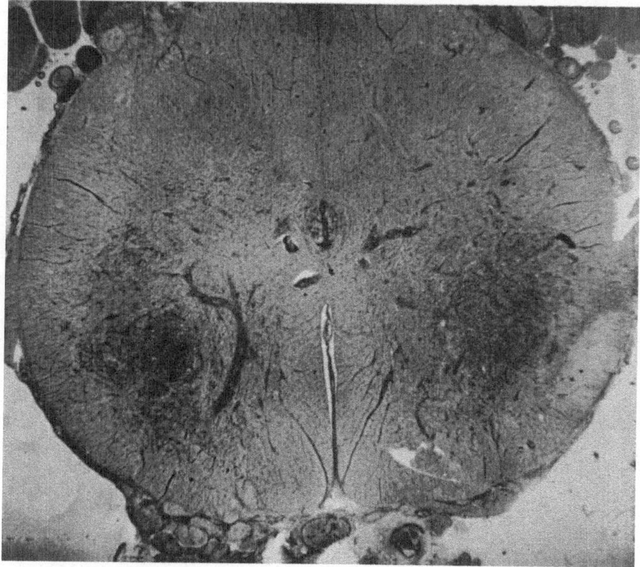

Abb. 5. Poliomyelitis im Conus terminalis

Gebiet der Arteria spinalis ventralis. Hier ist, entsprechend der geringeren Affektion im Weigertpräparat, im Vorderhorn kaum etwas zu sehen.

II. Fall (Nr. 2495).

Im Gegensatz zu dem erstbeschriebenen Fall ist hier der Prozeß schon im Lendenmark abgeklungen. Auffallende Zartheit der Meninx. Keine Reizung im Gewebe, deutliche Schädigung der Vorderhornzellen. Aber hier sieht man weniger Schwellung als Schrumpfung einzelner Zellen, während andere vollständig intakt sind. Der Prozeß mutet eher an wie ein mehr chronischer. Man kann es zwar nicht zahlenmäßig feststellen, aber es macht deutlich den Eindruck, als ob auch hier ein größerer Kernreichtum im Gewebe wäre und ein deutliches Ödem. Marchipräparate zeigen nichts an Degeneration. Die Durchsicht des gesamten Konus zeigt aber tatsächlich, daß wohl eine leichte Reizung im Gewebe besteht, und zwar durch Vermehrung der fixen Gewebszellen, und daß tatsächlich die Ganglienzellen stellenweise durch

Schrumpfung verändert sind. An einer Stelle kann man sogar im Gebiete
der Arteria spinalis ventralis Infiltratzellen wahrnehmen. Im Coccygealmark
besteht ebenfalls noch eine Reizung.

III. Fall (Nr. 2294).

Hier sitzt der Prozeß im Zervikalmark und es zeigt sich im Conus terminalis kaum eine Reizung. Einzelne Ganglienzellen geschwollen.

IV. Fall (Nr. 2324).

Gleich dem vorigen.

V. Fall (Nr. 2338).

In diesem Fall reicht der Prozeß wieder in den Conus terminalis, aber
er ist nicht so intensiv wie in dem erstbeschriebenen Fall. Es ist nun interessant, daß der Prozeß sich keineswegs auf das Vorderhorn beschränkt,

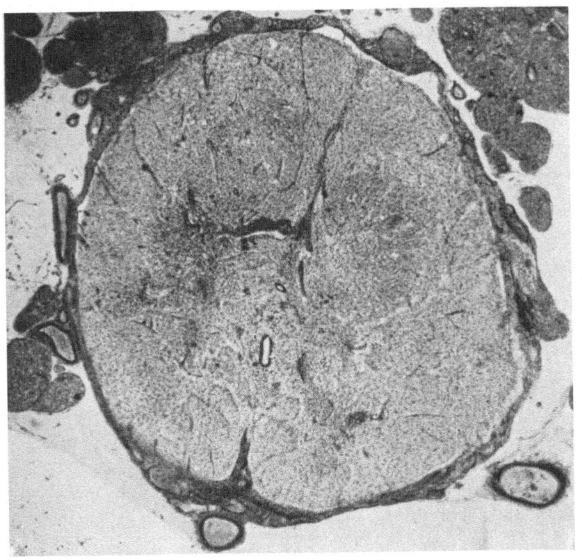

Abb. 6. Abklingen des poliomyelitischen Prozesses

sondern auch auf die ganze graue Substanz und stellenweise sogar in die
weiße Substanz einbricht. Geringfügige Beteiligung der Meningen. Das
Exsudat ist nicht so massig wie in dem erstbeschriebenen Fall, nur an einer
einzigen Stelle im Hinterhorn kann man etwas Derartiges wahrnehmen.
Sonst sind die Gefäße infiltriert. Die Ganglienzellen sind überhaupt nicht
wahrzunehmen. Das Weigertpräparat zeigt die Stränge ziemlich intakt,
aber die graue Substanz auffallend entmarkt. Auch in den folgenden Präparaten lassen sich Ganglienzellen nicht mehr nachweisen. Wenn einzelne
vorhanden sind, so sind die entweder geschwollen oder ganz abgeblaßt, so
daß man sie kaum aus dem Gewebe erkennen kann. Trotzdem der Prozeß
kaudal ganz genau die gleiche Intensität zeigt wie in den oraleren Abschnitten,
sind die Fasern hier besser erhalten. Man kann deutlich sehen, wie von der
grauen Substanz aus dicht infiltrierte Gefäße in die Hinterstränge z. B. einbrechen.

VI. Fall (Nr. 2096).

Dieser Fall ist wieder einer, der hoch oben im Hals- und Brustmark sitzt. Es ist im Konus kaum eine Reizung in der Meninx oder im Gewebe zu sehen. Die Ganglienzellen zeigen hier neben Schwellung auch Schrumpfung. Auch hier zeigt sich ein ganz leichtes Ödem im Gewebe. Marchipräparate dieses Falles lassen keine Degeneration erkennen.

Zusammenfassung

Es zeigt sich aus diesen wenigen Fällen von Poliomyelitis, daß der poliomyelitische Prozeß keineswegs im Konus Halt macht, sondern hier in der gleichen Intensität wie etwa in den oberen Partien sich auswirkt. Wir können ein so dichtes Infiltrat der Vorderhörner sehen, daß diese vollständig im Infiltrat aufgegangen sind, ein Infiltrat, das auch auf die Hinterhörner übergreift und sogar in die weiße Substanz einbricht. Der Prozeß reicht bis in die untersten Konuspartien und ist im Rückenmark hier entschieden stärker entwickelt als in den Meningen. Von Interesse ist, daß die Fasern in diesen ganz akuten Fällen weniger betroffen sind als man nach der Sachlage erwarten dürfte. In jenen Fällen, in welchen der Conus terminalis frei ist, zeigt sich, entgegen der Myelitis, zunächst keine sekundäre Degeneration. Dann sieht man neben einzelnen geschwollenen Ganglienzellen auch bereits geschrumpfte. Wiederum auffallend die relative Intaktheit der Fasern und die verhältnismäßig geringe Reizung des Gewebes, obwohl auch hier einzelne Partien kernreicher zu sein scheinen als normal und sich ein leichtes Ödem fühlbar macht.

Amyotrophische Lateralsklerose

I. Fall (Nr. 1653).

Trotzdem der Prozeß in diesem Falle sich wie gewöhnlich in den Zervikalsegmenten abspielt, finden wir im Conus terminalis drei verschiedene Veränderungen.

1. Eine Verbreiterung der Pia mater mit Verklebung, in der Pia selbst deutliche Zeichen einer entzündlichen Reizung.

2. Im Rückenmark, im Gebiete der vorderen Spinalarterien deutlich entzündliche Reizung perivaskulär und

3. auffällige Lipoidose der Ganglienzellen des Vorderhorns. Zu erwähnen ist noch das Randödem, das als Folge der Verklebung der Meninx hervorzuheben ist.

Sekundär ist ferner die leichte Pyramidenaffektion, die sich im Weigertpräparat zum Ausdruck bringt, während die Vorderwurzelfasern normal sind. Dieser Prozeß setzt sich bis in die unteren Segmente fort und ist darum besonders interessant, weil auch die kleinen Zellen im Vorderhorn die Lipoidose zeigen. Anderseits kann man nicht verhehlen, daß es vereinzelt vollständg intakte Zellen gibt.

II. Fall (Nr. 2465).

In diesem Falle ist die Verbreiterung der Meningen keine so beträchtliche wie im I. Falle. Doch kann man auch hier eine leichte Vermehrung der Gliaelemente an den Gefäßen wahrnehmen. Aber von einer Entzündung ist nicht die Rede. Die Lipoidose in den Zellen ist sehr gering. Im Marchipräparat zeigt sich, ebenso wie im Weipert-Präparat, eine ganz minime Degeneration der Pyramide, die im Marchipräparat noch weniger deutlich ist wie im Weigertpräparat. Der Prozeß setzt sich auch hier in analoger Weise nach abwärts fort. Man hat den Eindruck eines nahezu vollständig normalen Rückenmarks. Hier sind Nißlpräparate vorhanden, die im 5. Sakralsegment eigentlich die Vorderhornzellen verhältnismäßig intakt zeigen.

III. Fall (Nr. 1139).

Verbreiterung der Pia mit Verklebung der Pia. Kein deutliches Randödem. Auffällige Lipoidose der Ganglienzellen sehr weit fortgeschritten, mit einzelnen geblähten Zellen. Kein Zeichen entzündlicher Reizung. Diese Lipoidose mit Blähung der Zellen setzt sich bis in die untersten Partien fort. Etwas Randödem.

IV. Fall (Nr. 2030).

Hier ebenso wie früher Piaverbreiterung und Randödem. Die Ganglienzellen wesentlich besser erhalten. Keine Spur von Lipoidose, auch im Innern des Ödems. Die Gefäße sind intakt.

Zusammenfassung

Es ist nicht ohne Interesse, daß, trotzdem der Prozeß bei der amyotrophischen Lateralsklerose in den von mir untersuchten Fällen nur das Halsmark betrifft, weniger das Lendenmark, sich in den Partien des Conus terminalis deutliche Veränderungen zeigen. In allen Fällen ist eine Verbreiterung der Pia nachzuweisen, mit einem konsequenten Randödem, ferner in der überwiegenden Mehrzahl der Fälle eine Lipoidose der Vorderhornzellen und der kleineren und schließlich kann man auch die sekundäre Pyramidendegeneration bis nach abwärts verfolgen, obwohl gerade im Markpräparat kaum eine oder die andere Faser degeneriert erscheint. Das Auffälligste aber ist, daß im ersten Falle deutlich, in den anderen undeutlich perivaskuläre Exsudate nachzuweisen sind, die sich auch in den Meninx finden und die den entzündlichen Charakter des Prozesses erweisen.

Anaemia perniciosa

I. Fall (Nr. 2413).

Die Meninx etwas verbreitert. Gelegentlich einzelne Infiltratzellen. Dasselbe auch im Mark selbst. Sonst aber finden sich Herde, wie sie bei der perniziösen Anämie gang und gäbe sind, nicht. Das einzige, was sich in den tieferen Teilen des Konus zeigt, ist vielleicht ein leichtes diffuses Ödem. An einzelnen Stellen in der Pia kleinste Infiltrate und lymphoide Elemente bis in die untersten Abschnitte des Marks.

II. Fall (Nr. 2442).

Die Pia etwas verbreitert. Leichtes diffuses Ödem. Zellen auffallend intakt. Herde nicht nachzuweisen. Die Verbreiterung der Pia ist nach abwärts zu verfolgen. Hier sind Infiltratzellen nicht zu sehen. Die Weigertpräparate zeigen eine vollständig normale Färbung. Auffallend nur die intakten Ganglienzellen.

Zusammenfassung

Bei der perniziösen Anämie zeigt sich der Conus terminalis eigentlich vollständig frei, bis auf eine leichte Verbreiterung der Pia, in dem einen Falle noch kompliziert durch ein lokales Infiltrat.

Multiple Sklerose

I. Fall (Nr. 1724).

Die Pia ist etwas verbreitert. Sonst erscheint das Rückenmark aber vollständig normal.

II. Fall (Nr. 2359).

Hier ist die Pia ziemlich normal, nur sieht man in den Hinterwurzeln einen typisch sklerotischen Herd mehr akut.

Im 4. Sakralsegment tritt ein analoger Herd in der kontralateralen Wurzel auf. Die Herde sind vollständig symmetrisch. Das Rückenmark dagegen ist vollständig frei.

III. Fall (Nr. 1772).

In diesem Falle zeigt sich schon im 3. Sakralsegment ein mächtiger Herd, der typisch sklerotisch ist, der den ganzen Seitenstrang bis auf eine kleine ventrale Partie einnimmt, dreieckig ist und auch auf die Wurzeln übergreift. Ebenso ist ein sklerotischer Plaque im kontralateralen Hinterhorn und ein kleiner Markschattenherd neben dem Vorderhorn der einen Seite. Die Herde sind typische Skleroseherde. Im 4. Sakralsegment ist dieser Herd bis auf einen kleinen Saum um das Hinterhorn verschwunden. Es ist interessant, daß auf der anderen Seite ein ganz analoger Saum auftritt und daß auch hier wieder gelatinöse Substanz und sklerotische Herde sind. Auch das Halsmark im 5. Segment zeigt Analoges und Sklerose auch in den Wurzeln.

IV. Fall (Nr. 1880).

Auch dieser Fall zeigt sich etwas verändert, und zwar ist die Pia eigentlich sehr stark verbreitert und die Gefäße, die in und auf der Pia liegen, zeigen ein leichtes perivaskuläres Exsudat, vorwiegend lymphoider Zellen. Ein sklerotischer Plaque aber ist hier nur stellenweise zu sehen, und zwar in der Lissauerschen Randzone, ganz lateral der einen Seite. Knapp unter dieser Gegend ist der Plaque schon verschwunden, die Infiltrate an den Meningen aber vorhanden.

V. Fall (Nr. 1944).

Dieser Fall ist in bezug auf die Pia ganz analog wie der eben beschriebene. Es zeigt sich sogar eine Gliaeinwachsung in der Pia. Dagegen fehlt jede Andeutung eines sklerotischen Plaques.

VI. Fall (Nr. 2151).

In diesem Falle sind wieder Herde, und zwar diesmal ventral. Die beiden Vorderhörner sind zum Teil entmarkt, zum Teil kann man eine Sklerose, die den medialen Abschnitt des Vorderhorns einnimmt und bis tief in das Hinterhorn reicht, wahrnehmen. Der Plaque ist ein alter. Der Prozeß setzt sich nach unten zu fort. Am interessantesten ist das 4. Halssegment. Hier ist nämlich der Plaque so, daß fast die ganze graue Substanz vom Vorderhorn ergriffen ist, nur mit Aussparung einzelner Fasern.

VII. Fall (Nr. 1556).

Auffallende Verbreiterung der Pia. Leichtes Infiltrat um die Gefäße. Etwas Kernreichtum im Gewebe. Hier ist von großem Interesse, daß um die vorderen Spinalarterien ein ziemlich typisches lymphoides Infiltrat zu sehen ist.

VIII. Fall (Nr. 2405).

Auch hier ist die Pia verdickt, das Rückenmark aber sonst ohne Veränderungen.

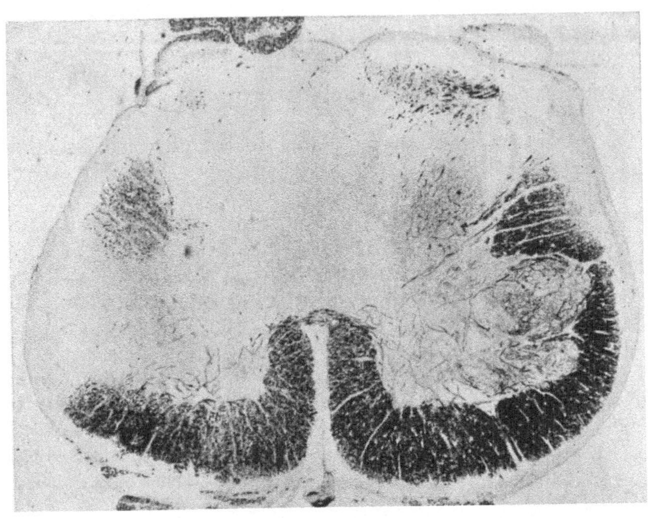

Abb. 7. Plaques im oberen Conus terminalis

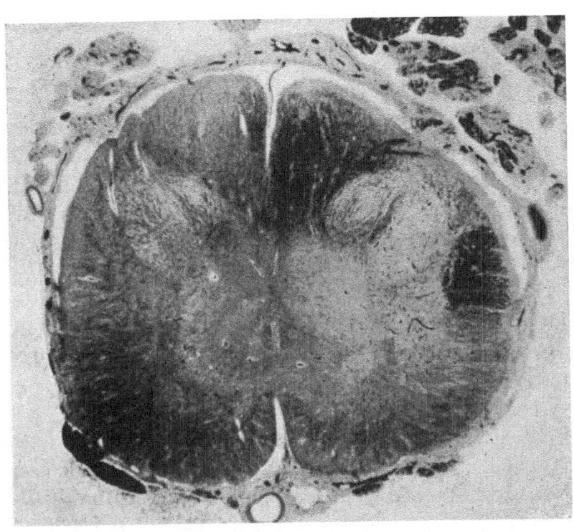

Abb. 8. Durchgehende Plaques im Conus

IX. Fall (Nr. 2406).

Auch hier ist wieder ein mächtiger Plaque (Abb. 7), der nahezu die
ganze graue Substanz der einen Seite und die Hälfte der anderen Seite umfaßt, aber auch den Seitenstrang der einen Seite und in den Hinterwurzeln

gleichfalls herdförmig sich ausbreitet. Ein Marchipräparat dieses Gebietes zeigt nur vereinzelt Fettkörnchenzellen.

X. Fall (Nr. 2508).

Mächtige Plaques nahezu durch den ganzen Konus gehend (Abb. 8). Fleckweise intakte Gebiete. Hier zeigt die Pia leichte Verdickung und auch hier sieht man deutlich entzündliche Veränderungen der Pia. Das Gewebe zeigt den typischen Charakter des sklerotischen Gewebes. Der Prozeß reicht bis an das Ende des Conus terminalis, in dem fast kaum etwas ausgespart ist. Nach unten zu nimmt der Prozeß eher an Intensität zu. Nur einzelne Fasern sind erhalten. Hier ist die Reizung der Pia besonders intensiv und die Infiltration stellenweise wie bei einer echten Entzündung.

Zusammenfassung

Es zeigt sich bei der multiplen Sklerose, daß der Prozeß sich bis in die untersten Rückenmarkspartien fortsetzen kann und eine typisch sklerotische Veränderung vorhanden ist. Dieselbe unterscheidet sich in nichts von den Sklerosen in den anderen Partien. Auffällig ist nur, daß wir jedesmal, auch dort, wo keine Sklerose war, eine ziemlich deutliche, chronische Meningitis gefunden haben, mit einem ebenso deutlichen Infiltrat, das gelegentlich auch an der vorderen Spinalarterie anzutreffen war. Die von mir untersuchten Fäile sind alle eminent chronisch und nur einmal war in den Hinterwurzeln eines Segmentes bilateral-symmetrisch ein Herd anzutreffen.

Lues

I. Fall (Nr. 2566).

Der Befund in diesem Falle von Lues cerebrospinalis ein vollständig negativer. Weder in der Pia, noch im Rückenmark sind irgendwelche Veränderungen wahrzunehmen.

II. Fall (Nr. 1747).

Auch in diesem Falle, der allerdings nur nach Marchi gefärbt wurde, keine Veränderungen.

III. Fall (Nr. 1757).

Das einzige, was hier zu sehen ist, ist eine leichte Reizung der Meninx, kaum nennenswert. Selbst die Gefäße in dem geschilderten Falle nichts Abnormes.

Zusammenfassung

Aus obigen Fällen können wir resumieren, daß in den Fällen von Lues cerebrospinalis, die ich beobachtete, keine Affektion des Konus wahrzunehmen ist.

Paralyse

In zwei Fällen von Paralyse (Nr. 1755 und Nr. 1648) zeigt sich gleichfalls ein negativer Befund.

Tabes dorsalis

I. Fall (Nr. 2048).

Hier liegt nur das 4. und 5. Sakralsegment vor. In beiden sind die Wurzeln nahezu vollständig entmarkt. Aber auch in dem dorsomedialen

Sakralbündel zeigen sich schwere Ausfälle. Nur im ventralsten Abschnitte sind die Fasern intakt.

II. Fall (Nr. 1855).

Auch in diesem Falle sind alle sakralen Wurzeln affiziert, das dorsomediale Sakralbündel aber vollständig intakt. In diesem Falle ist besonders eine schwere Meningitis auffallend. Es handelt sich um lymphoide Infiltrate, besonders perivaskulär, aber auch diffus, und eine Vermehrung der fixen Bindegewebszellen.

III. Fall (Nr. 1802).

Analoges Bild. Auch hier schwere Meningitis, besonders perivaskulär, typisch luetisch, mit Verdickung der Pia und vollständiger Affektion aller Wurzeln des Conus terminalis, bei vollständiger Intaktheit des dorsomedialen Sakralbündels. Hier ist der Konus serienweise geschnitten und zeigt tatsächlich bis an das unterste Ende die Degeneration der Wurzeln. Nur eine Coccygealwurzel scheint etwas besser erhalten. Alle Fasern im Triangle median sind intakt.

IV. Fall (Nr. 1773).

Hier ist die Meninx weniger affiziert, zeigt aber deutlich noch perivaskuläre Infiltrate. Das ventrale Hinterstrangfeld und das dorsomediale Sakralbündel sind hier intakt. Auch hier sind alle Wurzeln des Konus affiziert.

V. Fall (Nr. 1816).

Die Piaerkrankung ist wieder nicht sehr intensiv aber ganz deutlich. Sonst gleiche Verhältnisse.

VI. Fall (Nr. 2043).

Analoge Veränderungen.

VII. Fall (Nr. 1627).

Hier sind wieder die Fasern des dorsomedialen Sakralbündels etwas lädiert, aber im großen und ganzen ist der Prozeß so wie in den früheren Fällen.

VIII. Fall (Nr. 1632).

Hier ist die Pia weniger affiziert, aber immerhin deutlich entzündet. Das ventrale Hinterstrangfeld ist besonders gut erhalten, die Hinterwurzeln alle zerstört, das dorsomediale Sakralbündel zeigt Degenerationen.

IX. Fall (Nr. 1213).

Hier ist eine Wurzel, und zwar die des 5. Sakralsegments, intakt, während die anderen zerstört sind und nur das dorsomediale Sakralbündel vollständig normales Aussehen zeigt.

X. Fall (Nr. 1942).

Hier sind die Degenerationen der Wurzel wohl deutlich, aber nicht total. Es ist eine inkomplette Degeneration. Die Pia analog wie in den früheren Fällen. Die deszendierenden Fasern intakt.

XI. Fall (Nr. 2404).

In diesem Falle ist die Tabes inkomplett, d. h. man sieht nur beginnende Degeneration in den Wurzeln, nicht vollständige in den oberen Partien. Für die unteren Partien gilt das gleiche. Das dorsomediale Sakralbündel ist intakt.

XII. Fall (Nr. 2156).

Von diesem Falle existieren nur Marchi- und Hämalaunpräparate. Es zeigt sich auch hier nur eine ganz geringfügige Wurzeldegeneration.

XIII. Fall (Nr. 2141).

Die Pia ist verdickt, etwas infiltriert. Die Hinterwurzeln sind hier wiederum total zerstört, das absteigende System intakt.

XIV. Fall (Nr. 1806).

Hier sind die Wurzeln des 3. und 4. Sakralsegmentes zerstört, im 5. Segment nahezu intakt, das absteigende System vollständig intakt.

Zusammenfassung

In allen Fällen von Tabes dorsalis zeigt sich der Conus terminalis affiziert. Zumeist sind alle Wurzeln zerstört, selten einzelne Wurzeln intakt oder es findet sich eine eben beginnende Affektion der Wurzeln.

Dieser Affektion der Wurzeln steht eine absolute Intaktheit der absteigenden Systeme gegenüber des ventralen Hinterstrangfeldes und des dorsomedialen Sakralbündels. Nur in einzelnen Fällen zeigen diese

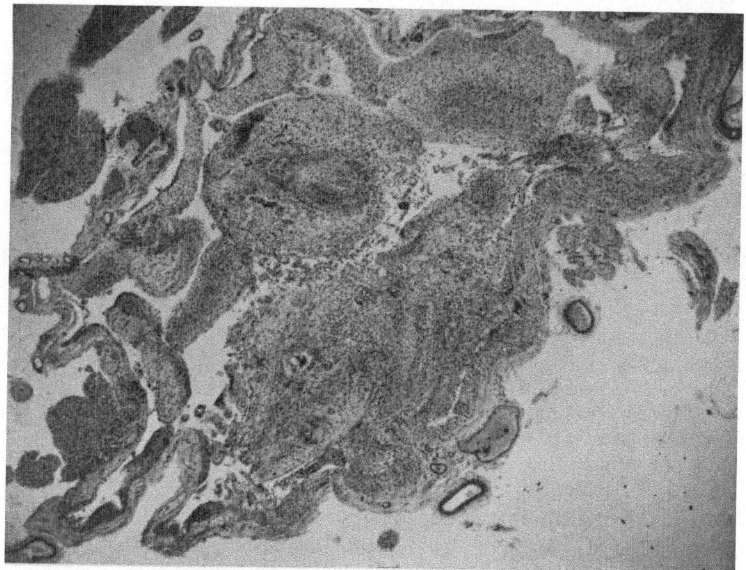

Abb. 9. Spalt im Conus terminalis

eine mehr diffuse oder dorsale Aufhellung. Auffallend ist die Affektion der Meningen, die besonders in dem einen Falle intensiv ist, in den anderen Fällen aber sehr deutlich eine chronische Verbreiterung und deutliche perivaskuläre Infiltrate aufweist.

Syringomyelie

I. Fall (Nr. 1778).

In diesem Falle besteht ein mächtiger Spalt noch im Sakralsegment, der sich lateral und ventral nach beiden Seiten ausdehnt und beide Hinterstränge in der Mitte spaltet. Nur ein ganz dünner Saum an der dorsalen Seite ist intakt. Stellenweise ist die Höhle von Ependym bekleidet, stellenweise ist eine dicke Gliamasse unter diesem. Der Prozeß läßt sich weiter in die tieferen Segmente verfolgen und zeigt analoges Verhalten. In den unteren Partien sind dann die Ganglienzellen der Vorderhörner vollständig verschwunden, doch läßt sich die Form des Rückenmarks auch in den untersten Partien noch deutlich rekonstruieren. Es zeigt sich aber hier eine ganz merkwürdige Veränderung in den dorsalen Partien, indem hier die Höhle buchtig wird und in die Bucht hinein zapfenförmige Gliamassen ragen. Im 5. Sakralsegment zieht sich die Höhle vom Vorderhorn vollständig zurück, beschränkt sich auf eine einfache Erweiterung des Zentralkanals und nur der dorsale Teil ist komplett ersetzt durch Höhlenbildung, in die Massen von Glia eindringen. Die Coccygealsegmente lassen sich nicht mehr erkennen. Sie bilden eine vielfach buchtige Höhle mit zapfen- und zottenförmigen Gebilden in derselben (Abb. 9).

II. Fall (Nr. 20.008).

Hier hat sich der Prozeß schon in den oberen Partien des Rückenmarks erschöpft. Wir sehen eigentlich einen vollständig normalen Konus. Das einzige, was auffällt, ist, daß der Zentralkanal eine Spur breiter ist und daß sich um den Zentralkanal herum reichlich Nervenfasern finden, die neben dem Zentralkanal geschlossene Systeme bilden.

III. Fall (Nr. 1676).

Das gleiche gilt von diesem Fall, wo allerdings nur die obersten Segmente erhalten sind, aber das Rückenmark intakt ist.

IV. Fall (Nr. 1671).

Auch hier ist der Zentralkanal verhältnismäßig gut erhalten. Er ist vielleicht zellreicher als in anderen Fällen, aber er zeigt keine deutliche Erweiterung.

V. Fall (Nr. 2385).

Auch hier ist der Prozeß bereits in den oberen Segmenten des Rückenmarks erschöpft. Das einzige, was sich hier zeigt, ist ebenfalls ein ziemlich mächtiger Zellreichtum um den Zentralkanal und wieder das auffällige Auftreten von Faserzügen um den Zentralkanal. Man sieht deutlich hier aus der vorderen Kommissur gegen dieses Gebiet Fasern strömen. Die Fasern senken sich zwischen die Zellen.

VI. Fall (Nr. 2385).

Vollständig gleich dem vorigen.

VII. Fall (Nr. 2444).

Auch dieser Fall zeigt einen auffallenden Zellreichtum. Auch hier sieht man Fasern aus der vorderen Kommissur gegen die Zellen vorbrechen und sich zwischen den Zellen aufsplittern.

VIII. Fall (Nr. 2171).

Hier zeigt der Zentralkanal eine deutliche Erweiterung, außerdem zahlreiche Zellen, besonders an der ventralen Seite und lateral. Auch hier kann man zwischen diesen Zellen Fasern einbrechen sehen. Nach abwärts zu wird dieses Verhalten noch deutlicher. Es ist ein deutlicher Zentralkanal mit mäßigen Ependymzellauflagerungen in der Umgebung. Das läßt sich bis an das unterste Ende des Konus verfolgen. Die Faserbildung ist auffallend gut.

Zusammenfassung

Unter einer Reihe von Fällen von Syringomyelie, in denen der Prozeß im wesentlichen das Zervikalmark und das oberste Brustmark traf, findet sich nur in einem einzigen Falle eine Fortsetzung des Prozesses bis in den Conus terminalis. Es handelt sich in diesem Falle um die hydromyelische Form der Syringomyelie und der Charakter des Prozesses ist von oben nach unten zu vollständig der gleiche.

In den anderen Fällen ist ein Doppeltes auffallend. Erstens, daß der Zentralkanal in den unteren Partien vollständig geschlossen sein kann, nur in einem Falle eine Erweiterung oder Öffnung zeigt, und zweitens, daß auch in diesem Falle, sowie in den geschlossenen Fällen, die Ependymvermehrung eine besonders große ist, wobei zu bemerken ist, daß zwischen diesen Ependymzellen sich zahlreiche Nervenfasern finden, die aus der vorderen Kommissur in dieses Gebiet einbrechen. Sie sind quergetroffen und deutlich markhaltig.

Lokalisierte spinale Prozesse unter dem Bilde der kombinierten Systemerkrankung

Von

Dr. Kensuke Uchida, Saitama, Japan

Mit 7 Textabbildungen

Im Jahre 1878 haben KAHLER und ·PICK bei einem 23jährigen Mädchen, das tuberkulös belastet war und angeblich wiederholt schwere Verkühlungen durchgemacht hat, einen Prozeß im Rückenmark gefunden, den sie als kombinierte Systemerkrankung auffaßten. Der Krankheitsprozeß hat sieben Jahre lang gedauert und es ist eigentlich unverständlich, warum die Autoren sie auf eine angeborene Anomalie zurückgeführt haben. Ebenso unverständlich ist aber die Beziehung auf die Friedreichsche Krankheit, da es nicht begreiflich ist, wie eine schlechte Anlage des Nervensystems lediglich durch eine tuberkulös infizierte Mutter zustande kommen soll.

Des weiteren hat dann WESTPHAL fünf analoge Fälle publiziert und bereits bezüglich des anatomischen Verhaltens Aufklärungen gegeben, indem er neben der Hinterstrangsaffektion in den Seitensträngen offenbar eine schwere Sklerose fand, so daß man wohl annehmen muß, es handle sich in den Hintersträngen um eine ältere Affektion gegenüber einer im Wesen gleichen aber jüngeren des Seitenstranges. WESTPHAL ist infolgedessen schon sehr vorsichtig bezüglich der Deutung dieser Fälle als kombinierte Systemerkrankung infolge fehlerhafter Anlage.

Ein Fall von BABESIN scheint ebenfalls hieher zu gehören. Auch hier handelt es sich um eine kombinierte Seiten- und Hinterseitenstrangserkrankung von dreieinhalbjähriger Dauer, wobei nur die Optikusatrophie dafür zu sprechen scheint, daß dabei Lues im Spiele war. Der Kranke war 47 Jahre alt.

Im Jahre 1879 haben dann KAHLER und PICK bei einem 39jährigen an Typhus exanthematicus gestorbenen Mann eine kombinierte Systemaffektion der Gollschen Stränge und Pyramidenseitenstrangbahnen gefunden, gleichzeitig mit einer Randsklerose. Auch in den inneren Abschnitten der Vorderstränge fanden sich Degenerationen. Die Autoren halten es auf Grund des Befundes für wahrscheinlich, daß es sich um die Kombination einer systematischen mit einer asystematischen Krankheit handelte.

A. Erlicki und J. Rybalkin beschreiben bei einem 17jährigen Mädchen eine kombinierte Affektion der Hinterstränge und Wurzeln und eine solche der Pyramidenbahnen im Seitenstrang, angeblich nach Erkältung aufgetreten.

Eine Sonderstellung nimmt der Fall von A. Strümpell ein, der nahezu zwanzig Jahre zu seiner Entwicklung gebraucht hat, als spastische Spinalparalyse begann und neben der Pyramidenbahnschädigung eine Affektion der Kleinhirnseitenstrangbahn und der Gollschen Stränge aufwies.

Bei einer 47jährigen Frau findet Hochhaus gleichfalls eine Kombination von Hinterseitenstrangerkrankung, die ungefähr vier Jahre zur Entwicklung gebraucht hat.

In der Arbeit von Rothmann, der drei Fälle dieser Art erbringt, stellt sich der Autor auf den Standpunkt, daß eine primär kombinierte Strangerkrankung des Rückenmarks als selbständige Erkrankung aufrecht zu erhalten ist, wobei hauptsächlich Hinter- und Seitenstrang gleichzeitig erkrankt sind und der Prozeß nicht sehr über drei Jahre hinaus sich erstreckte.

Nonne und Fründ waren eigentlich die ersten, die an Untersuchungen von 6 Fällen sogenannter kombinierter Systemerkrankungen die Berechtigung dieser Erkrankung negierten und sie als Folge von Herderkrankungen aufstellten.

Einen Schritt weiter geht Henneberg, der kombinierte Pseudosystemerkrankungen als funikuläre Myelitis bezeichnet und sie in eine Reihe stellt mit den bei der perniziösen Anämie gefundenen Veränderungen der weißen Substanz, die anämische fokale Leukomyelitis.

F. H. Lewy sucht die pathologische Stellung dieser funikulären Myelitis zu ergründen. Gemeinsam fand er in drei eigenen Fällen eine Endarteriitis, wie sie am ehesten der Metalues entspricht und eine Desintegration um die Gefäße.

Ob der Fall von Richard Harvey, die er als kombinierte Systemerkrankung ansprach, hiehergehört, ist wohl fraglich, da es sich um schwere entzündliche Infiltrate sowohl in den Meningen als auch im Gewebe selbst handelt, sowie um perivaskuläre Erweichungen im Gehirn.

Es sei noch D. A. Mc Erlean angeführt, der in 5 Fällen, die er als subakute kombinierte Systemerkrankungen auffaßt, die Veränderungen auf ein konstantes Fehlen oder eine schwere Verminderung der freien Salzsäure zurückführt, was zur Bildung eines Darmgiftes führt, vielleicht bakterieller Natur.

Die Untersuchungen von Nonne und Fründ in allererster Linie, dann aber jene von Henneberg haben zunächst einmal die Stellung der pseudosystematischen Erkrankung gegenüber der ursprünglichen Annahme von Kahler und Pick fixiert. Es handelt sich also in diesen erworbenen Fällen nicht um Anlagefehler, sondern um eine Erkrankung, die wohl klinisch den Eindruck isolierter systematischer Affektion hervorruft, anatomisch aber nur als pseudosystematische Erkrankung gelten kann. Eine andere Frage ist die, ob wir diesen Prozeß als Entzündung ansehen müssen oder ob es sich hier um eine einfache Desintegration handelt, toxisch oder infektiös bedingt, etwa dem entsprechend, was wir mit Aschoff als Pathie bezeichnen.

Mein eigenes Material umfaßt drei Fälle, bei denen klinisch die Erscheinungen kombinierter Systemerkrankung im Vordergrunde standen. In der Tat wurde auch die Diagnose in den drei Fällen so gestellt, obwohl im zweiten der Gedanke an multiple Sklerose schon während Lebzeiten aufgetaucht war, hauptsächlich wegen eines eigenartigen Schwankens der Sensibilitätsstörung. Doch weiß man genau, daß die Angaben über Sensibilitätsstörungen sehr unsicher sind, so daß gerade bezüglich dieser und ihrer Verwertung Vorsicht am Platze ist.

Die drei Fälle sind voneinander vollständig verschieden und es erhebt sich nun die Frage, welche pathologisch-anatomischen Veränderungen imstande sind, klinisch das Bild der kombinierten Systemerkrankung zu produzieren.

Der erste Fall zeigt einen Gefäßprozeß, der nahezu den Querschnitt total zerstört, jedenfalls die Ursache einer aszendierenden Degeneration der Hinter- und Kleinhirnseitenstränge, einer deszendierenden der Pyramidenbahnen war. Der Prozeß hat sich eigentlich ziemlich akut entwickelt, bei einem 47 Jahre alten Mann, wo also von Senilismus noch nicht die Rede sein konnte. Nirgend zeigen sich Zeichen eines entzündlichen Prozesses. Für die Lues liegt gar kein Anhaltspunkt vor, so daß wir annehmen müssen, es handle sich in diesem Falle um eine besonders ausgeprägte Früharteriosklerose. Denn man sieht, daß der Prozeß ein rein vaskulärer ist, auch aus dem histologischen Befund, da neben einer sklerotisch ausgeheilten Partie frische Desintegrationen vorhanden sind. Die Kombination einer Hinterseitenstrangerkrankung durch einen Querschnittsprozeß ist leicht verständlich. Aber man wird dabei in erster Linie an Fälle von Querschnittsmyelitis denken müssen. Bei einem 47 Jahre alten Mann aber einen so weitgehenden Gefäßprozeß anzunehmen, liegt wohl außer dem Bereiche der Möglichkeit einer klinischen Diagnostik. Freilich zeigen die peripheren Arterien gleichfalls eine Arteriosklerose; auch bestand eine Aorteninsuffizienz. Ob nicht trotz der negativen Befunde doch Lues im Spiel war, ist wohl möglich.

Der zweite Fall ist noch merkwürdiger. Hier findet sich, trotzdem manches im klinischen Bilde für eine Läsion der sensiblen Bahnen spricht, in den sensiblen Bahnen keine Spur einer Veränderung, dagegen sind beide Pyramidenbahnen degeneriert, einseitig mehr. Die genaueste Durchsuchung des Gehirns ergibt keine wie immer geartete Aufklärung für diese Pyramidendegeneration. Dagegen zeigt sich gerade im Pyramidenareal im Halsmark eine schwere Gefäßschädigung, die es selbstverständlich erscheinen läßt, daß gerade hier sich degenerative Prozesse entwickeln konnten, also eine bilateral-symmetrische Affektion von Gefäßen, mit sekundärer Störung der Nervenfasern Der Prozeß ist nicht im Halsmark gerade nur auf das Pyramidenareal beschränkt. Seine Intensität ist nur dort am stärksten. Man kann nicht umhin, infolge der sonstigen negativen Befunde, auch hier die Gefäßsklerose als Ursache für den pathologischen Prozeß anzusehen, wobei die besondere Lokalisation hervorgehoben sei. Hier war allerdings klinisch nicht die Diagnose auf kombinierte Systemerkrankung gestellt, obwohl auch sie ins Kalkül gezogen wurde, sondern wegen des Wechsels der Erscheinungen dachte man eher an multiple Sklerose.

Noch interessanter ist der letzte Fall, ein 68jähriger Mann, der schon seit 25 Jahren krank ist, eine Parese aller Extremitäten bietet, eine atrophische Muskulatur zeigt und bei fehlendem Achillesreflex einen positiven Babinski aufweist, außerdem eine starke Arteriosklerose, schweren Marasmus mit hochgradiger Anämie hat. Es zeigt sich bei der Obduktion das Bild der kombinierten Systemerkrankung. Der histologische Befund ergibt aber hier multiple Slkerose, und zwar ganz einwandfrei, aber eine multiple Sklerose, die nur an zwei Stellen des ganzen Nervensystems eingesetzt hat, und zwar im Zervikal- und im Lumbalmark über eine ganz kurze Strecke, mit nahezu identischen Herden in beiden Hintersträngen und je einem kleineren Herd im Vorderseitenstrang, bzw. in beiden Vordersträngen. Nirgend Zeichen einer Akuität. Der Fall ist schwer verständlich, weil es sich hier um Komplikationen mit Arteriosklerose und schwerer Anämie handelt, die sich allerdings nicht im Rückenmark, wohl aber funktionell zum Ausdruck gebracht haben. Auch dieser Fall ist aus den Herden allein nicht zu erklären, besonders nicht der Verlust der Sehnenreflexe bei vorhandenem Babinski. Überhaupt erscheint die klinische Symptomatologie dieser drei Fälle mit dem anatomisch genau erhobenen Befund nicht im Einklang, und man muß wohl an funktionelle Überlagerungen denken. Jedenfalls sieht man, daß die verschiedensten Prozesse gelegentlich das Bild einer kombinierten Systemerkrankung hervorrufen können und daß wir besonders mit arteriosklerotischen Veränderungen werden rechnen müssen, die auch präsenil vorkommen können und lokalisierte Veränderungen im Rückenmark allein hervorzurufen imstande sind. Und gerade hier muß man sich vor Augen halten, daß wir bei allen Prozessen im Zentralnervensystem zwei wesentliche Fragen zu unterscheiden haben. Die eine, die Ursache der Erkrankung, die andere, die Ursache der Lokalisation des krankhaften Prozesses.

In den vorliegenden Fällen läßt das pathologisch-anatomische Bild wohl den Charakter der Veränderung erkennen. Die Ursache der Lokalisation aber kann man aus den histologischen Präparaten nicht erschließen. Es zeigt sich wiederum, daß es eine Reihe auch lokalisierter Prozesse gibt, die unter dem Bilde der kombinierten Systemerkrankung auftreten können, so daß die Diagnose kombinierte Systemerkrankung, wenn es sich um Erkrankungen handelt, die erst im späteren Leben erworben werden, überhaupt fallen zu lassen ist.

Anschließend seien die klinischen und anatomischen Befunde in extenso mitgeteilt:

I. Fall (Nr. 4032).

I. B., 47 Jahre alter Mann, gest. am 29. VIII. 1927.

Aus der Anamnese sei hervorgehoben, daß der Patient bis vor einem Jahre immer gesund war. Seit dieser Zeit beginnen Schmerzen in beiden u. E. und den Sohlen. Diese Schmerzen nehmen immer mehr zu. Im September 1926 hatte er ein Gefühl von Ameisenlaufen und Kältegefühl in den Füßen. Seit dieser Zeit ist der Patient bettlägerig. Es tritt eine Parese ein, so daß er die Beine von der Unterlage nicht mehr aufheben kann. Keine Blasenstörung, etwas Obstipation. Lues, Alkohol, Nikotin negiert.

Der objektive Befund ergibt:

Beide u. E. gelähmt, mit starker allgemeiner Muskelatrophie. Spur Ödem am Fußrücken. Verminderter Muskeltonus. Geringe aktive Bewegungen der Zehen, vielleicht auch des linken Kniegelenkes. Kutane Sensibilität scheinbar normal. An einzelnen Stellen empfindet er etwas schwächer. Die Tiefensensibilität der Zehen ist gestört. Während die Patellarreflexe lebhaft sind, sind die Achillesreflexe sehr schwach. Babinski positiv, Rossolimo rechts positiv. Die Bauchdeckenreflexe fehlen, ebenso der Kremasterreflex.

Die mittelweiten Pupillen reagieren schwach. Beiderseits ist der Peroneus und Tibialis etwas empfindlich. Gegen das Ende der Affektion zeigt sich eine Retentio urniae. Das Lumbalpunktat ergibt, ebenso wie die Blutuntersuchung, negativen Wassermann, aber auch sonst negativen Befund. In der Lunge Verdichtung beider oberen Lappen. Emphysem, Arteriosklerose mäßigen Grades, Aorteninsuffizienz. Der Blutdruck ist normal.

Die Obduktion ergibt:

Eitrige Zystitis, aszendierende eitrige Pyelonephritis, Lungenemphysem, eitrige Bronchitis. Der rechte Ventrikel ist hypertrophisch.

Im Rückenmark beginnt schon in der Halsanschwellung im linken Seitenstrang eine graue Degeneration neben der Medianebene, die keilförmig ist und im unteren Brustmark sich auch mit einer Degeneration im rechten Seitenstrang vereint. Sie ist bis zur Lumbalanschwellung zu verfolgen, doch sieht man auch darüber hinaus eine bilaterale paramediane Aufhellung. Die basalen Hirngefäße sind zart und eng. Über dem linken Corpus striatum ein hirsegroßes ependymäres Gliom. Decubitus im Sacrum.

Im Hämalaun-Eosinpräparat sieht man eine Fibrose der Meningen, mit einer teilweisen Verklebung derselben, Auflockerung der Grundsubstanz beider Vorderhörner, leichtes Ödem in beiden Hintersträngen, neben einer paramedianen Sklerose. Deutliche Sklerose der Gefäße mit Intimawucherung, Verbreiterung der Media, Degeneration der Media. Auch die Adventitia erscheint stellenweise homogen. Nirgend eine entzündliche Veränderung.

Die Ganglienzellen des Vorderhorns sind verhältnismäßig gut erhalten.

zeigen nicht einmal eine besonders auffallende Lipoidose. Auch die anderen Ganglienzellen sind intakt. Im Weigert-Präparat tritt dann eine herdförmige Affektion des linken Hinterstranges hervor, die am ehesten einem sekundär-sklerotischen Prozeß entspricht. Es ist nun auffällig, daß der Herd die Basis dorsal hat und ventral in eine perivaskuläre Desintegration übergeht. Ebenso stark aber sind beide Seitenstränge betroffen, und zwar in den hinteren Abschnitten, so daß beide Kleinhirn-Seitenstrangbahnen degeneriert erscheinen. Die Degeneration ist jedoch nicht derart, daß wir eine scharfe Degeneration auch im Fasersystem erkennen können, sondern man sieht auch hier den Herd mehr keilförmig gegen das Pyramidenareal sich fortsetzen.

Dorsalmark

im 5. Dorsalsegment, unterer Abschnitt zeigt sich eine deutliche, mehr diffuse Degeneration beider Gollschen Stränge und eine Randdegeneration, die vorwiegend beide Kleinhirnseitenstrangbahnen betrifft, aber doch über diese hinaus auch in das Gebiet des Vorderseitenstranges reicht. Es zeigt sich,

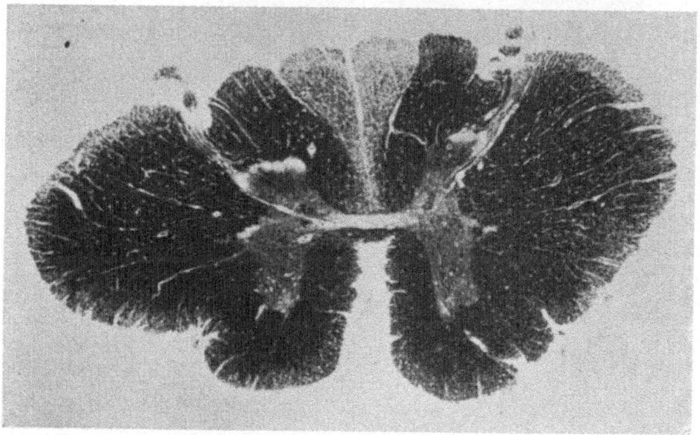

Abb. 1. Sekundäre Degeneration im Hinter- und Seitenstrang

daß wir es hier mit sekundären sklerotischen Prozessen zu tun haben, die im Hinterstrang intensiver sind als im Seitenstrang. Randödem, schwere Sklerose der Gefäße. Die Ganglienzellen sind hier intakt (Abb. 1).

Die Veränderungen im Dorsalmark sind weit intensiver wie jene des Zervikalmarks. Ungefähr entsprechend dem 6. Dorsalsegment findet sich ein eigenartiger Prozeß im Seitenstrang und auf einer Seite auch übergreifend auf das Hinterhorn. Der Prozeß ist offenbar ein vaskulärer und entspricht am ehesten dem Bild einer alten Malazie. Die Gefäßwände sind sehr stark verbreitert und homogenisiert. Einzelne Gefäße erscheinen obliteriert. Bei anderen zeigt sich auch eine Intimawucherung. Schließlich sieht man einzelne Thrombosen in Organisation. Ein bißchen Ödem in der Umgebung, Quellungserscheinungen an den Axonen, Fibrin und Gliawucherung bilden das Zentrum des nekrotischen Herdes, während in der Umgebung die Gliawucherung im Vordergrunde steht. Die Nekrose sitzt in der Tiefe des Seitenstranges der einen Seite und greift auf das Hinterhorn über. Auf der anderen Seite zeigt der Prozeß eine geringere Intensität. Es ist nicht zu direkter Nekrose gekommen, obwohl auch hier die Gefäße sehr dickwandig sind und einzelne kaum ein Lumen mehr aufweisen. Sehr viele Corpora amylacea.

22*

Ödem an verschiedenen Stellen, nicht leichtem nekrotischen Zerfall des
Parenchyms (Abb. 2).

Die Pia ist mäßig verdickt, die Gefäße in der Pia zeigen deutlich end-
arteriitische Veränderungen. Ein Gefäß ventral ist so verdickt, daß es den

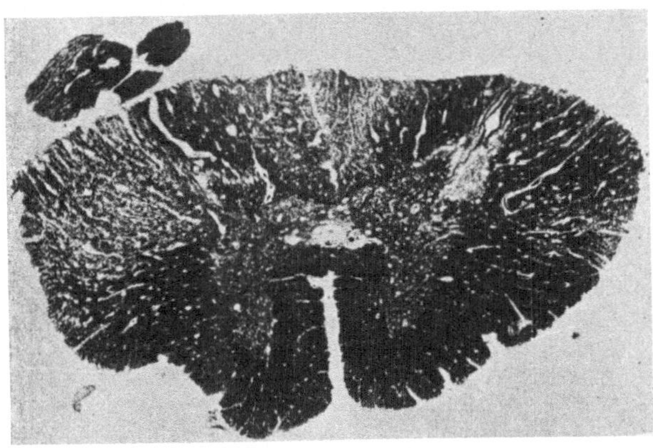

Abb. 2. Herdgebiet etwa dem 9. Dorsalsegment entsprechend

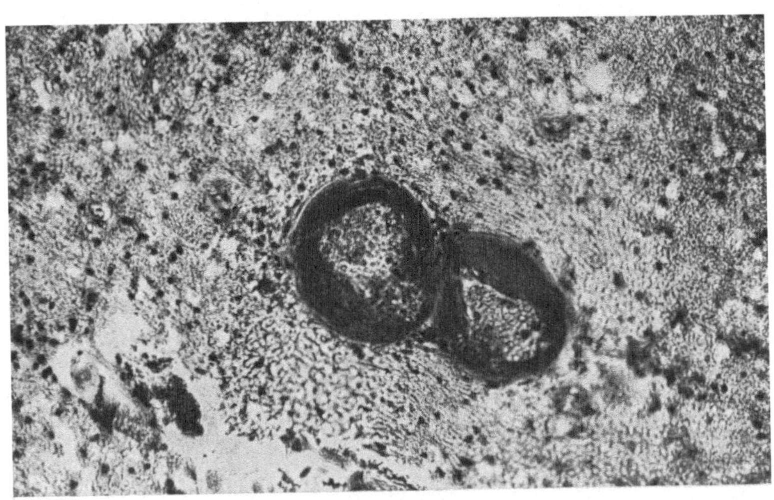

Abb. 3. Gefäßwandsklerose

Vorderseitenstrang eindellt. Etwas tiefer ist das Zentrum der Affektion. Es
zeigt sich, daß es eine von den Gefäßen ausgehende Erkrankung ist (Abb. 3), die
hauptsächlich in den Seitensträngen, aber auch in den Hintersträngen, sitzt.
Der eine Seitenstrang ist diffus sklerotisch, der andere zeigt die zentrale Nekrose
und eine geringere Sklerose an der Peripherie. Auch im Hinterstrang sieht
man eine schwere Sklerose der einen Seite, eine leichtere der anderen Seite,

ausgehend von einer perivaskulären Desintegration, die offenbar schon lange Zeit bestanden hat.

Auffallend ist, daß trotz der schweren Degeneration der weißen Substanz in diesem Gebiete die Ganglienzellen des Vorderhorns vollständig intakt sind. Das gleiche gilt für die Clarkeschen Säulen. Das einzige, das auch im Nissl-Präparat auffällt, ist die intensive Gliawucherung in den Hinter- und Seitensträngen, vorwiegend durch Bildung plasmatischer Gliazellen und starker Fibrillogenese.

In weiterer Verfolgung des Herdes zeigt sich, daß der gesamte Hinterstrang sowohl als auch der Seitenstrang, wenn man von dem einen nekrotischen Abschnitt im Zentrum absieht, durch schwerste Gefäßschädigung lädiert ist. Es handelt sich um eine schwere Sklerose mit Endarteriitis und im Anschluß daran um eine Zerstörung des Parenchyms in der Umgebung der Gefäße mit sekundär sklerotischen Prozessen. Die Intensität ist hier

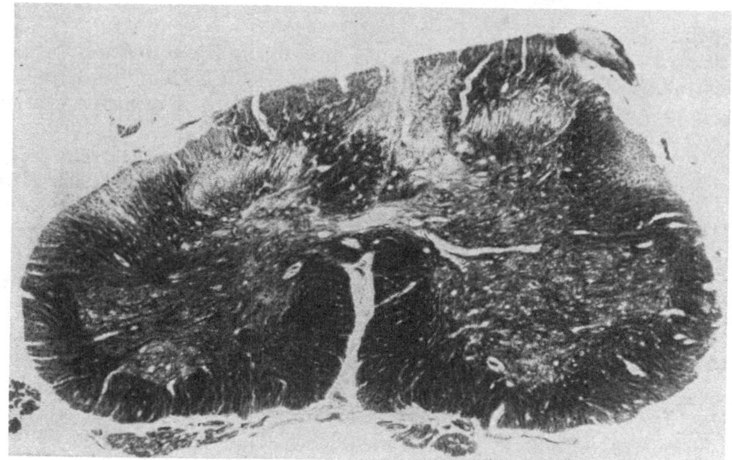

Abb. 4. Veränderung in der Lendenanschwellung

am stärksten in den Hintersträngen, die in dem unteren Dorsalmark diffus affiziert sind, ferner in den Seitensträngen, und zwar hier von der Peripherie gegen das Zentrum zu abklingend.

Lendenanschwellung (Abb. 4). Hier zeigt sich ein doppeltes: Erstens in den Hintersträngen nekrotische Partien ungefähr so, wie in dem unteren Dorsalmark, dagegen in den Seitensträngen nur eine sekundäre Degeneration der Pyramiden. Die Hinterstrangsnekrose geht über das Areal der Hinterstränge in ein Hinterhorn hinein. Es ist das gleiche Bild, wie bei der Nekrose des Dorsalmarks. Schwerst veränderte Gefäße mit vollständiger Nekrotisierung des Parenchyms und sekundäre Gliawucherung besonders der umgebenden Partien. Die Nekrose ist eine alte. Auch hier sind die Vorderhörner wieder intakt, die Hinterhörner sekundär affiziert, die Pia etwas verbreitert, verklebt, etwas Ödem in den Vorderhörnern. Bei genauerem Zusehen kann man jedoch erkennen, daß auch einzelne Vorderhornzellen gelitten haben und das auffallendste dabei ist das Verhalten der Dendriten, die Schwellung zeigen. Allerdings ist das nicht überall der Fall. Auch im Vorderstrang eine kleine sklerotische Plaque.

Zusammenfassung

In den unteren Partien des Brustmarks und in der Lendenanschwellung hat die schwere Gefäßsklerose zu weitergehenden Veränderungen geführt, und zwar zu Thrombosen mit sekundär nekrotischen Herden sowie zu vollständigem Gefäßverschluß, mit desintegrativen Zuständen. Alle diese Veränderungen sind älteren Datums und als Folge davon eine schwere Sklerose anzusehen. Da der Prozeß sich vorwiegend im Hinterstrang und im Seitenstrang entwickelt hat, ist es nun selbstverständlich, daß wir aszendierend eine Degeneration beider Gollschen Stränge und beider Kleinhirnbahnen, deszendierend eine solche der Pyramidenbahnen wahrnehmen. Es handelt sich also um einen Querschnittsprozeß auf arteriosklerotischer Basis mit sekundären Degenerationen.

II. Fall (Nr. 3925).

A. H., 62 Jahre alter Mann. Er hatte, von einer Hämoptoe vor 25 Jahren, angeblich infolge Verkühlung, abgesehen, keine Krankheiten. Im Jahre 1915, angeblich infolge einer sechsmonatlichen schweren Kriegsdienstleistung, bekam er rheumatische Schmerzen in beiden Beinen.

Im Jahre 1923 Lungenentzündung. Der Gang ist etwas schwerfällig, spastisch. Im September 1923 zeigte sich bei einer ambulatorischen Untersuchung durch Neurologen eine deutliche Parese der rechten Seite (Mundfazialis, o. E.) und eine Parese der u. E., ohne wesentliche Tonuserhöhung. Kein deutlicher Babinski, dagegen Rossolimo. Der Gang spastisch-paretisch, rechts mehr als links. Die Sensibilitätsprüfung ergibt links am Unterschenkel die Sensibilität intakt bis zum Sprunggelenk, von da ab herabgesetzt, auch für Temperaturreizung. Rechts beginnt diese Herabsetzung bereits an der Patella. Die linke Pupille reagiert etwas träger auf Licht, der weiche Gaumen wird links besser gehoben wie rechts. Bei genauerer Untersuchung zeigt sich dann, daß die Sensibilität eigentlich nicht in toto gestört ist, sondern mehr fleckweise. Doch sind die Angaben des Patienten unendlich schwer zu kontrollieren.

Im Jahre 1925, und zwar im Juli, zeigt sich eigentlich der Befund analog dem eben geschilderten, nur mit dem Unterschied, daß jetzt die Parese der rechten o. E. in allen Gelenken deutlicher hervortritt, mäßig spastisch, bei lebhaften Reflexen, ohne Störung der Koordination, ohne Intentionstremor. In den u. E. sind Bewegungen erhalten. Beide Extremitäten aber sind paretisch, rechts mehr wie links. Rechts Hypertonie der u. E. mit vorwiegendem Betroffensein der Beuger. Beide Patellarreflexe schwach, die Achillesreflexe nicht auslösbar.

Babinski positiv, Oppenheim und Rossolimo ebenfalls. Rechts stärker als links. Der Patient kann nicht mehr gehen. Es findet sich lediglich eine Spur Hypästhesie und Hypalgesie im Bereiche der rechten u. E. Der Patient geht an einer Pneumonie zugrunde, wie bei der Obduktion festgestellt wurde, gleichzeitig mit einer zarten Spitzenschwiele beiderseits. Cystitis cystica in einer Trabekel- und Divertikelblase mäßigen Grades. Gehirn makroskopisch ohne Befund. Im Rückenmark zeigen sich hochgradige Atrophien der Vorder- und Seitenstränge, geringere der Hinterstränge, ausgenommen im Konus. Auch ist die Querschnittsfigur verwischt. Die Rückenmarkshäute ohne pathologischen Befund.

Der ganze Rückenmarksquerschnitt erscheint dorso-ventral verkürzt, während die Vorderstränge und Vorderseitenstränge normales Aussehen zeigen, sieht man an den Hinterseitensträngen beiderseits eine Gefäßfurche tief einschneiden und eine seichte Delle an der Oberfläche bilden. Es zeigt sich beiderseits nahezu symmetrisch ein Herd, der sich an der medialen Seite des Pyramidenareales entwickelt, ohne aber dieses vollständig zu zerstören, das aber ventral über das Pyramidenareal hinausgeht (Abb. 5). Auf der rechten Seite ist auch ein Teil der Kleinhirnseitenstrangbahn mit affiziert. Die Substantia gelatinosa des Hinterhorns zeigt eine maenderförmige Bildung.

Die Ganglienzellen sind vollständig im Vorderhorn der Norm entsprechend. Auch die Hinterhornzellen erscheinen normal. Die Pia ist etwas verdickt, aber nicht verklebt. Leichtes Randödem. Die Gefäßwände mächtig verbreitert, homogenisiert, fast in hyaliner Umwandlung. Auch die Intima ist stellenweise betroffen. Besonders in den Gebieten der Sklerose sind die Gefäße auffallend schwer verändert. Nirgend aber zeigt sich ein Zeichen von Reaktion. Es ist nur ein dichter sklerotischer Plaque zu sehen.

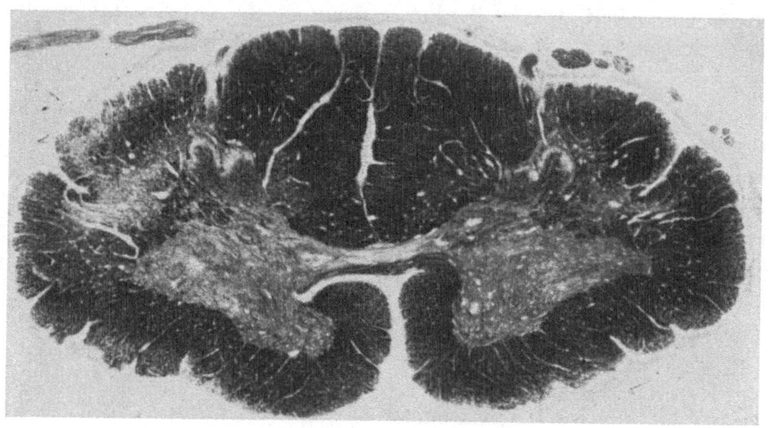

Abb. 5. Bilaterale Pyramidendegeneration

Am Übergang zwischen Halsmark und Brustmark tritt die quer ovale Form des Rückenmarks noch deutlicher hervor. In diesem Gebiete ist bereits auf der linken Seite nur ein ganz kleiner Bereich des Pyramidenareales getroffen, während auf der rechten Seite das Pyramidenareal diffus sklerotisch erscheint, wobei aber zahlreiche Fasern erhalten sind, daneben aber das ventral dem Pyramidenareal vorgelagerte Gebiet vollständig sklerotisch ist. Auch hier bezüglich der Ganglienzellen und des Mesoderms analoge Verhältnisse.

Im oberen Brustmark ist die Pyramidenaffektion auf der linken Seite kaum mehr kenntlich. Rechts dagegen ist sie deutlicher als im vorigen Präparat und mehr diffus. Sonst sind die Verhältnisse die gleichen, besonders was die Sklerose anlangt.

In der Mitte des Brustmarks erscheint das Mark ziemlich atrophisch. Man sieht von der Peripherie her eine Verbreiterung der gliösen Randschicht, besonders im Vorderseitenstrang, auch hier wieder ist die rechte Seite stärker als die linke. Die Pyramidenareale zeigen die gleichen Verhältnisse. Links ist fast nichts mehr an Degeneration zu erkennen, rechts dagegen sehr deutlich.

Auffallend die schwer veränderten Gefäße besonders in den affizierten Gebieten.

Entsprechend der Abnahme der Pyramidenbahn im Lendenmark sieht man hier nur mehr auf der rechten Seite eine diffuse Aufhellung der Pyramidenbahn, wie sie einer sekundären Degeneration entspricht. Die Hinterstränge, Vorderstränge und auch Vorderseitenstränge sind vollständig frei. Auf der linken Seite ist nichts mehr zu erkennen. Auch die graue Substanz erweist sich ganz ausgezeichnet erhalten. Das gilt auch für die graue Substanz der Hinterstränge, obwohl die großen Zellen sehr gut erhalten sind.

Die gleichen Verhältnisse bleiben auch in den unteren Partien.

Zusammenfassung

In einem Falle spastischer Paraparese, nicht sicherer Herkunft, bei scheinbar intaktem Gehirn, hat sich im Verlaufe der Zeit eine Areflexie der u. E. entwickelt und außerdem Störungen der Sensibilität, die fleckweise auftraten. Es wurde demzufolge an eine Multiplizität von Herden gedacht und die Wahrscheinlichkeitsdiagnose multiple Sklerose gestellt. Es zeigte sich aber, daß diese Diagnose durch den anatomischen Befund nicht bestätigt wurde. Es handelte sich um eine bilaterale Pyramidendegeneration, rechts mehr wie links, offenbar vaskulär bedingt. Für die Sensibilitätsstörung konnte man im Rückenmark überhaupt keinen Anhaltspunkt finden, es sei denn, daß man annimmt, daß die Randsklerose die sekundären sensiblen Bahnen geschädigt hat. Für die Areflexie ist überhaupt ein Befund nicht zu erheben gewesen.

III. Fall (Nr. 3454).

E. Sch., 68 Jahre alter Mann. Schon seit seiner Kindheit leidet er angeblich an rheumatischen Schmerzen. Seit 25 Jahren ungefähr schlechteres Gehen, so daß er seine Dienstmannstelle aufgeben mußte. Auch die Kraft der o. E. wurde geringer. Nach einem Sturz vor sieben Jahren Kreuzschmerzen. Die Allgemeinerscheinungen der Schwäche haben sich verstärkt. Venerische Krankheiten werden ebenso wie Alkoholismus in Abrede gestellt. Es besteht eine hochgradige Atrophie der Muskulatur, besonders der kleinen Handmuskeln, eine hochgradige diffuse Abmagerung, auch die Haut ist atrophisch, glänzend und dünn. Dabei sind alle Bewegungen frei, nur die Kraft ist überaus herabgesetzt, rechts mehr wie links. Der Trizepsreflex ist nicht deutlich auslösbar, der Bizepsreflex rechts gleich links, der Periotreflex rechts und links sehr schwach, Patellarreflex rechts wie links sehr schwach auslösbar, Achillesreflexe fehlen, Babinski beiderseits positiv. Die Sensibilität erscheint ziemlich normal. Inkontinenz, Harndrang wird nicht gefühlt. Im Urin Eiweiß und Eiter. Die Blutuntersuchung ergibt bei dem schwer kachektischen Mann nur 2,000.000 rote Blutkörperchen, 72% Neutrophile, 22% Lymphozyten, 4% Monozyten, 2% eosinophile. Die WR. im Blut negativ. Starke Arteriosklerose.

Zur Anamnese wäre noch nachträglich zu berichten, daß der vor 25 Jahren bestandene rheumatische Prozeß mit starken Schwellungen einherging.

Die Obduktion des an Zystopyelonephritis und Dekubitus zugrunde gegangenen Patienten ergab eine graue Degeneration der Hinter- und Seitenstränge, alte Pleuritis und Spitzentuberkulose, schwere Endarteritis und Hypertrophie des linken Ventrikels, Anämie und Marasmus.

Der Befund im Rückenmark zeigte nun folgendes:

Zervikalmark, und zwar oberer Teil der Zervikalanschwellung (Abb. 6): Es befindet sich dorsal in dem ganzen rechten Hinterstrang, das rechte Hinterhorn, dann einen großen Teil des linken Hinterstranges einnehmend, ein typisch sklerotischer Herd, wie er für die multiple Sklerose charakteristisch ist. Der Herd zeigt Veränderungen, wie sie bei einem sehr alten Herd zu konstatieren sind. Im Seitenstrang der Gegenseite findet sich, und zwar im Vorderseitenstranggebiet, ein ganz analoger Herd. Außer diesen ganz ausgesprochen sklerotischen Herden sieht man in beiden Seitensträngen, und zwar im Pyramidenareal, deutliche Verbreiterung der perivaskulären Gebiete und eine Abnahme von Fasern im Pyramidenareal, wiederum rechts

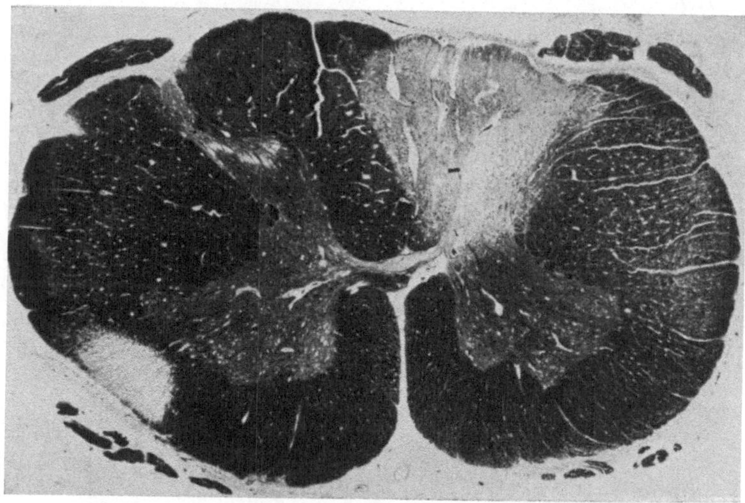

Abb. 6. Sklerotische Herde im Zervikalmark

mehr wie links. Im Gebiete des Vorderhorns erweisen sich die Mehrzahl der Zellen intakt. Man sieht zwar einige stark lipoidotisch verändert und einzelne atrophisch, aber sie gehören keinen bestimmten Gruppen an. Die sklerotischen Herde sind in gleicher Größe und Ausdehnung durch die Halsanschwellung zu verfolgen.

Im Brustmark ist der Prozeß vollständig geschwunden. Das einzige, was sich erkennen läßt, ist eine mehr diffuse Aufhellung im Seitenstrang, und zwar nicht einmal im Pyramidengebiet, sondern etwas ventral von diesem gelegen und bilaterale leichte Aufhellung im Gollschen Strang.

Gegen die Mitte des Brustmarks ist auch das vollständig geschwunden und das Rückenmark nahezu normal. Nachzutragen wäre nur, daß die Meningen eine leichte Fibrose erkennen lassen, aber ohne eine typische Randsklerose. Werden Präparate etwas lichter differenziert, dann zeigt sich wohl auch hier in den Hintersträngen und im Seitenstrang, dem Pyramidenareal entsprechend, eine leichteste Aufhellung, aber ein degenerativer Prozeß ist nicht nachweisbar.

Lendenanschwellung: Die Hinterstränge sind nahezu diffus von Lückenfeldern durchsetzt, bei denen man aber noch deutlich die Konfluenz aus
mehreren einzelnen Feldern erkennt. In einzelnen dieser Lücken liegen,
besonders in den Hintersträngen, deutliche Gitterzellen. Einzelne Gefäße
sind hyperämisch, an anderen zeigen sich Mäntel von Zellen, die größtenteils
Gitterzellen sind, zum Teil aber auch lymphoiden Charakter erkennen lassen.
Analoges wie in den Seitensträngen zeigt sich auch deutlich im Hinterseitenstrang, etwa dem Areal der Pyramiden entsprechend (Abb. 7).

Die Ganglienzellen dieses Gebietes zeigen außer einer Lipoidose eigentlich keinen nennenswerten Unterschied. Aber auch die Lipoidose ist nicht
sonderlich stark.

Im Faserpräparat ist im Gebiete der Lückenbildung die Faserung ausgefallen. Sonst sind die Faserpräparate infolge eines Färbedefektes nicht
zu verwerten.

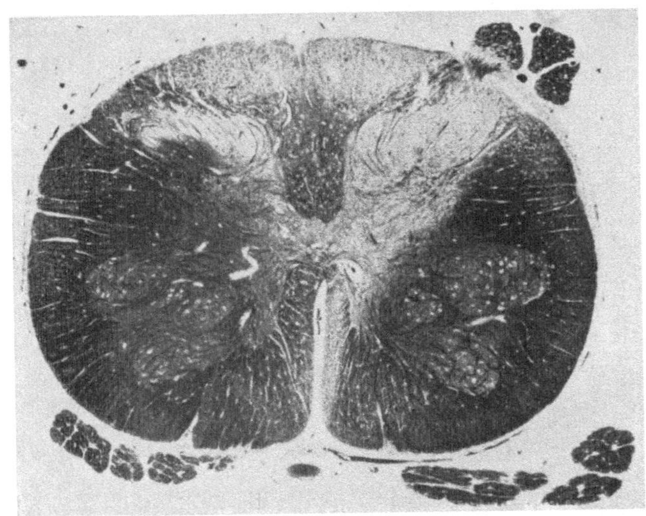

Abb. 7. Herde im Lendenmark

Conus terminalis, unterer Abschnitt des 3. Sakralmarks. Sowohl die
Hinter- als auch die Vorderseitenstränge zeigen nirgends Zeichen einer Lückenbildung. Dagegen zeigt sich ein mehr diffuses Ödem im Zentrum. Aber die
weiße Substanz erscheint frei von Lückenfeldern. Die Ganglienzellen sind
normal, die größeren sehr gut gefärbt. Auch in der grauen Substanz zeigt
sich leichtes Ödem und eine Anreicherung der Glia.

Auffällig ist, daß im Lendenmark zwei sklerotische Herde auftreten,
deren einer beide Hinterstränge nahezu vollständig einnimmt, nur ein paar
ventrale Fasern schon übergreift auf die benachbarte graue Substanz, die
nahezu symmetrisch beiderseits geschädigt ist. Ein zweiter Herd sitzt gleichfalls in beiden Vordersträngen neben dem Sulcus, ist auf der einen Seite
stärker als auf der anderen ausgeprägt. Auch hier sind die Vorderhornzellen
sehr gut erhalten, bis auf einzelne Exemplare, die eine zum Teil axonale
Degeneration erkennen lassen. Die Gefäße sind dem Alter entsprechend.

Die Pia mater zeigt eine Fibrose. Von einem frischen Prozeß ist nirgends etwas zu sehen.

Kaudal zieht sich der Herd aus den Hinterhörnern zurück und besetzt nur die Hinterstränge, aber auch in diesen sieht man deutlich, daß die Fasern wieder auftreten und im untersten Lumbalmark ist offenbar der Herd geschwunden.

Zusammenfassung

Es handelt sich also im vorliegenden Fall um einen ganz eigenartigen Prozeß, der anscheinend im Anschluß an eine akute Erkrankung, die 25 Jahre vor dem Tode des Patienten mit Schwellungen der Extremitäten einsetzte. Es entwickelte sich eine Parese aller Extremitäten, eigentlich nur eine Schwäche, da ja alle Bewegungen möglich waren. Nach einem Trauma, sieben Jahre vor dem Exitus, verschlimmerte sich der Zustand. Die Obduktion ergab anscheinend eine graue Degeneration der Hinter- und Seitenstränge, also eine kombinierte Systemerkrankung.

Dem entspricht nicht der histologische Befund, denn hier handelte es sich um eine multiple Sklerose, absolut einwandfrei, mit eigentlich vier Herden im ganzen Rückenmark. Zwei davon besetzen in der Hals- und in der Lendenanschwellung total oder fast total die Hinterstränge und die Hinterhörner und die zwei anderen Herde betreffen im Halsmark einseitig nur das Vorderseitenstranggebiet gerade dort, wo der Tractus spinotectalis et thalamicus liegt und der andere Herd im Lendenmark in der Gegend neben dem Sulkus den Vorderstrang. Weder eine Veränderung, die der perniziösen Anämie entspricht, noch eine solche der Arteriosklerose war nachweisbar. Einzig und allein vielleicht, aber nur auf ein kurzes Gebiet, wird eine leichte Aufhellung in beiden Pyramidenbahnen durch Verbreiterung der perivaskulären Glia zum Ausdruck gebracht.

Literaturverzeichnis

BABESIN, V. (Budapest): Über die selbständig kombinierte Seiten- und Hinterstrangsklerose des Rückenmarks. (Virch. Arch. Bd. 76, Heft 1). 1878. — ERLICKI und RYBALKIN (St. Petersburg): Zur Frage über die kombinierten Systemerkrankungen des Rückenmarks. (Arch. f. Psych. XVII, 3. P. 693.) 1886. — HOCHHAUS: Über kombinierte Systemerkrankung des Rückenmarks. (Deutsche Zeitschrift für Nervenheilkunde 1893.) — HARVEY, R. W.: Combined system disease. (Univ. of Cal., hosp., Berkeley.) Med. clin. of North America. Bd. 6, Nr. 2, 1922. — S. 371 bis 375. HENNEBERG, R.: Die funikuläre Myelitis (Kombinierte Pseudosystematische Strangdegeneration). Handb. d. Neurol. 2. Bd., M. Lewandowsky, 1911. S. 769. — KAHLER und PICK (Prag): Über kombinierte Systemerkrankungen des Rückenmarks. (Arch. f. Psych. VIII. 2. 1878.) — DIESELBEN: Weitere Beiträge zur Pathologie und pathologischen Anatomie des Zentralnervensystems. (Arch. f. Psych. und Neur., X. Bd., 1. H. 1879.) — LEWY, F. H.: Die pathologische Stellung der sogenannten kombinierten Systemerkrankungen (funikuläre Myelitis). Neurol. Zentralbl. 32, 1232. 1913. — MC ERLEAN, D. A.: Subacute combined degeneration of the Spinal Cord.

Subakute) kombinierte Systemeerkrankung.) Irish Journ. of med. science Ser. 6, Nr. 7, S. 301 bis 317. 1926. — Nonne und Fründ: Klinische und anatomische Untersuchung von sechs Fällen von Pseudosystemerkrankung des Rückenmarks. (Deutsche Zeitschrift für Nervenheilkunde, Bd. 35, H. 1 und 2.) — Rothmann: Die primären kombinierten Systemerkrankungen des Rückenmarks. (Deutsche Zeitschrift f. Nervenheilk, Bd. VII, 10,) 1895. — Strümpell, A. (Leipzig): Über eine bestimmte Form der primären kombinierten Systemerkrankung des Rückenmarks. Arch. f. Psych. XVII, 1, p. 217. 1886. — Westphal: Über kombinierte (primäre) Erkrankung der Rückenmarksstränge. (Archiv f. Psych., Bd. VIII, u. IX.) 1878.

Zur Frage der spinalen Lokalisation der N. pelvicus und der Nerven des Uterus

Von

Dr. **Eisuke Ishikawa**, Tochigi, Japan

Mit einer Textabbildung

In der zusammenfassenden Darstellung der zentralen Lokalisation autonomer Funktionen durch SPIEGEL läßt sich erkennen, daß speziell über die Lokalisation der weiblichen Geschlechtsteile, besonders des Uterus, noch große Gegensätze bestehen. Aus der Tabelle SPIEGELS geht hervor, daß BUDGE die Lokalisation des Uterus entsprechend dem IV. Lendenwirbel beim Kaninchen feststellt, KÖRNER dagegen beim Hund die Innervation in die sakralen Nerven verlegt, die dem I. und II. Lendenwirbel entsprechen. SHERRINGTON hat allerdings nur für die Vagina und den äußeren Sphinkter beim Affen S. 2 und S. 3 und bei der Katze S. 1 und S. 2 gefunden, während LANGLEY-ANDERSON beim Kaninchen in den sakralen Nerven überhaupt keine Bewegungsnerven für die inneren Geschlechtsorgane finden, und diese beim Kaninchen im L. 2 und L. 5, bei der Katze in L. 3 bis L. 5 lokalisiert sein lassen.

Es ist also ein gewisser Gegensatz da. Auf der einen Seite werden die Sakralnerven, auf der anderen Seite die lumbalen als Innervationszentren der Geschlechtsorgane bezeichnet. DAHL, dessen Ausführungen sich mit den späteren von MÜLLER decken, beschreibt beim Menschen eine Zellgruppe vom 5. Lumbal- bis II. Sakralsegment, die ganz lateral im Zwischenstück gelegen ist und die er zum Nervus erigens in Beziehung setzt.

Auch aus der zusammenfassenden Darstellung von L. R. MÜLLER (DAHL) über die Lebensnerven geht nur soviel hervor, daß der Frankenhäusersche Plexus den Uterus innerviert und seine Quellen von zwei Seiten her bezieht. Von Seite der Nervi erigentes seu pelvici und vom Plexus hypogastricus. Diese Nervi pelvici stammen beim Menschen aus dem IV. und V. Sakralnerven, also aus den letzten sakralen Nerven überhaupt, was ungefähr den geraden Gegensatz zu der Anschauung von LANGLEY-ANDERSON darstellt.

Wenn wir nun beim Hund dieses Gebiet betrachten, so ergibt sich, daß wir hier nach allgemeiner Anschauung zum Unterschied vom

Menschen über sieben Lumbalsegmente verfügen, wohingegen nur drei
Sakralsegmente vorhanden sind, so daß wir also, wollten wir die Verhältnisse der Innervation der inneren Geschlechtsorgane beim Hunde mit
jenen von MÜLLER beim Menschen angegebenen identifizieren, annehmen müßten, daß die entsprechenden, zum Plexus uteri ziehenden
spinalen Fasern aus dem II. und III. Sakralsegment stammen.

Ich habe infolgedessen zwei Reihen von Versuchen unternommen.
Zunächst habe ich den Uterus mit dem an ihm befindlichen Nerven-
geflecht beim Hunde total exstirpiert und dann habe ich in einer zweiten
Versuchsreihe den Uterus geschont, aber nur die Nervi pelvici isoliert,
ziemlich weit vom Plexus, durchschnitten, und zwar nur auf der rechten
Seite. Schließlich habe ich normale Tiere zum Vergleich herangezogen.
Da es mir nur darauf ankam, die Ganglienzellen in den entsprechenden
Rückenmarksschnitten zu untersuchen, habe ich die Tiere nur drei Wochen
maximal überleben lassen, die Tiere durch Herzstich getötet, das ganze
Lumbosakralmark lebenswarm in Formalin eingelegt und eine voll-
ständige Serie des ganzen Lumbosakralmarks geschnitten und nach
Nißl gefärbt. Ich habe allerdings wegen der großen Anzahl der Schnitte
nur jeden fünften Schnitt montiert. Zunächst möchte ich einmal einen
Überblick über die normalen Verhältnisse geben.

I. Lumbalsegment: Dieses zeigt das ganze Vorderhorn erfüllt von
großen motorischen Zellen, im Zwischenstück kleine Zellen, spindelig, die
bis an den lateralen Rand zu verfolgen sind, wo noch eine oder die andere
große motorische Zelle liegt. Die Clarkesche Säule ist noch sehr deutlich.
Im Hinterhorn sind auf einer Seite nur mehr kleine Zellen, auf der anderen
Seite sind zwei bis drei große Zellen anzutreffen. Die Einteilung der Hinterhornzellen in marginale, solche der Substantia gelatinosa, zentrale und basale
läßt sich ziemlich leicht durchführen.

Etwas kaudaler sieht man dann die Zwischenzellen sich in zwei Gruppen
sondern, eine mehr laterale mittelgroßzellige und eine mediale neben dem
Zentralkanal kleinzelligere.

Das II. Lumbalsegment unterscheidet sich sehr wenig vom I. Es treten
nun die lateral befindlichen Zellen des Zwischenstückes etwas zurück.

Das III. Lumbalsegment zeigt schon die Form der Lendenanschwellung
mit den großen Zellgruppen im Vorderhorn, wobei die zentrale Gruppe hier
auffällig kleine Zellen enthält. Diese Zellen sind sehr gut entwickelt und bilden
ein Band zwischen Vorder- und Hinterhorn.

Je kaudaler man kommt, desto mehr treten die Hinterhornzellen hervor
und man kann nun in der Ebene des Zentralkanales das Band der Zwischenzellen sehen und kaudal davon, an der Basis des Hinterhorns eine mediale
und laterale, ziemlich kleinzellige, sehr zellreiche Gruppe; hie und da noch
eine Clarkesche Zelle in ihnen.

IV. Lumbalsegment: Dieses Segment unterscheidet sich wenig vom III.
Nur daß die Zwischenzellen vielleicht etwas weniger reichlich sind und die
Vorderhornzellen sehr weit kaudalwärts dringen, so daß man in den Zwischen-
zellen einzelne große Elemente findet.

V. Lumbalsegment erinnert in vieler Beziehung an die Verhältnisse beim Menschen. Die medialen Zellen des Vorderhorns sind sehr reichlich und klein, die lateralen und ventralen zeigen zwei Gruppen. Auch hier sind die Zwischenzellen bandartig zwischen Vorder- und Hinterhorn aus verschieden großen Zellen zusammengesetzt, die Hinterhörner sehr zellreich.

Ich will hier keine weitere genaue Beschreibung des ganzen Querschnittes geben, sondern nur das Gebiet der Zwischenzellen etwas genauer betrachten.

Nach abwärts zu nehmen die medialen kleinen Zellen des Vorderhorns mehr und mehr zu und man kann nun keine Differenz zwischen ihnen und den Zwischenzellen finden, da sie das ganze dorso-mediale Stück des Vorderhorns erfüllen. Zwischenzellen lassen sich hier nicht mehr abscheiden. Erst ganz gegen das Ende des Segmentes treten dann um den Zentralkanal kleine Zellen auf, die gruppiert sind. Die Mittelzellen sondern sich jetzt wieder mehr ab, aber sie sind spärlich.

Im VI. Lumbalsegment ändern sich die Verhältnisse gewaltig: Es tritt nämlich schon im V. Lumbalsegment, knapp an der Grenze zum VI., im Winkel zwischen Vorder- und Hinterhorn, eine scharf begrenzte, mittelgroßzellige Gruppe auf, an die sich medial davon die Zwischenzellen anschließen. Auch diese zeigen zwei Gruppen. Eine neben dem Ventrikel gelegene und eine mehr intermediäre. Im Vorderhorn löst sich die Gruppierung der Zellen und macht einer mehr diffusen Anordnung Platz. Die Hinterhörner werden jetzt durch eine graue Masse verknüpft. Im VII. Lumbalsegment sind im Vorderhorn wohl noch einzelne große Zellen, aber es überwiegen die mittelgroßen. Im Zwischenstück zahlreiche mittelgroße Zellen, doch fehlt hier das scharfe Hervortreten der lateralsten, die nur in einzelnen Schnitten sehr deutlich sind.

Das I. Sakralsegment zeichnet sich dadurch aus, daß die Vorderhornzellen in toto etwas kleiner sind, aber eine schöne Gruppierung zeigen. Im Zwischenstück kann man drei Zellgruppen unterscheiden. Eine neben dem Zentralkanal, eine intermediäre und eine laterale, aber sie treten nicht so deutlich hervor wie in L. 7. Schon in der Mitte von S. 1 treten dann knapp hinter diesen kleinen Zellen sehr große Zellen auf, die man aber nicht in jedem Abschnitt findet. S. 2 charakterisiert sich hauptsächlich durch die Verkürzung des Vorderhorns. Es sind zwar noch einzelne große Zellen darin, aber die Mehrzahl sind klein. Das Zwischenstück zeigt mäßig reichlich mittelgroße Zellen diffus. Einzelne liegen ganz lateral. Im Hinterhorn ebenfalls diffuse Zellanordnung. In diesen kleinen Zellen des Zwischenstückes sind vereinzelt sehr große Zellen gelegen. Der Zentralkanal ist fast zu einem Ventrikel erweitert und ventral von ihm liegt fast keine Zellmasse mehr, sondern alles nur lateral, also Zellen, die am ehesten dem Zwischenstück angehören. Das III. Sakralsegment stellt eigentlich einen Ventriculus terminalis dar, bei dem Ganglienzellen fast vollständig vermißt werden, und nur lateral von dem Kanal finden sich einzelne Elemente.

Es zeigt sich also nach dieser Darstellung, daß die zwei letzten Lumbalsegmente eigentlich in ihrem Bau identisch sind mit dem, was man sonst als oberes Sakralsegment bezeichnet, und daß das III. Sakralsegment kaum mehr, in seinen unteren Teilen wenigstens, für eine ausgiebige physiologische Funktion in Frage kommt.

Wenn wir nun die operierten Tiere ins Auge fassen, lassen sich an einzelnen Zellen degenerative Veränderungen erkennen.

Als erstes will ich ein Tier beschreiben, dem lediglich der rechte

Nervus pelvicus durchschnitten wurde. Das Tier hat drei Wochen überlebt.

Die Durchmusterung von L. 1 bis S. 3 inkl. ergibt ein sehr merkwürdiges Resultat. Wir können die oberen Schnitte vollständig übergehen, da sowohl die motorischen Vorderhornzellen als auch alle kleinen Zellen des Vorderhorns, besonders auch jene des Zwischenstückes, sich in keiner Weise von jener der Norm unterscheiden. Erst bei S. 1 beginnen sich auf der rechten Seite Veränderungen zu zeigen. Man sieht bei S. 1 ein oder die andere Zelle noch im Vorderhorn gelegen, ganz am Rande, deutlich degeneriert, d. h. das Tigroid ist zerfallen und die Zellen machen den Eindruck einer wabig-vakuolären Degeneration, keineswegs einer axonalen. Man kann aber deutlich eine Schwellung der Zellen erkennen.

Die Zellen der kontralateralen Seite sind vollständig intakt. Diese Zellen gehören den kleineren Elementen des Vorderhorns an und man hat förmlich den Eindruck, daß es sich um versprengte Zellen handelt. Bei S. 2 kommt es zu einer umschriebenen Degeneration der kleinen Zellen im Winkel zwischen Vorder- und Hinterhorn, wobei aber auch hier zu sehen ist, daß diese Zellen kleine versprengte Teile sowohl im Vorder- als im Hinterhorn besitzen.

Es ist unendlich schwer, die Degeneration der Zellen genauer zu beschreiben, weil sie absolut nicht identisch sind jenen, wie wir sie z. B als axonale Degeneration motorischer Vorderhornzellen nach Durchschneidung eines Nerven kennen Es erinnert das eher an jene eigentümliche Zelldegeneration, wie wir sie beim Körnerschwund im Kleinhirn sehen, d. h. die Zellen sind kleiner, abgeblaßt, einzelne zeigen bizarre Formen, andere sind nur mehr in den plasmatischen Ausläufern vorhanden, während der Kern und der Körper der Zellen geschrumpft oder nahezu geschwunden ist.

Es handelt sich also nicht so sehr um einen degenerativen Prozeß, als um einen Zellschwund und er trifft jene kleine Gruppe kleinerer Zellen, die im Zwischenstück im Winkel zwischen Vorder- und Hinterhorn gelegen sind.

Es ist nur die lateralste Gruppe getroffen, die anderen Zellen des Zwischenstückes erweisen sich als der Norm entsprechend, ebenso alle Zellen des Vorderhorns und des Hinterhorns. Wie gesagt, kann man diese Zelldegeneration nur bei S. 2 und S. 3 am besten wahrnehmen.

II. Fall.

Das zweite Tier hat achtzehn Tage überlebt. Es unterscheidet sich von dem ersten Tier insoferne, als die vereinzelten versprengten degenerierten Zellen viel höher hinaufreichen als bei dem ersten Tier. Man kann schon in der Mitte des Lumbalmarks deutliche Veränderungen an einzelnen ganz lateral im Vorderhorn gelegenen Zellen wahrnehmen.

Die eigentlichen Störungen aber beginnen hier erst im Sakralmark. Im I. Sakralsegment sind verhältnismäßig wenig Zellen getroffen. Aber im II. und III. Sakralsegment ist die laterale Gruppe der Zwischenzellen, also die im Winkel zwischen Vorder- und Hinterhorn gelegen ist (der Begriff Winkel ist hier vielleicht nicht angebracht, da ein solcher in den Partien nicht mehr hervortritt), schwerst gestört (Abb. 1). Es ist die Störung hier vielleicht noch eine intensivere als bei dem ersten Tier, indem hier mehr Zellen ausgefallen sind, und man kann bereits eine deutliche reaktive Veränderung der Glia, im Sinne einer Vermehrung der Kerne und einer Verdichtung des Fasernetzes, wahrnehmen, obwohl auch hier noch Lücken im Gewebe zu finden sind. Die Differenz zwischen rechts und links ist eine auffallende. Trotzdem sind auch auf der rechten Seite einzelne Zellen erhalten. Was nun den Charakter der Degeneration anlangt, so kann man auch hier nur

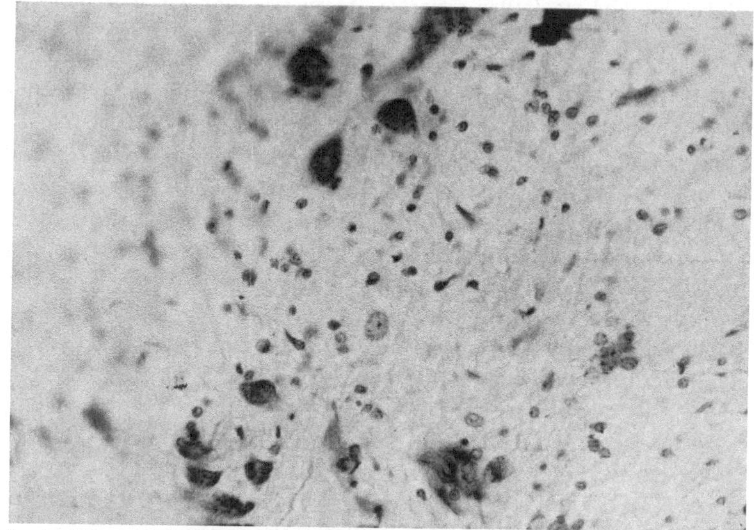

Abb. 1. Ventral im Bilde atrophische und degenerierte Ganglienzellen
(III. Sakralsegment)

sagen, daß von einer axonalen Degeneration nicht die Rede ist. Es ist vielleicht ein oder die andere Zelle etwas geschwollen, aber im Grunde genommen sieht man nur Schrumpfung und Schwund. Da man den Vergleich mit der gesunden nicht operierten Seite immer zur Verfügung hat, ist ein Zweifel kaum möglich.

Der Prozeß beginnt also im ersten Sakralsegment unvollständig und ist in dem II. und III. Sakralsegment ungemein deutlich und in die Augen fallend. Der Prozeß läßt sich am besten als ein umschriebener Zellschwund nach vorheriger Schwellung und Schrumpfung bezeichnen.

III. Fall.

Das dritte Tier mit Pelvikusdurchschneidung ist insoferne von den beiden ersten Tieren abweichend, als hier eine so deutliche Gruppierung der degenerierten, bzw. ausgefallenen Zellen nicht zu finden ist. Man sieht schon in den untersten Lumbalsegmenten, so wie bei den früheren Tieren, versprengte Zellen, die im Vorderhorn gelegen sind, degeneriert ganz lateral und mittelgroß. Es folgen dann im I. Sakralsegment Zellen, die wesentlich kleiner sind und degeneriert erscheinen und ungefähr dem entsprechen, was bei den anderen Tieren gefunden wurde. Im nächsten Segment aber zeigt sich dann eine Variante insoferne, als 1. kleine Hämorrhagien zwischen Vorder- und Hinterhorn nachzuweisen sind und 2. auch einzelne Zellen im Vorderhorn, wiederum mehr lateral gelegen, aber wesentlich größer als die in Frage kommenden, eine zum Teil axonale, zum Teil wabige Degeneration aufweisen. Allerdings schwinden diese degenerierten Zellen sehr bald und man sieht dann wiederum nur kleine Zellen ganz lateral im Zwischenstück ausgefallen und durch Gliakerne ersetzt sowie schwer degenerierte kleine Zellen dieses Gebietes. Aber wie schon erwähnt, sind diese Zellen nicht so gruppiert wie in den beiden anderen Fällen. Es liegen große, den motorischen Zellen ähnlich gebaute Zellen zwischen ihnen, Zellen, die vollständig intakt sind.

Zusammenfassend läßt sich also aus diesen drei Befunden sagen, daß das Zentrum für den Pelvikus doch in den untersten Sakralsegmenten zu suchen ist und daß es sich auf Zellen beschränkt, die dem Zwischenstück angehören und als lateralste Gruppe dieser Zwischenzellen angesehen werden müssen Es ist aber ebenso sicher, daß einzelne Zellen über dieses Areal hinaus degeneriert sind, am meisten im I. Sakralsegment, aber auch schon im letzten Lumbalsegment, und daß auch einzelne dem Vorderhorn angehörige Zellen, mittelgroß, ganz lateral gelegen, nach der Durchschneidung des Pelvikus degenerieren.

Bei der zweiten Gruppe von Tieren wurde der Uterus total exstirpiert. Selbstverständlich wurden damit auch die Frankenhäusersche Plexus, besonders aber auch der Nervus pelvicus geschädigt. Doch sind diese Tiere schwerer zu beurteilen, da hier der Vergleich mit der gesunden Seite fehlt. Es zeigt sich das ganze Lumbalmark intakt. An der Grenze des Lumbalmarks, zwischen Lumbalmark und I. Sakralsegment, sind im Zwischenstück laterale Zellen beiderseits degeneriert. Hier ist die Degeneration insoferne eine etwas andere, als hier mehr abgeblaßte und weniger vakuolisierte Zellen wahrzunehmen sind und der Zellschwund kein so ausgesprochener ist. Die Hauptmasse der degenerierten Zellen findet sich auch hier wieder in den zwei untersten Segmenten, im III., noch mehr im II. Segment. Es sind wiederum die lateralsten Zellen, die geschädigt sind.

II. Fall (Totalexstirpation).
Wie bei dem vorigen Tier, so ist es auch hier verhältnismäßig schwer, die Degeneration auf beiden Seiten herauszufinden. Es zeigt sich nämlich folgendes: Zunächst schon in den untersten Lumbalsegmenten, und zwar in L. 6 und L. 7 im Zwischenstück, ganz lateral, eine Anreicherung der Gliakerne um die Zellen, wobei die Zellen eigentlich keine deutliche schwere Degeneration erkennen lassen.
Bei S. 1 wird das noch deutlicher und man sieht, aber nur ganz vereinzelt, Zellen degeneriert. Von hier abwärts tritt die Degeneration gegenüber der Anreicherung der Kerne mehr hervor. Aber es ist so, daß nicht alle

Zellen, die lateral im Zwischenstück gelegen sind, degeneriert erscheinen, sondern an einzelnen Schnitten der Serie sind alle Zellen degeneriert oder ausgefallen, kaum noch als Schatten zu sehen, an anderen sieht man wieder mehrere Zellen intakt und einzelne degeneriert, so daß man zweifeln könnte, ob überhaupt eine Degeneration stattfand. Nur der Vergleich mit der Umgebung gestattet die Entscheidung. Je tiefer nach abwärts, desto deutlicher sind diese Verhältnisse, desto mehr sind degenerierte Zellen vorhanden, bzw. Zellreste oder Zelltrümmer. Aber es ist sicherzustellen, daß eine totale Degeneration der lateralsten Abschnitte nicht vorhanden ist, sondern daß es sich hauptsächlich um Ausfall oder Degeneration einer größeren Anzahl kleiner Zellen ganz lateral im Zwischenstück handelt, ganz unregelmäßig, in einem Stück mehr, im anderen weniger. Auch die bilaterale Symmetritritt nicht deutlich hervor. So ist z. B. auf der einen Seite eine größere Zelledegeneration vorhanden, auf der anderen Seite eine geringere. Trotz allem kann man auch hier sagen, daß die Zellschädigung hauptsächlich im II. und III. Sakralsegment sich findet und hauptsächlich die Zellen ganz latera lim Zwischenstück trifft, und zwar die kleineren Elemente. Weiters kann man sagen, daß die Art der Degeneration eine ganz eigenartige ist, nicht etwa axonal, sondern eher Zellschwund nach vorhergegangener leichter Schwellung und Abblassung.

III. Fall (Totalexstirpation).

Auch das letzte Tier, das drei Wochen überlebt hat und dem der Uterus exstirpiert wurde, zeigt die gleichen Verhältnisse wie die zwei ersten Tiere. Es ist ein allgemeiner Reizzustand in der grauen Substanz am deutlichsten wahrzunehmen, der sich darin zum Ausdruck bringt, daß eine deutliche Kernvermehrung vorhanden ist. Ferner zeigt sich an den schon beschriebenen Stellen deutliche Degeneration von Ganglienzellen, die gleichfalls nicht eine totale Störung der lateral im Zwischenstück gelegenen Zellen bedingen, sondern eine mehr partielle und über verschiedene Schnitte verschieden ausgebreitete.

Aus diesen Darlegungen geht hervor, daß beim Hunde die Innervation des Uterus von den letzten zwei Sakralsegmenten besorgt wird, daß aber einzelne der spinalen Fasern für diesen auch über diese zwei Segmente hinaus zu verfolgen sind, und zwar in das I. Sakralsegment und in die II. untersten Lumbalsegmente. Ferner ist nahezu sichergestellt, daß diese Fasern im Zwischenstück ihren Ursprung nehmen, und zwar von den seitlichst gelegenen Ganglienzellen. Es sind das ganz kleine Ganglienzellen, birnförmig oder keilförmig, aber auch polyedrisch, mit zum Teil langen Dendriten.

Der Charakter der Degeneration dieser Zellen sowohl nach Durchschneidung des Pelvikus als auch nach Entfernung des Uterus, ist ein sehr merkwürdiger. Es kommt nicht zu einer axonalen Degeneration, sondern zu einer Schwellung, Abblassung und Schwund oder zu einem mehr wabig-vakuolären Zerfall. Es muß ferner betont werden, daß diese Zellen nicht scharf gruppiert sind, sondern daß wenigstens nach Uterusexstirpation immer an einzelnen Schnitten einzelne Zellen dieser Gruppe erhalten bleiben können. Demzufolge muß man die Annahme, die LANGLEY-ANDERSON gemacht hat, als nicht zurecht bestehend ansehen.

Ein Fall von Pseudotumor cerebri

Von

Dr. **Shozo Hashimoto**, Sapporo (Japan)

Mit 3 Textabbildungen

In neuerer Zeit werden immer mehr Stimmen laut, die sich gegen das Vorkommen von Pseudotumoren aussprechen. Das kommt hauptsächlich daher, daß lediglich die klinischen Beobachtungen herangezogen werden, pathologisch-anatomische Untersuchungen solcher Fälle aber fehlen. Da sei vor allem auf ein Moment in der vorliegenden kurzen Mitteilung aufmerksam gemacht, das bei der Stellung der Diagnose Tumor zumeist vernachlässigt wird: Das sind die Gefäßprozesse.

WIEK WICKENTHAL hat schon im Jahre 1914 auf die gelegentliche Schwierigkeit hingewiesen, schwere Arteriosklerose des Gehirns vom Hirntumor zu differenzieren, da dieselbe gelegentlich unter dem Bilde des Hirntumors auftreten kann. Ich will hier nicht weiter in die Literatur dieser Fälle eingehen und nur einen neuerlichen Beleg erbringen, daß mitunter Fälle schwerer Gefäßveränderung imstande sind, das Bild eines Hirntumors hervorzurufen.

Der Fall, für dessen Überlassung ich Herrn Prof. KARPLUS, dem Vorstand der neurologischen Abteilung der allgemeinen Poliklinik, zu großem Danke verpflichtet bin, betrifft eine 54jährige Frau. Sie war nie ernstlich krank und merkte etwa neun Monate vor ihrem Exitus eine Abnahme des Sehvermögens, Kopfschmerzen und Schwindelgefühl. Außerdem hatte sie Atemnot, Herzklopfen und geschwollene Füße.

Die Untersuchung vom 12. Oktober 1926 ergibt, um nur das Tatsächliche zu erwähnen, eine starke Verbreiterung des Herzens, systolische Geräusche, Hypertonie, beträchtliche Ödem der unteren Extremität, negativer Wassermann. Patientin hat eine beiderseitige Stauungspapille von 6 Dioptrizen mit Blutungen und Exsudatbildung in der linken Papille. Der Röntgenbefund ergibt leichte Zeichen einer zerebrospinalen Hirndrucksteigerung. Die allgemeine Diagnose lautet auf ein dekompensiertes Aortenherz (Hypertonie).

Die Untersuchung des Nervensystems ergab ein beiderseitiges Fehlen der Bauchdeckenreflexe, eine Steigerung der Patellarreflexe, Babinski rechts stärker als links.

Diese bereits im Mai erhobenen Veränderungen sprachen für einen vermutlich im Stirnhirn sitzenden Tumor. Da aber eine Sicherheit bezüglich der Diagnose nicht zu erreichen war, wurde eine Röntgenbestrahlung vorgeschlagen und durchgeführt. Dieselbe blieb jedoch ohne Erfolg und da sich das Sehvermögen verschlechterte, die Stauung scheinbar zunahm, besonders am linken Auge, wurde die Patientin zwecks Palliativtrepanation an die Klinik Eiselsberg aufgenommen. Die Untersuchung an der Klinik ergab nun, daß der Schädel links vorne mehr klopfempfindlich war als rechts, daß sonst nur der linke Bauchdeckenreflex fehlte, während der rechte vorhanden war. Beiderseits lebhafte Patellarreflexe, beiderseits Babinski. Kein Fußklonus. Es wurde wegen dieses mangelhaften Befundes nur eine Palliativtrepanation empfohlen, und zwar vielleicht links vorne.

Die neuerliche Herzuntersuchung, besonders die radiologisch durchgeführte, ergab den Befund, wie er sich bei einem mitralen und Aortenklappen-Vitium zeigt. Es wurde dann eine Lipjodolinjektion versucht mittels Lumbalpunktion, wobei die Hauptmasse in die basalen Zisternen ging, so daß ein basaler Tumor ausgeschlossen werden konnte. Die zweite Hälfte befand sich im linken Seitenventrikel. Der Liquorbefund ergab Nonne-Apelt schwach positiv, eine leichte Vermehrung des Gesamteiweißes und nur zwei Zellen im Kubikzentimeter.

Es wurde nun eine Aufklappung gemacht, und zwar links und ein kleines Stückchen des Gehirns exzidiert, das in Serie geschnitten, nirgends Zeichen eines Tumors zeigte. Dagegen fand sich eine deutliche Leptomeningitis, Fibrinmembranen und ausgedehnte Hämorrhagien. Das Gehirn selbst zeigte Ödeme. Auch Leukozyten waren im Gehirn um die Gefäße zu finden. Nach der Operation, die am 27. Oktober erfolgte, besserte sich der Zustand auch nicht. Es trat ein Hirnprolaps auf und die Patientin geht schließlich am 3. Dezember an einer Lungenentzündung zugrunde.

Bei der Obduktion zeigt sich nun, daß im ganzen Gehirn kein Tumor nachweisbar ist. Es besteht tatsächlich eine mächtige Vergrößerung des Herzens, sowohl Mitral- als auch Aortenklappe schwer verändert, die Wand aller Herzhöhlen hypertrophisch. Der übrige Befund interessiert hier nicht weiter. Die Zusammenfassung der Obduktionsbefunde ergibt eine Pleuritis fibrinosa, Lobulärpneumonie und die bereits geschilderte Herzveränderung.

Es wurde nun in allererster Linie, nachdem sich in den anderen Abschnitten des Gehirns nur Ödem, aber sonst keine entzündliche Veränderung gezeigt hatte, die Hirnrinde untersucht inkl. der Meningen, da ja bei der Probeexzision eine Änderung der Meningen aufgezeigt wurde. Dabei fand sich nun folgendes:

Wenn man zunächst einen Schnitt aus dem Gebiete der Operationsstelle betrachtet, so ist die Dura mater bedeckt von einer Muskelschicht, die von derbem Bindegewebe durchzogen ist. Sonst aber erscheint die Dura vielleicht ein wenig kernreicher, aber absolut ohne Zeichen von Entzündung. An einer Stelle derselben zeigt sich ein Granulationsgewebe mit mächtigen Riesenzellen (Fremdkörperriesenzellen) (Abb. 1). Diese Stelle ist so umschrieben, daß man unmöglich glauben kann, es handle sich hier um einen, das Krankheitsbild erklärenden Prozeß. Zwischen Dura und Pia ist ein netziges Gewebe ausgespannt, das stellenweise schon die Charaktere der Entzündung zeigt. Es sind hauptsächlich mononukleare

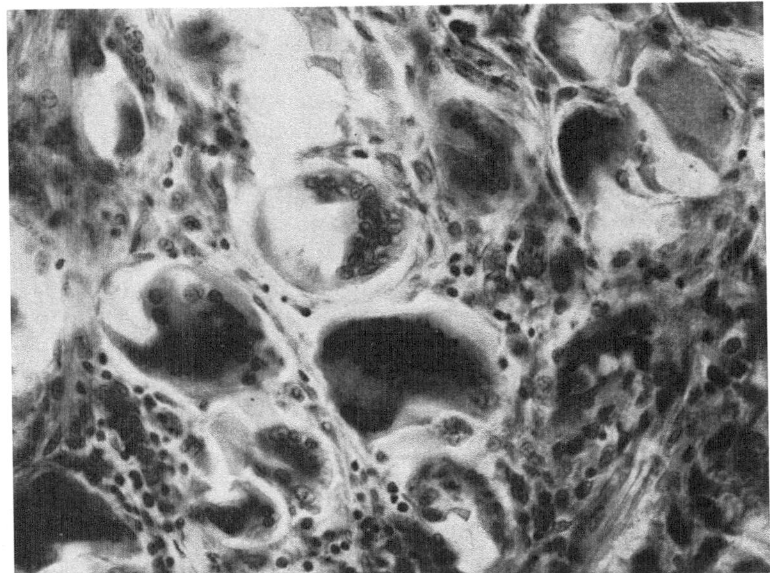

Abb. 1. Fremdkörperriesenzellen

Leukozyten, die das Gewebe erfüllen, auch zahlreiche rote Blutkörperchen. Gegen die Peripherie ist eine leichte Bindegewebswucherung zu sehen. Einzelne Makrophagen finden sich in diesem Gebiete. Der Prozeß macht auch hier nicht den Eindruck des primären, sondern eher des sekundären. Der Zellreichtum im Gewebe ist ein sehr geringer. Auffallend sind nur die Gefäße. Die Intimazellen sind geschwollen, die Media aufgelockert, die Adventitia verbreitert, das ganze Gefäß homogenisiert. Das gleiche gilt für die Gefäße der Hirnrinde. Hier tritt schon in der Molekularschicht ein mächtiges Ödem hervor, das sich hauptsächlich um die Gefäße herum zum Ausdruck bringt, aber auch die Gewebe siebförmig durchlöchert (Abb. 2). Alle Gefäße sind von weiten Räumen umgeben (Abb. 3), die zum Teil von Gliafäden durchsetzt sind, zum Teil das Bild einer Desintegration zeigen.

Auch zahlreiche Blutungen liegen vor. Auch perizellulär sind Hohlräume zu finden. Von Entzündung ist nicht die Rede. In der Tiefe sind einige größere Blutungen, die am ehesten als Stauungsblutungen aufzufassen sind. Aber auch in der Tiefe sieht man perivaskulär immer eine mächtige Erweiterung der Lymphräume und eine beginnende Desintegration. Die Blutungen sind vollständig frisch, ohne jede Veränderung. Stellenweise leichte Neuronophagie. Aber auch diese ist ohne besonderen Belang. Die größeren Blutungen sitzen im Mark und nicht in der Rinde. Die Ganglienzellen zeigen in ihrer Anordnung keine Veränderung. Man sieht jedoch

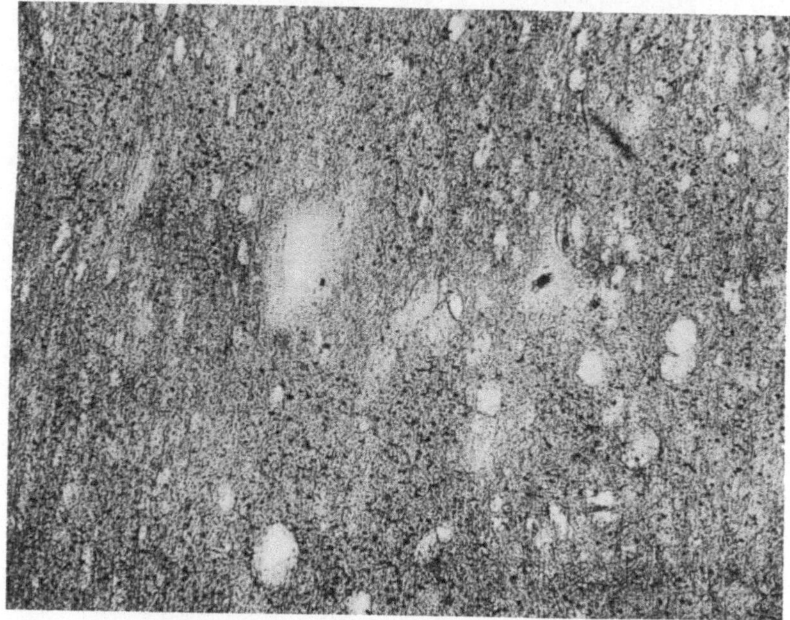

Abb. 2.   Siebartige Durchlöcherung des Gewebes (Mark)

leichte Schwellungserscheinungen und Abblassung. Stellenweise sieht man über dem Gebiete der Operation deutlich das prolabierte Gehirn aus den verletzten Hirnhäuten herausschimmern. Dort, wo wir uns dem Gebiete nähern, an dem nicht operiert wurde, ist die Pia etwas verbreitert, aber vollständig frei von jeder Entzündung. Nur das Ödem zeigt sich deutlich. Betrachtet man die scheinbar gesunde Seite, so zeigt sich hier ebenfalls die Pia etwas verbreitert, vielleicht im Zustand einer leichten Fibrose. Aber auch hier ist das auffallende das diffuse Ödem, das hauptsächlich um die Gefäße herum fühlbar wird und hier zu Desintegrationen Anlaß gibt. Besonders schön kann man das an den Weigertpräparaten im Mark sehen. Aber auch die Rinde erscheint fleckig infolge der fokalen Ödeme.

Wo immer man die Rinde untersucht hat, zeigt sich überall das gleiche
Bild des Ödems mit schwerster Veränderung der Gefäße, leichter Reizung
des Gewebes und besonderer perivaskulärer Desintegration.

Faßt man dies alles zusammen, so zeigt sich bei einer Patientin, die
erst 54 Jahre alt war und ein kompliziertes Vitium mit gleichzeitiger
Herzklappenatrophie und Hypertonie bot, ein Vitium, das dekompensiert
war, eine Affektion des Gehirns, die unter dem Bilde des Tumors ablief.
Im Vordergrunde standen die Hirndrucksymptome mit der mächtigen

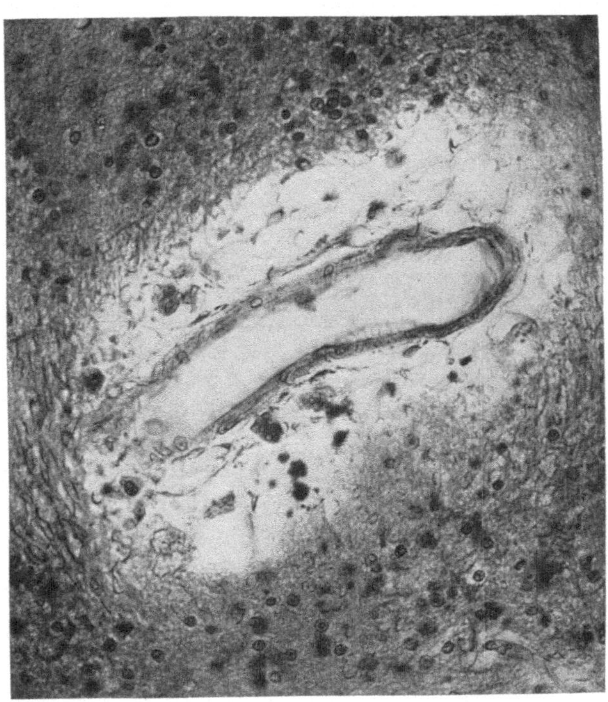

Abb. 3. Gefäß mit perivaskulärer Lichtung, von Gliafäden durchzogen

Stauungspapille, während die objektiven Symptome, die eine Lokalisation ermöglicht hätten, eigentlich fehlten, wenn man nicht die Reflex-
steigerung und den positiven Babinski in diesem Sinn auffassen will,
was jedoch nicht zutrifft.

Anatomisch entspricht diesem Hirndrucke kein Tumor, aber ein
diffuses Hirnödem. Von einer Meningoenzephalitis, die nach der Ex-
zision wahrscheinlich schien, ist nichts nachzuweisen. Die Veränderung
der Meninx über der Operationsstelle entspricht vollständig dem üblichen
Befund in solchen Partien.

Das einzige Auffällige im Gehirn ist eine weit vorgeschrittene Gefäßveränderung, eine Arteriosklerose, bei der alle Teile der Gefäßwand geschädigt sind und die offenbar Anlaß zu dem diffusen Ödem, besonders aber Anlaß zu den leichten perivaskulären Desintegrationen gab. Es ist wohl kein Zweifel, daß diese letzteren mit den Reflexsteigerungen im Zusammenhange gebracht werden können. Von Interesse ist auch, daß das Ödem sowohl ein perivaskuläres, als ein perizelluläres, besonders aber auch ein diffuses in den peripheren Schichten der Hirnrinde war, während das Ödem im Mark mehr einen umschriebenen Charakter aufwies und hier mit Blutungen verknüpft war. Alles in dem Prozesse spricht für den chronischen Charakter. Jedenfalls ist der vorliegende Fall ein Beweis dafür, daß auch Gefäßprozesse ohne weitgehende Blutungen, lediglich durch Herbeiführung eines chronischen Ödems, den Hirntumor vortäuschen können.

Zur Frage der pathologischen Veränderungen der Hirnrinde rekurrens- und malariabehandelter Paralytiker

Von

Dr. **Keisaku Takano**, Nagoya (Japan)

Mit 7 Textabbildungen

Während die pathologisch-anatomischen Untersuchungen an malariabehandelten Paralytikern bereits eine beträchtliche Anzahl erreichen, fehlt es an solchen von mit Rekurrens behandelten Fällen. Man darf weiters nicht vergessen, daß ein Teil der anatomischen Untersuchungen an den behandelten Paralytikern Fälle betrifft, die während der Behandlung gestorben sind und nur sehr wenige, die nach einer solchen Behandlung genauer untersucht wurden. Bezüglich der Malariabehandlung hat NAKAMURA erst kürzlich berichtet, während bezüglich der Rekurrenstherapie einzig und allein die Arbeit von BENEDEK und KISZ vorliegt, die gezeigt haben, daß eigentlich eine Änderung des paraliytschen Bildes in der Hirnrinde nach Rekurrensimpfung nicht sratt hat. Nur in einem einzigen Falle zeigen sich die reparatorischen Vorgänge den alterativen überlegen.

Ich konnte zwei Fälle von mit Rekurrens behandelter Paralyse untersuchen, von denen der eine eine beträchtliche Remission zeigte und erst sechs Monate danach zugrunde ging, während der zweite — eine Taboparalyse — keine Remission zeigte, aber auch erst später als vier Wochen nach dem Abklingen des Fiebers zugrunde ging. Ein Fall von malariabehandelter Paralyse sei zum Vergleich danebengestellt, wobei die Kranke, ohne daß der Zustand sich gebessert hätte, drei Jahre nach der Malariabehandlung starb.

Wenn wir die Befunde überblicken, die man nach solchen Behandlungen in der Hirnrinde beschrieben hat, so zeigt sich ein Doppeltes. Erstens das Zurückweichen des Prozesses gegen die Pia bzw. gegen das Mark, also Verhältnisse, wie sie der stationären Paralyse eigen sind (STRÄUSSLER und KOSKINAS) und zweitens zeigt sich eine Proliferation des mesodermalen Gewebes vorwiegend reparatorischer Natur, mit Zurücktreten des exsudativen Momentes sowie eine Umwandlung des Exsudates in eine mehr luetische Form, was allerdings bestritten wird.

In unserem ersten Falle, der also eine deutliche Remission nach der

Rekurrensbehandlung gezeigt hat, kann man wohl bemerken, daß die Pia und das Mark stärker infiltriert sind als das Rindengrau. Auch zeigt sich stellenweise ein reparatorischer Prozeß ferner gummöse Bildungen und ein mehr lymphoides Infiltrat, was man besonders schön an der Pia an umschriebener Stelle sehen kann. Anderseits aber fanden sich in allen Teilen der Rinde Stäbchenzellen, so daß hier progressive und regressive Veränderungen gleichzeitig zur Beobachtung kamen.

Der zweite Fall — die Taboparalyse — die einen Monat nach der Rekurrensbehandlung starb, zeigt dem gegenüber ein weit besseres Resultat. Die Meningen zeigen nur an der Innenseite eine kleine Lage von Infiltratzellen. Die Rinde ist nahezu frei, die perivaskulären Räume zeigen sich ziemlich erweitert und man sieht bereits Spangenbildung der Glia, wie bei der perivaskulären Sklerose. Auch das Gefäßbindegewebe proliferiert. Aber im Mark haben wir ein deutliches Infiltrat, allerdings auch hier nicht dem Typus des paralytischen Prozesses entsprechend, sondern vorwiegend lymphoider Natur.

Vergleicht man damit die Paralyse, die erst drei Jahre nach der Behandlung mit Malaria zugrunde ging, so zeigt sich ein Befund der Rinde, bei dem die Pia und das Mark affiziert waren, ganz im Sinne, wie es Nakamura beschrieben hat, aber das Rindengrau verhältnismäßig frei blieb. Es ist unmöglich, eine Differenz in dem anatomischen Bilde der rekurrens- und der malariabehandelten Paralyse zu finden. Das Auffälligste ist, daß gerade der Fall, der eine so weitgehende Remission gezeigt hat, in der Rinde noch, ähnlich wie es Benedek und Kisz beschrieben, schwere Veränderungen infiltrativer Natur aufwies. Gerade in diesem Falle sind Stäbchenzellen diffus in der Rinde reichlich vorhanden. Man sieht also in diesem Falle wohl das Bestreben einer Reinigung des Gehirns von der Entzündung, wobei offenbar der Prozeß nach zwei Richtungen hin ausweicht. Die eine Richtung sind die Meningen und die zweite Richtung die Gefäße des Marks. In dem einen ist das Streben den Subarachnoidealraum, in dem anderen offenbar das die Ventrikel zu erreichen. Auch der Charakter der Entzündung ist sichtlich ein anderer, indem hier doch mehr das luische und nicht das paralytische Infiltrat im Vordergrunde steht. Die Befunde sind so einwandfrei, daß man sich fragen muß, warum das klinische Bild nicht auch eine größere Änderung aufweist. — Es handelt sich in den drei Fällen um ein Doppeltes, nämlich ein Freiwerden des Rindengraues vom Entzündungsprozeß und eine Transformation des Exsudates in ein mehr luisches. Interessant ist nur die Diskrepanz im ersten Falle. Starke Remission — anatomisch aber wohl Zeichen eines Rücktretens des Prozesses, jedoch keinesfalls so intensiv wie in den anderen Fällen, dazu noch Stäbchenzellen in großer Zahl — das spricht doch dafür, daß der Prozeß wieder im Anstieg war, als die Patientin starb, d. h. daß anatomisch die Remission nur eine Zeitlang dauerte und dann ein neuerliches Aufflammen des Prozesses sich bemerkbar machte.

Jedenfalls sieht man in allen drei Fällen deutliche Zeichen einer weitgehenden Beeinflussung des paralytischen Prozesses.

Im folgenden seien die Fälle genauer mitgeteilt.

I. Fall.

P. K., 58 Jahre alt, belanglose Anamnese. Seit einiger Zeit krank. Allgemeine Paraesthesien, Verschlechterung der Sprache.

Objektiver Befund: Pupillenstarre, lebhafte Sehnenreflexe, deutliche Sprachstörung, positiver Liquor- und Blut-Wassermann, 88 bzw. 57 Zellen im Liquor. Psychisch schwerste Intelligenzdefekte. Kann nicht rechnen, ist desorientiert, deutliches Silbenstolpern.

Am 10./II. 1927: Rekurrensüberimpfung. Nach der Impfung tritt eine auffallend starke Besserung auf, die man fast als eine volle Remission bezeichnen kann, nur die Dysartrie blieb bestehen. Auch das Kopfrechnen besserte sich nicht wesentlich. Ein weiterer Befund ist nicht angegeben. Patientin stirbt am 17./VIII. 1927.

Areal IV.

Die Pia ist verbreitert. Man sieht ein deutliches Infiltrat an der Innenseite der Pia. Es ist nicht sehr dicht, besteht aus lymphozytären Elementen aber auch endothelialen. Das Infiltrat setzt sich fort in den Gefäßen im Gehirn, ist aber an diesen nicht sonderlich reichlich. Nur an einzelnen zeigt sich etwas deutlicheres Infiltrat und hier sieht man auch einzelne Plasmazellen, deutliche Stäbchenzellen im Gewebe und Vermehrung der Satelliten. Einzelne Ganglienzellen sind schwer degeneriert, andere, besonders die großen Ganglienzellen, verhältnismäßig intakt. In der Tiefe kleine Hämorrhagien. Vielleicht ist der Prozeß in der Tiefe stärker als an der Oberfläche.

Das Nisslpräparat bestätigt den Befund im Eosinpräparat. Die II. Schicht hat etwas, die III. Schicht stark gelitten, wo sich besonders Neuronophagie findet. Um einige der Gefäße sieht man Bildungen gummöser Natur. Abgesehen von den vielen Stäbchenzellen und der reichlichen Vermehrung der fixen Gliaelemente, ist hier die Tendenz unverkennbar, Knötchen zu bilden, hauptsächlich an den Gefäßen. In den tieferen Partien des gleichen Areals sieht man etwas Ödem in der Tiefe. Hier sind die Erscheinungen bezüglich der Gefäße keineswegs so intensiv wie in den Präparaten des oberen Abschnittes, aber doch lassen sich alle genannten Veränderungen auch hier erkennen.

Areal VI.

Die Pia ist verbreitert. Das Infiltrat ist hier nicht so akut wie im Areal IV. Leichtes Ödem, besonders in der II. Schicht. An den Gefäßen ist eine geringere Reaktion als im Areal IV, aber immerhin deutlich. Keine Knötchenbildung. Es erscheint auffällig, daß die Zellen hier in der II. und III. Schicht weniger geschädigt sind. Auch die Neuronophagie ist geringer. Eher sieht man in den tieferen Schichten Neuronophagen, wie denn überhaupt in den tieferen Schichten, d. h. im Mark, auch die Infiltrate um die Gefäße dichter sind.

Durchmustert man mehrere Präparate der gleichen Partie, dann zeigt sich doch, daß auch hier stellenweise ziemlich mächtige Infiltrate in der Pia und ebensolche perivaskulär im Mark zu finden sind. Gummöse Bildungen jedoch werden vermißt. Besonders reichlich sieht man an einzelnen Partien des Areals VI im Markstrahl die Infiltrate.

Areal VIII.

Hier ist die Pia nur stellenweise sehr dick und infiltriert, (Abb. 1) stellenweise ist sie verhältnismäßig dünn. Auch hier sieht man mitten im Gewebe dicke Infiltrate, die allerdings nicht gummös sind, sondern aus lymphoiden Zellen zusammengesetzt erscheinen. Auch an den Gefäßen sieht man eigentlich vorwiegend ein lymphoides Infiltrat (Abb. 2) und nur wenige von den sonst bei der Paralyse üblichen Zellen. Einzelne Gefäße zeigen dicke Mäntel.

Im Nisslpräparat zeigt sich, daß die II. Schicht ziemlich schwer gelitten hat, aber auch die III., während die tieferen Schichten hier besser erhalten sind. Auffälligerweise auch hier mehr reaktive Glia zeigen.

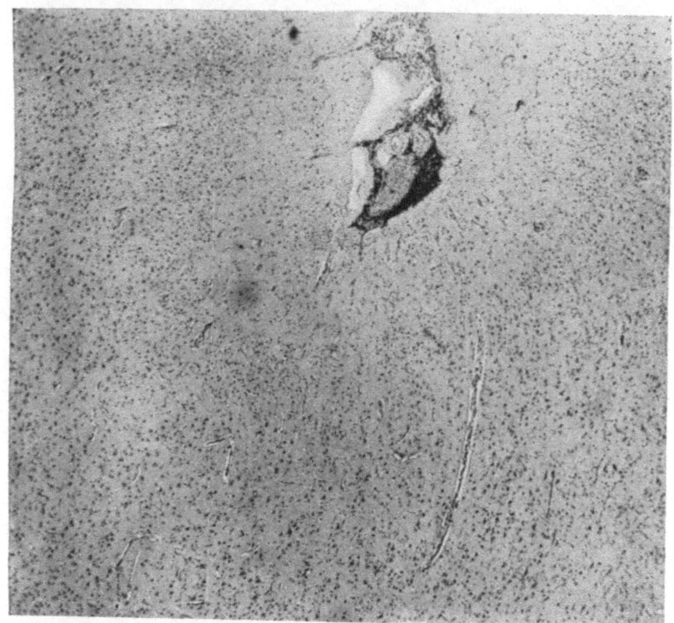

Abb. 1. Lymphocytäres dichtes Infiltrat an Gefäßen der Pia mater

Areal IX.

Hier ist die Pia etwas dicker, aber auch nur stellenweise. Dagegen zeigt das Gewebe eine relativ geringfügige Reizung. Um die Gefäße fehlen die Mäntel. Nur die fixen Gewebszellen sind vermehrt. Demzufolge zeigt auch das Nisslpräparat eigentlich verhältnismäßig wenig Veränderungen. Wir sehen hier alle Schichten sehr zellreich, allerdings in einzelnen Schichten schwer degenerierte Elemente und etwas Neuronophagie. Aber im großen und ganzen ist dieser Abschnitt als ziemlich der Norm nahe zu betrachten.

Areal X.

Die Pia ist verhältnismäßig zart. Hier sind jedenfalls die Infiltrate nicht sehr deutlich, nur in den tiefen Partien (Mark) ausgesprochen. Dagegen zeigen sich hier in den Zellschichten mehr fokale Ausfälle. Der Prozeß ist eigentlich in dem Markstrahl wesentlich stärker als in der Rinde. Auffällig gut erhalten sind die Ganglienzellen.

Areal XI.

Die Pia ist ebenfalls so wie in den früheren Präparaten. Auch hier fällt auf, daß das Rindengrau weniger Infiltrate enthält als die tieferen Teile, ganz unvergleichlich weniger als in der motorischen Region. Demzufolge ist auch das Rindenbild sehr gut entwickelt. Nur an einzelnen Stellen zeigt sich auch in der Rinde ein perivaskuläres Infiltrat. Dagegen sind in den Markstrahlen deutlich mächtige perivaskuläre Infiltrate wahrzunehmen. Was

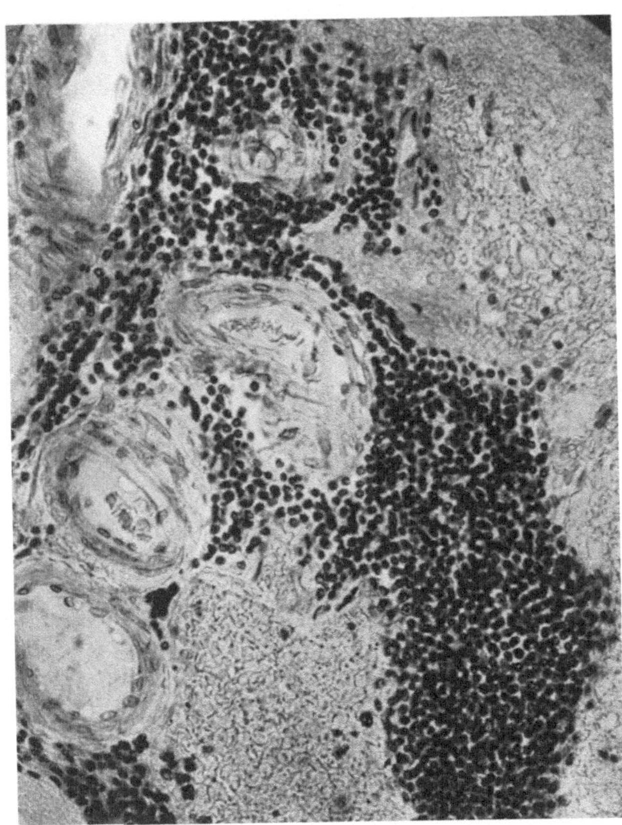

Abb. 2. Detail aus Abb. 1

den Charakter des Infiltrates anlangt, so ist auch hier das lymphoide Gewebe obenan. Jedenfalls nichts, was den Charakter des typisch paralytischen Infiltrates zeigen würde. Es ist interessant, daß eigentlich nur die Pia sich verhält wie bei echter Paralyse.

Areal 46.

Die Pia fehlt. Die Molekularschicht ist etwas verbreitert und sklerotisch, das Schichtenbild wunderbar erhalten. Im Rindengrau fehlt an den Gefäßen jedes Infiltrat und nur die Neuronophagie tritt deutlich hervor. Es kommt sogar zur Bildung von Gliaknötchen. Im Mark sieht man einzelne Gefäße, die ein bißchen mehr Zellen in den Lymphräumen zeigen.

Areal 47.

Die Pia ist abgerissen, die Molekularschicht höckerig, sklerotisch. Das Schichtenbild ist sehr gut erhalten. Auch hier im Rindengrau nur Neuronophagie sowie verhältnismäßig gut erhaltene Zellen. Im Mark sieht man wiederum mehr Zellen um die Gefäße.

Areal 45.

Hier zeigt sich die chronische Meningitis sehr deutlich. Ein Infiltrat ist nicht zu sehen, ebensowenig Verwachsungen. Die wenigen Zellen im Subarachnoidealraum sind meist Abbauzellen. Die Molekularschicht ist sklerotisch. Die Gefäße im Rindengrau zeigen gar keine Infiltratzellen. Die Rinde selbst ist sehr gut erhalten. Nur starke Neuronophagie. Einzelne Zellen sind abgeblaßt. Auch hier wieder ist das eigentliche Infiltrat nur an den Gefäßen nur im Markstrahl wahrzunehmen, obwohl auch hier keine sonderliche Infiltration ist und wir kein typisches Infiltrat sehen, wie es der Paralyse entspricht.

Areal 1, 2, 3, 5.

Im Parietallappen ist das Infiltrat in der Pia wieder etwas lebhafter. Die Infiltratzellen sind vorwiegend lymphoid. Auch Bindegewebszellen finden sich sowie Abbauzellen. Auffällig ist, daß trotz dieses ziemlich mächtigen Infiltrates in der Pia in der Rinde selbst kaum ein oder das andere Gefäß Infiltratzellen aufweist. Man sieht nur perivaskulär eine Erweiterung des umgebenden Gewebes. Nur an einzelnen Gefäßen sieht man eine perivaskuläre Anhäufung von Zellen. Bei genauerer Untersuchung zeigt sich nun, daß diese perivaskulären Anhäufungen doch der Mehrzahl nach aus den begleitenden Gliazellen bestehen, und daß die übrigen Zellen lymphoiden Charakter zeigen. Hier sind allerdings Ausfälle im Gewebe deutlich. Aber auch hier zeigt sich, daß die Infiltrate verhältnismäßig geringfügig sind und neben ihnen kleine nekrotische Herde sich finden. Im großen und ganzen ist der Prozeß eigentlich mehr ein pialer als ein Prozeß in der Rinde und die reaktive Vermehrung der Glia viel stärker als die Exsudation.

Areal 7.

Hier wurde ein größerer Block bearbeitet. Es zeigt sich, daß die Pia hier wesentlich zarter ist wie über dem Areal 1, 2, 3 und 5 und daß sich nur in den Furchen eine Spur Exsudat zeigt. Das Auffälligste ist auch hier in der Rinde an den Gefäßen eine perivaskuläre Desintegration. Man sieht ganz deutlich, wie um die Gefäße herum das Gewebe gelockert ist und gleichsam eine Sklerose bildet. Von einem Infiltrat ist keine Rede. Es ist, als ob ein perivaskuläres Ödem sich fände. Die Räume aber um die Gefäße herum sind vollständig frei von Zellen. An einzelnen Gefäßen sieht man, wie das Gliagerüst verdichtet ist. Es kommt bis zur perivaskulären Desintegration mit Verdichtung der Glia. Dort, wo sich doch einzelne Zellkerne finden, lassen sie sich leicht als Gliakerne erkennen. An einzelnen Gefäßen sieht man direkt eine Sklerose. Corpora amylacea in der Rinde. Das Nisslpräparat läßt auch hier wiederum eine Anreicherung der Gliakerne im Gewebe erkennen. Man sieht auch zahlreiche Zellen ziemlich stark degeneriert. Aber akute Degenerationen sind nicht zu finden. Auch hier ist perivaskulär der Prozeß im Mark erkennbar, aber weitaus geringer als an den früheren Schnitten.

Areal 19.

Die Pia im Okzipitallappen zeigt wieder eine frischere Infiltration, so wie sie über dem Parietallappen beschrieben wurde. Auch was die Gefäße im Innern anlangt, zeigt sich, daß das perivaskuläre Ödem ohne jede wie immer geartete Gefäßwandinfiltration ist. Dort aber, wo sich eine Spur einer

solchen Infiltration zeigt, ist nur lymphoides Gewebe, nicht einmal Plasmazellen erkennbar. Auch hier wieder eine Neuronophagie, aber von geringerer
Intensität. Auch im Mark sind hier keine auffälligen Infiltrate. Die Ganglienzellen zeigen ein ziemlich normales Verhalten, obwohl man an einzelnen
deutlich neben der Neuronophagie atrophische Vorgänge sieht.

Areal 18.

Die Pia ist hier sehr zart, zeigt nur eine mäßige Verbreiterung. Der ganze
Querschnitt würde als normal imponieren, wenn man nicht im Mark einzelne
Gefäße sähe, die ein Infiltrat aufweisen. Hier ist auch die Neuronophagie
verhältnismäßig gering. Die Ganglienzellen zeigen keine wesentliche Abweichung von der Norm.

Areal 17.

Die Area striata zeigt die Pia etwas mehr infiltriert als im Areal 18,
besonders wiederum in der Tiefe der Windungen. Auch hier typisch lymphoides Gewebe, ohne jene Mannigfaltigkeit, wie sie bei der Paralyse zu sehen
ist. Auffallend gut erhaltenes Zellbild. Reichliche Glia an den Zellen. Aber
die Gefäße sind frei von Infiltraten. Das gilt hier auch für die Gefäße im
Mark, so daß eigentlich nur die Pia affiziert erscheint.

Areal 41.

Die Pia ist zart, fast ohne Infiltrat. Die Molekularschicht ist sklerotisch,
etwas höckerig. In der Rinde wieder Ödem, aber sonst eigentlich außer
Neuronophagie keine Infiltrate und perivaskuläre Zellanhäufungen. Auch
hier sind im Mark Zellanhäufungen, aber sehr geringfügig. Das Zellbild ist
verhältnismäßig gut erhalten, obwohl man hier doch auch deutlich Ausfälle
wahrnehmen kann. Die Neuronophagie ist hier nicht so intensiv wie in den
frontalen Gebieten.

Areal 42.

Auch hier ist die Pia zart, das Rindenbild sehr gut erhalten, die Rindengefäße frei von Exsudationen. Im Mark deutlich perivaskuläre Zellen in
geringer Zahl. Stellenweise aber hat man hier den Eindruck eines vollständig
normalen Gehirns, wenn nicht das Infiltrat um die Gefäße im Mark wäre.
Betrachtet man diese Infiltrate, so zeigt sich auch hier, daß lymphoide Elemente
und die Glia allein vertreten sind.

Areal 22.

Die Pia ist auch hier zart, aber man kann stellenweise doch mehr wie in
den früheren Präparaten ein Infiltrat sehen. Hier sind auch kleine Hämorrhagien in der Pia. Das Infiltrat ist das in den übrigen Partien erwähnte.
Es findet sich auch nur in den Sulci. Die einbrechenden Gefäße aus der Pia
zeigen keine perivaskulären Zellanhäufungen. Nur an einzelnen Gefäßen
sieht man sie vereinzelt. Nur die Gliakerne sind vermehrt. Auch Neuronophagie ist deutlich. Auch hier ist wieder das Auffällige, daß im Mark die
Gefäße deutlich Mäntel von Zellen, an der Peripherie wenigstens einseitig,
erkennen lassen, die nicht nur Glia sind, sondern einfach lymphoide Zellen.
Die Zellausfälle sind verhältnismäßig gering, obwohl der Prozeß hier weit-
gehender ist wie in den vorigen Präparaten. Die Neuronophagie ist deutlich,
aber nicht sehr beträchtlich. Die Zelldegenerationen sind verhältnismäßig
geringfügig.

Areal 21.

Die Pia verhält sich analog dem eben geschilderten, ebenso die Rinde.
Besonders auffallend sind hier die perivaskulären Exsudate im Mark, während
die Rinde die Gefäße vollständig frei zeigt. Auch hier ist die Zellstruktur

sowie die Zellanordnung intakt und nur eine reichliche Neuronophagie in der Rinde erkennbar.

Areal 38.

Im Temporalpol zeigt sich die Pia etwas breiter, aber das Infiltrat in der gleichen Weise. Neuronophagie im Rindengrau. Die Gefäße zeigen aber hier vereinzelt doch einige Zellen in den perivaskulären Lymphräumen. Doch sind das keinesfalls alle Gefäße, sondern nur einzelne und die Zellmenge ist eine sehr geringe. Größtenteils handelt es sich nur um eine Vermehrung der Begleitglia. Im Nisslbild überwiegen die intakten Zellen.

Zusammenfassung

Bei einer typischen Paralyse, die eine Rekurrensimpfung bekam, in deren Anschluß sich nahezu eine volle Remission zeigte, läßt sich im Gehirn ein eigenartiger Zustand erkennen, indem die Pia mater noch deutlich das schwere Infiltrat zeigt, die Rinde verhältnismäßig geringfügig infiltriert ist und eine mesodermale Reaktion aufweist, wobei allerdings hervorgehoben werden muß, daß hier die Stäbchenzellen sehr häufig sind und, je tiefer wir kommen, besonders aber im Mark, desto mehr findet man eine verhältnismäßig schwere Infiltration mehr von mesodermalem Typ.

II. Fall (Nr. 3989).

Frau F. E. Die Anamnese wegen ihrer Demenz nicht erhebbar. Sie ist vollständig desorientiert, zeigt mussitierendes Delir. Seit Monaten bettlägerig. Patellarreflexe sind schwer auslösbar. Pupillenstarre. Sie spricht kaum nach. Wassermann im Blut und Liquor positiv, Nonne-Apelt positiv, Gesamteiweiß vermehrt, 25 Zellen im Liquor. Sie bekommt eine Malariaimpfung am 25./IV. und hat sechs Anfälle bis zum 10./V. inkl., dann Chinin. Es bleibt trotzdem der Blut-Wassermann positiv. Die Kranke erholt sich nicht und stirbt schließlich, drei Jahre nach der Impfung, an einer Pneumonie.

Areal 4.

Die Meninx ist auffallend zart. Stellenweise ist sie nur verdickt. In den Sulci zeigt sich auch etwas Infiltrat. Es handelt sich dabei um ein lymphoides Gewebe. Einzelne dieser lymphoiden Zellen haben einen größeren Plasmasaum. Die Molekularschicht ist stellenweise höckerig. Auch hier ist wieder auffällig, daß die Neuronophagie ziemlich stark ist. An einzelnen tieferen Gefäßen sieht man wiederum perivaskuläre Anhäufung von Zellen sehr geringer Intensität. Diesmal ist diese Anhäufung sowohl in der Rinde als auch im Mark zu sehen. Die Zellen sind entweder lymphoide Zellen oder es handelt sich lediglich um die begleitenden Gliazellen.

Areal 8.

Die Pia zeigt analoges Verhalten. Im Gewebe etwas Ödem, besonders in der Peripherie. In der Rinde sind ziemlich große Zellausfälle. Sie treffen besonders die äußeren Schichten, im Gegensatz zu der motorischen Region, wo die Ausfälle verhältnismäßig gering waren. Hier ist die Rinde frei von perivaskulären Zellvermehrungen. Dagegen sieht man solche im Mark.

Areal 9.

Hier ist die Pia wesentlich breiter als in den bisherigen Präparaten und zeigt die typischen Bilder einer paralytischen Verbreiterung mit beginnender bindegewebiger Umwandlung. Man sieht hier zahlreiche Abbauzellen, bindegewebige Zellen, aber vorwiegend doch wieder uniforme lymphozytäre Elemente. Die Pia im ganzen verdickt. Auch hier ist die gliöse Rindenschicht höckerig. Es ist auch eine deutliche Zellabnahme in der Rinde zu konstatieren, die nicht nur die äußeren, sondern auch die inneren Schichten trifft und stellenweise zu einer Sklerose der Rinde führt. Auch perivaskuläre Sklerosen sind zu sehen. Hier fehlt nahezu jedes Infiltrat, auch im Mark.

Areal 10.

Hier ist die Pia außen in ein dickes, bindegewebiges Gebilde umgewandelt, innen lockerer gefügt. Wenig Infiltrat. Neuronophagie sehr deutlich. Die Gefäße sind ziemlich frei, Zellausfälle sehr deutlich. Ein Teil der vorhandenen Zellen zeigt Schrumpfung, auch schwere Deformation.

Areal 11.

Pia analog dem vorigen Präparat. Die Molekularschicht ist höckerig und sklerotisch. Hier zeigt eine Rindenarterie ein paar Exsudatzellen, aber nur eine einzige. Außerdem sieht man ein ziemlich großes Ödem perivaskulär und wie durch das Ödemgewebe Gliafäden zur Gefäßwand wachsen. Der Zellreichtum der Rinde ist hier vielleicht etwas größer als in den vorigen Schnitten, aber man merkt auch hier schwere Ausfälle in der Peripherie bis in die III. Schicht hinein.

Areal 45.

Die Pia ist hier weniger wie in den vorigen Schnitten verdickt, läßt aber sonst analoge Veränderungen erkennen. Auch hier perivaskuläres Ödem, fast bis zur Desintegration fortgeschritten. Nirgends an den Gefäßen ein Infiltrat. Neuronophagie, eventuell Vermehrung der Begleitzellen der Gefäße. Die Rindenstruktur ist hier besser erhalten als an den anderen Präparaten, wiewohl auch hier in den äußeren Partien Zellausfälle sehr deutlich erkennbar sind.

Areal 1, 2, 3.

Die Pia ist hier selbst in den Sulci viel zarter als in den vorigen Schnitten und läßt kaum eine Infiltration erkennen. Stellenweise sieht man aber auch hier Verdickung und bindegewebige Veränderung wie bei einem abgelaufenen Prozeß. Deutliches Ödem in der Rinde. Die Molekularschicht sklerotisch. Der Zellreichtum der Rinde ist sehr beträchtlich. Neuronophagie sehr reichlich. Auch hier sieht man an den Gefäßen nur im Mark eine Vermehrung der Begleitzellen. Die Rinde zeigt keine Exsudation.

Areal 5.

Die Pia ist hier weniger breit, nur an einzelnen Stellen zeigt sich die sklerotische Verdickung. Auch hier Ödem, besonders perivaskulär. Sonst wie das vorherige Areal.

Areal 7.

Die Pia wie in dem vorigen Präparat verhältnismäßig zart, die Rinde auffallend intakt. Sehr viele Corpora amylacea an der Oberfläche. Ödem um die Gefäße. Keine Exsudate. Auch hier zeigt sich eine Art Desintegration um die Gefäße mit einer reaktiven Vermehrung der Gliazellen. Die Zelluntersuchung zeigt aber doch Ausfälle. Man sieht dort, wo die Gefäße das Ödem zeigen, die Umgebung der Gefäße durch Glia verdichtet und eine Anreicherung der Satelliten.

Areal 39.

Die Pia ist verhältnismäßig zart. Doch sieht man auch hier die Molekularschicht höckerig und sklerotisch. Die Rinde selbst erscheint hier wieder etwas mehr affiziert, indem die äußeren Schichten auffallend zellarm sind, entsprechend den sklerotischen Partien. Bei genauerem Zusehen zeigt sich, daß die Rindengefäße vollständig frei von Exsudationen sind. In den Gefäßen des Marks aber kann man zum Teil eine Vermehrung der begleitenden Gliazellen, zum Teil auch lymphiode Elemente an den Gefäßscheiden wahrnehmen. Die Neuronophagie ist allenthalben deutlich ausgesprochen.

Areal 40.

In diesem Areal zeigt sich wiederum deutlich die perivaskuläre Desintegration und Sklerose. Sonst ist das Verhalten ganz analog dem eben geschilderten.

Areal 43.

Die Pia fehlt. Die Molekularschicht ist sklerotisch, höckerig. Hier fällt insbesondere auf, daß perivaskulär an den Gefäßen, die weiter keine Veränderung der Wand zeigen, eine wesentliche Aufhellung des Gewebes besteht, die ziemlich weit reicht und ausgefüllt ist durch ein dichtes Glianetz. Stellenweise hat es den Anschein, als ob die kleinen Hirngefäße verschlossen wären. Aber es kommt nicht zur vollständigen Malazie. Man sieht auch keine reaktive Veränderung, sondern das ganze bildet ein dichtes, lückiges Glianetz mit kaum eingestreuten Kernen. In diesem Schnitt sind die Zellverhältnisse auffallend gut. Eine Vermehrung tritt jedenfalls nicht sehr deutlich hervor.

Areal 19.

Die Pia ist auffallend zart, obwohl sie stellenweise eine leichte Verdickung erkennen läßt, aber sie ist nicht infiltriert. Die Rindengefäße zeigen die gleiche Verbreiterung der perivaskulären Räume, ohne jedes Zellinfiltrat. In der Tiefe sieht man eine Vermehrung der begleitenden Gliazellen. Auffallend wiederum, daß in der weißen Substanz, wenn auch nur geringfügig, so doch deutlich Infiltrate lymphoiden Gewebes zu erkennen sind. Die Zellschichtung hat nicht gelitten. Man sieht allerdings auch hier Ausfälle, besonders in der II. und III. Schicht. Aber im großen und ganzen ist das Zellbild normal, die Neuronophagie geringer.

Areal 18.

Dieses Areal zeigt analoge Verhältnisse. Vielleicht daß hier auch die Infiltratzellen in der Tiefe der weißen Substanz geringer sind. Doch sind die Zellausfälle auch hier deutlich, die Neuronophagie verhältnismäßig geringfügig.

Areal 17.

Die Area striata zeigt auffälligerweise die Pia besonders in den Sulci wiederum sehr aufgelockert und infiltriert. Auch hier ist an den Gefäßen sehr wenig zu sehen. Ein leichtes Ödem im Gewebe ist allerdings unverkennbar, ebenso eine Verminderung der Zellen der äußeren Partien.

Areal 41 und 42.

Der Temporallappen zeigt in den Arealen 41 und 42, die gemeinsam geschnitten wurden, die Pia auffällig zart, überhaupt keine Spur eines Infiltrates. Nur in den Sulci kann man etwas davon wahrnehmen. Aber auch die Verdickung in der Pia ist geringfügig. Auffallend sind auch hier die nahezu vollständig freien Gefäßscheiden. Hier ist auch die Glia in der Rinde nicht sonderlich angereichert. Nur im Mark sieht man auch hier wiederum die Gliakerne längs der Gefäße vermehrt. Aber lange nicht so wie in den anderen Partien. Auch die Neuronophagie ist gering. Zellausfälle jedoch sehr deutlich.

Areal 21.

Dieses Areal zeigt wieder mehr Desintegrationen an den Gefäßen. Hier das gefäßumgebende Gewebe aufgehellt, aber die Glia ist ziemlich dicht.

24*

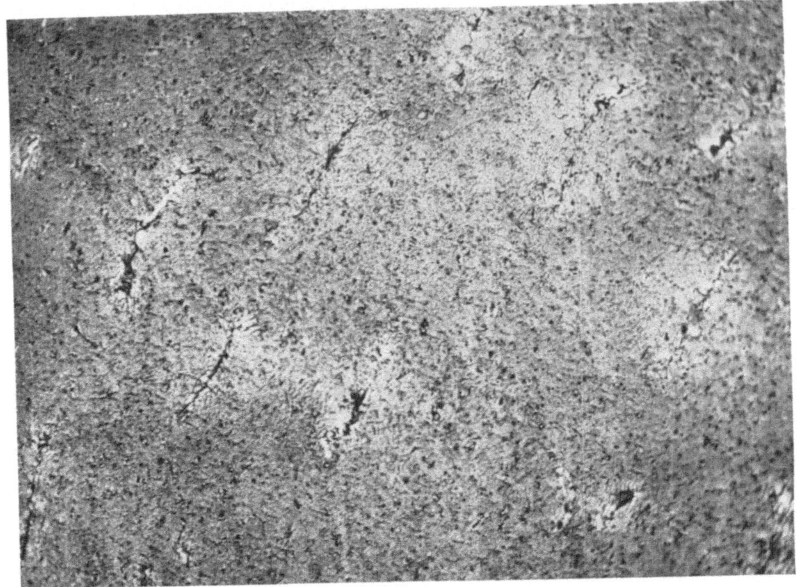

Abb. 3. Lichtungsbezirke um die Gefäße

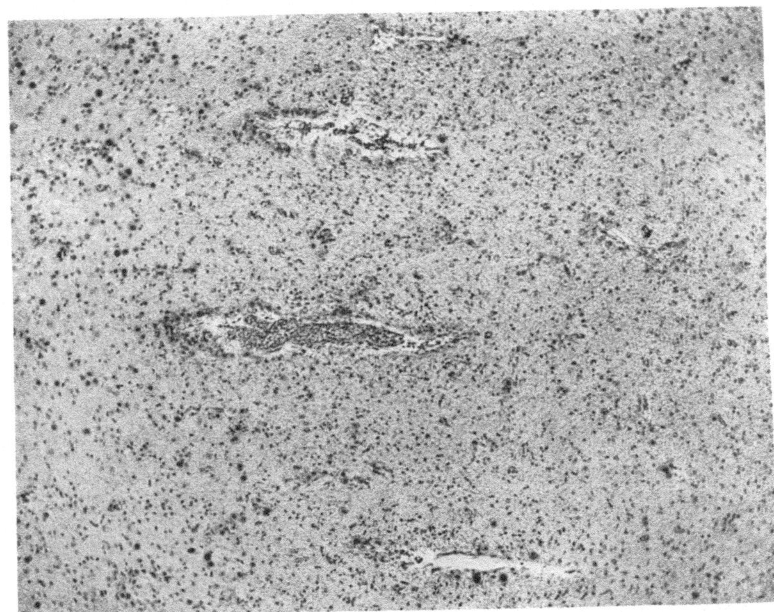

Abb. 4. Lichtungsbezirke an den Gefäßen mit Corpora amylacea

Von einem Infiltrat in diesen Gebieten ist nicht die Rede. Man sieht einige Corpora amylacea in diesen Gegenden und am Rande des Lichtungsbezirkes ist die Glia verdichtet. Sonst ist das Verhalten der Gefäße und auch der übrigen Teile identisch mit dem früheren, vielleicht daß die Zellausfälle ein wenig beträchtlicher sind.

Areal 38.

Hier sind die perivaskulären Lichtungsbezirke wieder sehr deutlich. Außerdem sieht man auch hier wieder etwas mehr Infiltratzellen, und zwar wiederum hauptsächlich im Mark, weniger in der Rinde. Es macht den Eindruck, als wenn die Infiltratzellen aus dem Gewebe herausgewaschen wären und die Lücken für die Infiltratzellen um die Gefäße herum erhalten ge-

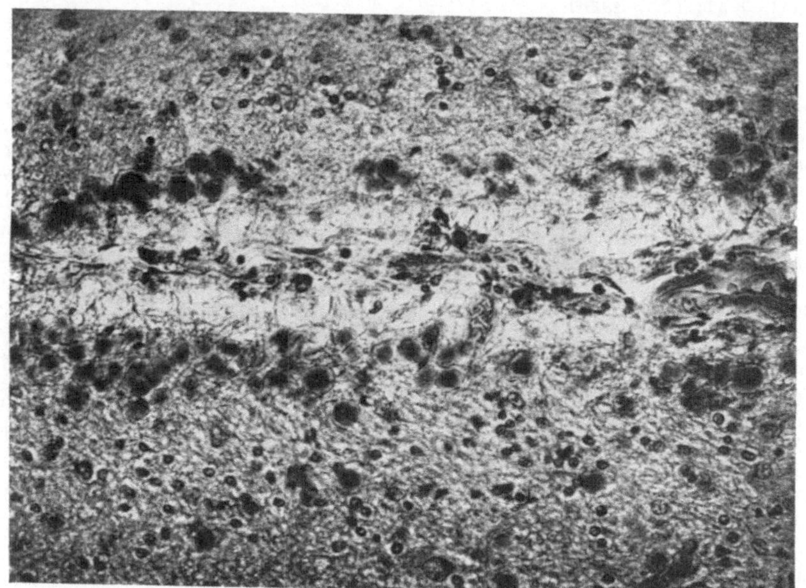

Abb. 5. Detail aus Abb. 3 zur Darstellung der Corpora amylacea

blieben sind. Auch das Nisslpräparat läßt eigentlich keine gröberen Störungen erkennen, lediglich einen mäßigen Zellausfall.

Areal 25.

Die Pia ist hier verbreitert, jedenfalls wesentlich breiter als im Parietallappen. Das Infiltrat ist allerdings ein verhältnismäßig geringes. Die Lichtungsbezirke um die Gefäße herum sind auch hier deutlich. Nirgend eine Spur von Infiltrat, mit Ausnahme einiger kleiner Gefäße im Mark. Das Zellbild ist auffallend gut erhalten. Nur sieht man auch hier deutliche Neuronophagie und Vermehrung der Trabantkerne in der Tiefe.

Areal 20.

Hier sind die Lichtungsbezirke um die Gefäße besonders schön (Abb. 3, 4, 5) und man sieht an einzelnen dieser Lichtungsbezirke am Rande eine Unzahl von Corpora amylacea bzw. die Pseudokalkkörnchen reichlich im Gewebe vorhanden. Die Lichtungsbezirke sind hier besonders groß und deutlich. Von einem Infiltrat aber ist absolut keine Rede. Es zeigt sich daß auch eine deutliche Verminderung der Zellen vorhanden ist, aber diese ist mehr diffus. Neuronophagie verhältnismäßig gering.

Zusammenfassung

Die Pia ist hier stellenweise ganz zart, nur an der Innenseite zeigen sich noch Infiltratzellen. Die Rinde erscheint von Infiltrat ziemlich frei. Dagegen findet sich im Mark ein deutliches aber ausgesprochen mesodermales Infiltrat.

III. Fall (Nr. 3928).

60 Jahre alte Frau, P. Ch., vollständig belanglose Anamnese; war immer gesund bis Ende 1924, wo sie unter sehr starkem Schwächegefühl, Schwindel und Zittern erkrankte. Sie erholte sich durch Bettruhe im Spital und wurde dann in das Versorgungsheim überstellt. Hier zeigte sich reflektorische Pupillenstarre, fehlende Patellarreflexe, Ataxie mäßigen Grades. Hautsensibilität im Bereiche der oberen Extremitäten etwas herabgesetzt. Bei einer Nachuntersuchung durch den Neurologen ergibt sich, daß die Patellarreflexe wohl noch beiderseits auslösbar sind, daß hauptsächlich die Ataxie im Vordergrund steht und positiver Romberg sowie Pupillenstarre bestehen. Patientin verläßt die Anstalt im März 1925, kam aber am 22./VI. 1926 wieder zur Aufnahme mit schweren psychischen Erscheinungen, war örtlich und zeitlich desorientiert, unruhig, ängstlich, beantwortete selbst primitive Fragen nicht, zeigte auffallendes Zittern des Kopfes, deutliches Zittern der Zunge und der Hände. Positiver Romberg, auslösbare Sehnenreflexe. Der Wassermann war sowohl im Blut als auch im Liquor anfangs positiv, später negativ. Am 28./VIII. Rekurrensimpfung. Sie fieberte vom 28./VIII. bis 4./IX. und erreichte dabei die Höchsttemperatur von 39.1. Wiederholte Schüttelfröste. Auch später fieberte sie wieder, doch dürfte das auf Retentio urinae und die inzwischen aufgetretene Zystitis zu beziehen sein. Die Kranke starb schließlich an einer Pneumonie am 15./X. 1926.

Makroskopisch bot das Gehirn und das Rückenmark nichts wesentlich Pathologisches.

Der histologische Befund der Rinde zeigt folgendes:

Areal 4.

Dort, wo die Meninx vorhanden, ist ein deutliches Infiltrat, und zwar sowohl Lymphozyten als auch Leukozyten sowie auffallend viele degenerierte Zellen zu sehen. Die gliöse Rindenschicht ist verdickt, Ödem im Gewebe. Während das Rindengrau frei ist von Gefäßinfiltraten, sind solche im Mark sehr deutlich, zeigen aber mehr mesodermalen Typus. Ein Nisslpräparat dieses Gebietes zeigt viele Stäbchenzellen, Zellverarmung und schwere Zelldegeneration in der II. und III. Schicht. In den tieferen Schichten etwas Neuronophagie und an einzelnen Gefäßen deutlich perivaskuläre Infiltrate. Es ist der Typus der Gefäßhose, doch sind auch hier lymphoide Zellen im Vordergrund, doch auch Plasmazellen und Adventitiaelemente. Einzelne stark pigmentierte Zellen finden sich darunter. Es ist das Infiltrat unvergleichlich stärker in der Tiefe als in den oberen Partien.

Areal VI.

Im Areal 6 zeigt sich die typische Meningofibrose, wie sie der klassischen Paralyse eigen ist. Hier sind nur wenige Infiltratzellen im Innern, vorwiegend Leukozyten und Lymphozyten. Wieder Ödem der Rinde, Infiltrate an den Gefäßen, mehr in der Tiefe. Auch hier reichlich Stäbchenzellen bis in die äußersten Gebiete. Reiche Infiltrate an den Gefäßen in der Rinde, noch stärkere Infiltrate im Mark. Zellen wie früher. Es scheint, daß die mesodermalen Elemente, besonders die lymphoiden, hier im Vordergrund stehen.

Areal VIII.

Hier tritt wieder der besondere Kontrast zwischen der Gefäßinfiltration im Mark und in dem Rindengrau hervor. Im Mark viel deutlichere Infiltrate als im Grau der Rinde. Hier sind große Zelldefekte zu sehen.

Areal IX.

Gleicher Befund. Die Rinde fast frei von perivaskulären Infiltraten. Im Mark enorme Infiltrationen, große Zellausfälle. Die Stäbchenzellen hier weniger reichlich.

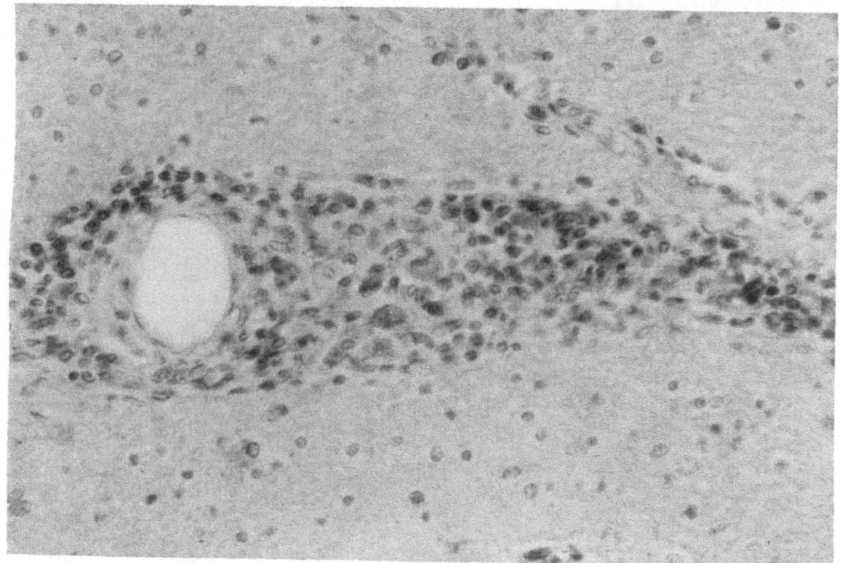

Abb. 6. Perivaskuläres Infiltrat — man beachte den Charakter desselben

Areal XI.

Die Pia weniger affiziert wie in den früheren Arealen. Hier zeigt sich das gleiche wie früher in bezug auf die Infiltratzellen an den Gefäßen, nur daß man auch im Rindengrau einzelne wahrnehmen kann.

Areal XLIV und XLV.

Hier ist der paralytische Prozeß auf der Höhe, indem auch im Rindengrau die perivaskulären Infiltrate mächtig sind. Auch sonst im Gewebe sehr viele Gliakerne, auch Stäbchenzellen. Doch treten auch hier wieder die lymphoiden Zellen in den Vordergrund und ist das Mark stärker betroffen als das Grau.

Areal XLVI.

Gleicher Befund. Deutliches Ödem der Rinde.

Areal I, II, III.

Die Pia ist abgerissen. Hier sind stellenweise noch in der äußeren Rinde Gefäße mit perivaskulären Infiltraten (Abb. 6), aber auch hier sieht man wieder, daß der Prozeß im Mark der weitaus intensivere ist, soweit die Infiltration in Frage kommt. Auch hier sind zahlreiche Stäbchenzellen bis an die äußerste Peripherie zu sehen. Die Ganglienzellen aber erscheinen wesentlich besser erhalten als im Frontalhirn. Das perivaskuläre Infiltrat zeigt auch hier wieder vorwiegend mesodermale Elemente lymphoiden Charakters, aber auch Abbauzellen und degenerierte Elemente.

Areal XXXIX.

Die Pia ist hier etwas zarter. Nur stellenweise zeigt sich eine Verbreiterung, die aber nicht so groß ist als wie im Stirnhirn. Auch hier ist die Molekularschicht schwerst affiziert, die Schichten nicht verworfen. Bezüglich der Infiltrate der gleiche Befund wie früher. Es ist nur immer wieder auf-

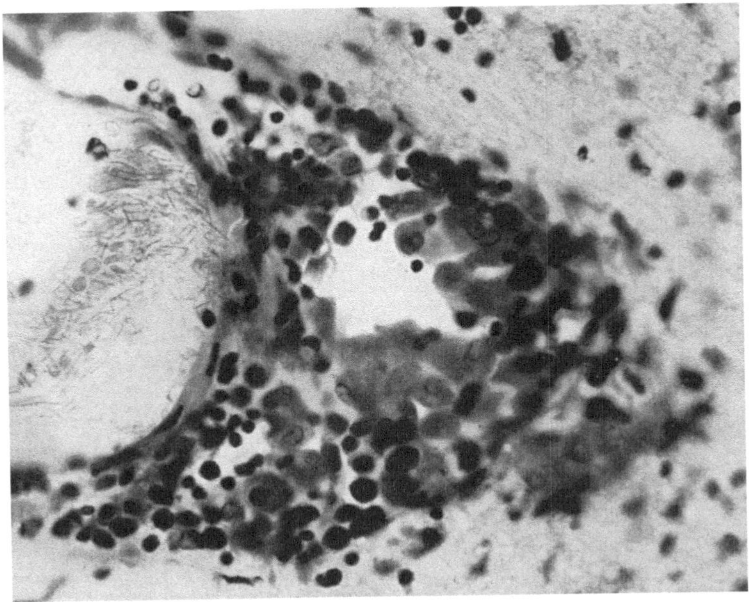

Abb. 7. Perivaskuläres Infiltrat mit lymphoiden und degenerierenden Elementen

fallend, wie enorm groß die perivaskulären Exsudationen im Mark sind. Hier sind ziemlich viele pigmentierte Zellen und lymphoide Elemente zu sehen.

Areal VII.

Hier ist die Rinde wieder mehr infiltriert (Abb. 7), aber nur streckenweise. Streckenweise ist sie von Infiltraten frei. Auch im Mark ist die Infiltration streckenweise gering, streckenweise jedoch sehr deutlich. Die piale Reaktion ist verhältnismäßig weniger stark als früher.

Areal XLIII.

Die Pia ist hier verhältnismäßig zart, ganz unvergleichlich weniger affiziert als in den anderen Partien. Die Rinde aber ist ziemlich zellarm, ödematös. Hier ist tatsächlich nur im Mark eine perivaskuläre Infiltration zu sehen, keineswegs so intensiv wie in den früheren Abschnitten. Ziemlich reiche Zellausfälle in der Rinde bei verhältnismäßig gut erhaltenen Zellen.

Areal XIX.

Auch hier ist die Pia verhältnismäßig zart. Die Molekularschicht ist aber stark sklerotisch, die Zellen viel reicher als in den anderen Abschnitten, die perivaskulären Infiltrate sogar auch im Mark deutlich vorhanden, auch in der Rinde im Grau an einzelnen Stellen noch sichtbar. Der Kontrast zwischen Rinde und Mark tritt hier besonders deutlich hervor.

Areal XVIII.

Gleicher Befund. Der Zellreichtum ist besonders auffallend.

Areal XLII.

Hier sieht man perivaskuläres Ödem in den Gefäßen des Rindengrau. An einzelnen dieser Gefäße aber sieht man deutlich ein relativ reichliches perivaskuläres Exsudat. Auch hier ist der Kontrast zwischen Mark und Rinde stark in die Augen fallend. Der Zellausfall ist geringer, deutliche Stäbchen- zellen, aber wesentlich weniger als in den frontalen Regionen.

Areal XXI.

Die Pia ist verhältnismäßig zart. Fleckweise sieht man auch in der Rinde perivaskuläre Exsudate, fleckweise fehlen sie vollständig. Was aber auch hier wieder ins Auge fällt, ist die perivaskuläre Exsudation im Mark. Auch hier wieder sehr reichlich pigmentierte Zellen. Das Exsudat ist vom gleichen Charakter wie früher.

Areal XXII.

Die Pia wieder etwas mehr verbreitet als früher, nicht so derb als im Stirnhirn. Kleines Gumma im Gewebe.

Areal XXXVIII.

Starke Rindensklerose. Pia wie früher. Im Rindengrau stellenweise Infiltrationen. Im Mark einzelne Gefäße verkalkt und fast verschlossen. Das Verhältnis der Infiltrate ist analog dem bisher beschriebenen.

Areal XXXVII.

Hier sieht man wiederum perivaskuläre Ödeme und in den Infiltraten im Mark Abbauelemente.

Zusammenfassung

Hier handelt es sich um eine Taboparalyse, die nach Rekurrens- impfung keine Remissionen gezeigt hat.

Die Pia ist schwer infiltriert, stellenweise Meningofibrose. Auch im Rindengrau sind noch reichlich perivaskuläre Infiltrate, aber auch hier tritt hervor, daß die Infiltrate in der Tiefe stärker sind als an der Ober- fläche.

Literaturverzeichnis:

STRÄUSSLER, E. u. KOSKINAS, G.: Über den Einfluß der Malaria- behandlung der progressiven Paralyse auf den histologischen Prozeß. Wien. med. Wochenschr., Nr. 19. 1923. — DIESELBEN: Weitere Untersuchungen über den Einfluß der Malariabehandlung der progressiven Paralyse auf den histologischen Prozeß. Zeitschr. f. d. ges. Neurol. u. Psych., Bd. 417, H. 1/2, S. 176—191. 1925. — NAKAMURA, JO: Über Veränderungen in der Gehirn- rinde malariabehandelter Paralytiker und Luetiker. Arb. a. d. Neurol. Inst. an d. Wien. Univ., Bd. 28, S. 197—226. 1926. — BENEDEK, L. u. KISS, J.: Über die Wirkung der Rekurrenstherapie auf den pathologischen Prozeß der progressiven Paralyse. (Klin. f. Nervenklinik u. Psychiatrie, Univ. Debreczen.) Psychiatr.-neurol. Wochenschr., 29. Jahrg., Nr. 2, S. 23—26. 1927.

Aus dem Neurologischen Institut der Wiener Universität
Vorstand: Prof. Dr. O. Marburg

Über die Wirkung der subarachnoidealen Injektion Lipoid-gelöster Pharmaka auf das zentrale Nervensystem

Von

Dr. Chikazo Inaba, Osaka, Japan

Mit 2 Textabbildungen

In den letzten Jahren hat die Frage der Injizierbarkeit von Lipoid-verbindungen in den Subarachnoidealraum erhöhtes Interesse gewonnen, seitdem man die Bedeutung von Jodölverbindungen (Lipojodol, Jodipin) für die röntgenologische Darstellung nicht nur des Sitzes extramedullärer Tumoren, sondern auch der basalen Zisternen und schließlich der Gehirnventrikel erkannt hat; konnte ja SGALITZER zeigen, daß das aszendierende Lipojodol bzw. Jodipin (spezifisch leichter als Wasser) bis in die Cisterna chiasmatica vordringt und auch in die Gehirnventrikel einzudringen vermag.[1] Diese Tatsache erscheint nun nicht nur vom diagnostischen, sondern auch vom therapeutischen Standpunkt aus recht wichtig, weil damit ein Weg gezeigt scheint, wie man Pharmaka an das Chiasma bzw. die Gehirnoberfläche heranbringen bzw. in die Ventrikel einführen kann. Hiezu müssen aber zwei Bedingungen erfüllt sein. Die injizierten Verbindungen müssen erstens für das Nervengewebe unschädlich sein, sie müssen zweitens relativ leicht resorbiert werden können. Hier wurde zunächst auf Veranlassung von Herrn Dr. SPIEGEL die erste Frage nach den Einwirkungen der injizierten Verbindungen auf die Nerven-substanz studiert. Bei den Versuchstieren, durchwegs Hunde, wurde unter sterilen Kautelen die Membrana atlantooccipitalis posterior freigelegt und mit der Nadel einer Pravazspritze punktiert, hierauf langsam soviel Liquor angesogen und abgelassen, als man nachher Flüssigkeit injizieren wollte (meist 0,5 bis 1 ccm), weiterhin die zu injizierende Flüssigkeit mit dem angesogenem Liquor in der Spritze durch öfteres Hin- und Herschieben des Stempels gemischt und nachher langsam injiziert.

Der Eingriff ließ sich bei fortschreitender Übung auch noch weiter vereinfachen indem schließlich die Punktion der Membrana atlanto-occipitalis und nachfolgende Injektion durch die rasierte und gereinigte Haut hindurch erfolgte. Nachdem die Tiere verschiedene Zeit (bis zu

---

[1] Wien. klin. Wochenschr. Nr. 21. 1926.

sechs Wochen) am Leben belassen wurden, erfolgte die histologische Untersuchung des Gehirns, vor allem der Region des vierten Ventrikels, des Aquaeductus Sylvii, des dritten Ventrikels an Nißl, Heidenhain- und Sudanpräparaten, um die Reaktionen des Gewebes auf die injizierte Substanz zu beobachten.

Was zunächst das injizierte Jodipin (0,5 bis 1 ccm Jodipin ascendens Merck) anlangt, so wurde es, konform der klinischen Beobachtung, von den Tieren anstandslos vertragen, die Tiere sprangen oft noch am Injektionstage, immer aber am folgenden Tage munter herum. Die anatomische Untersuchung nach Tötung der Tiere konnte makroskopisch höchstens eine Verdickung der Meningen um die Einstichstelle fest-stellen, im Querschnitt erwies sich der Ventrikelspalt, sowohl im Bereiche des Rautenhirns als auch des Vorder- und Zwischenhirns normal. Die histologische Untersuchung zeigte die Nervenzellen auch in der Nachbar-schaft der Ventrikel ziemlich normal, ihr Tigroid gut darstellbar, auch die Kerne von normaler Beschaffenheit. Neben leichter, stellenweiser Wucherung der subependymalen Glia und Auflockerung der Ependym- bzw. Plexuszellen war eine Vermehrung der mononukleären Zelle des Subarachnoidealraumes der einzige pathologische Befund. Wir können also sagen, daß das Jodipin vom Gehirn recht gut vertragen wird, höchstens leichte Reizzustände der Meningen im Sinne einer mononukleären Infiltration derselben verursacht.

Es schien nun weiter, besonders vom therapeutischen Standpunkt aus interessant, wie das Gehirn auf die Injektion von Bromipin reagiert, das ja eine ganz analoge Verbindung wie das Jodipin, nämlich ein Brom-additionsprodukt des Sesamöls darstellt. Auch die Injektion dieser Sub-stanz wurde von den Hunden ausgezeichnet vertragen, die histologischen Veränderungen waren ebenso geringfügig, vielleicht bezüglich der menin-gealen Veränderungen noch geringer als die durch das Jodipin erzeugten; die Hoffnung, durch Anlegung eines Bromipindepots die Krampffähigkeit des Gehirns herabzusetzen, erwies sich allerdings als trügerisch, denn die Tiere, welchen einige Tage vorher ein- oder mehrmals je 1 ccm Bromipin durch die Membrana atlanto occipitalis injiziert worden war, verfielen bei Injektion von Kampferpräparaten (subkutane Injektion einer 25%igen Kampferlösung, noch viel wirksamer, venöse Injektion von 0,2 bis 0,4 ccm Hexeton) ebenso leicht in epileptiforme Krämpfe wie normale Kontroll-tiere.

Wie wichtig es ist, die Reaktion des Zentralnervensystems auf die injizierten Lipoidverbindungen zu prüfen, zeigte sich uns beim Studium der Wirkungen der von der Firma Merck in den Handel gebrachten Lösung einer organischen Bismutverbindung im Öl, des E m b i a l., Während das Mittel bei intramuskulärer Injektion, wie schon die klinische Er-fahrung lehrt, recht gut verträglich ist, wurden die Tiere einige Zeit

nach der Injektion dieses Mittels durch die Membrana atlanto-occipitalis,
auch bei Anwendung von fünf- bis zehnfacher Verdünnung mit Erdnuß-
öl auffallend matt, freß- und bewegungsunlustig, magerten rasch ab, konnten aber immerhin durch mehrere Wochen am Leben erhalten werden, während sie nach Anwendung von ein- bis zweifacher Verdünnung nach wenigen Tagen zugrunde gingen (immer Injektion von 1 bis 2 ccm). Die Ursache hiefür wurde durch die anatomische Untersuchung aufgedeckt: es kommt zur Ausbildung eines oft ganz enormen Hydrozephalus aller Ventrikel (vgl. Abb. 1 u. 2), der schon nach Injektion von 0,5 ccm der fünffach verdünnten Lösung zu beobachten war, am stärksten bei den Tieren entwickelt war, die mehrmals fünf- bis zehnfache Verdünnung er-

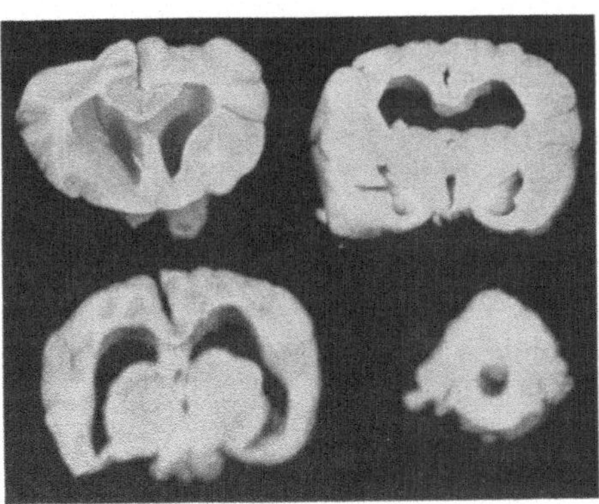

Abb. 1. Hund Nr. VI. 3,45 kg schwer, 28./IX. 1927 0,5 ccm 10fach verdünnte Embiallösung durch die Membrana atlanto-occipitalis injiziert. 13./X. 0,5 ccm 5fach verdünnte, 3./XI. 0,5 ccm 10fach verdünnte Lösung injiziert. Zunehmende Abmagerung, Freßunlust, breitspuriger, ataktischer Gang, Wirbelsäule nach rechts konkav. 9./XI. Tötung

hielten, und drei bis sechs Wochen am Leben blieben. Dieser Hydrocephalus muß mit den schweren Veränderungen in Verbindung gebracht werden, welche die histologische Untersuchung, besonders an den Meningen, aufdeckte. Es kam bei diesen Tieren zu einer dichten, mononukleären Infiltration der Meningen, die auch von polynukleären Zellen durchsetzt waren. Aber auch das Ependym der Ventrikel erwies sich stellenweise gequollen, vakuolisiert bzw. ganz zerstört. Quellungs-

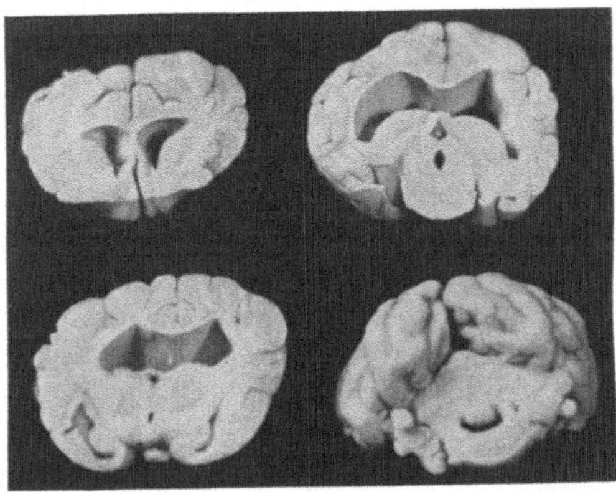

Abb 2. Hund XXI. 2./XI. 1927 0,5 ccm 2fach verdünnte Embiallösung durch die Membrana atlanto-occipitalis injiziert. Nach einer Woche ataktischer Gang. 23./XI. Tötung

erscheinungen bzw. Vakuolenbildung konnte auch an den Plexus-
epithelien festgestellt werden. Proliferation der subependymalen Glia,

Tigrolyse, besonders der dem Ventrikel benachbarten Ganglienzellen, vervollständigen das Bild. Daß diese Veränderungen nicht auf das zur Verdünnung verwendete Erdnußöl bezogen werden können, bewiesen Kontrollversuche, in welchen dieses Öl allein injiziert wurde, ohne zu den geschilderten Schädigungen zu führen.

Die vorliegenden Versuche, die aus äußeren Gründen zu einem vorläufigen Stillstande gebracht werden mußten, weisen demnach darauf hin, daß man bei der subarachnoidealen Injektion lipoidlöslicher Substanzen vor allem auf die Reaktion der Meningen selbst zu achten unddie Möglichkeit von Reizzuständen derselben im Auge zu behalten hat, die bei der Verwendung von Jodipin und Bromipin geringfügig sind, bei anderen Substanzen, wie das Embial gezeigt hat, recht schwerwiegend sein können.

Zur Frage der amaurotischen Idiotie

Von

Dr. Chikazo Inaba, Osaka, Japan

Mit 2 Textabbildungen

In Fortsetzung meiner Untersuchungen über die Idiotie möchte ich hier über einen Fall von amaurotischer Idiotie berichten, welcher der infantilen Form angehört. Doch liegt es mir ferne, hier alle jene Untersuchungen zu wiederholen, welche von so berufenen Männern, wie Schaffer, Bielschowsky, Spielmeyer, Vogt u. v. a., vorgenommen wurden, zwecks Feststellung des Wesens der Krankheit. Hier handelt es sich mir lediglich darum, etwas genauer, wie dies bisher geschehen ist, in der Hirnrinde den Grad der Zellschädigung in den einzelnen Zellschichten festzustellen, um zu sehen, wodurch die Idiotie in erster Linie bedingt ist.

Ich habe bekanntlich gezeigt, daß in meinen Fällen von Idiotie, bei denen die ganze Rinde untersucht wurde, der Prozeß der Rindenverschmächtigung von frontal nach okzipital zu abnimmt, indem die frontale Rinde wesentlich schmäler ist als okzipital, daß alle Rindenschichten geschädigt waren, aber die inneren Rindenschichten, soweit die Zellzahl in Frage kommt, der Norm am nächsten stehen. Es ist in meinen Fällen wenigstens so, daß die zweite Schicht generell über die ganze Rinde gelitten hat, ebenso die äußeren Partien der dritten Schicht, daß demzufolge eine Verbreiterung der Molekularschicht und eine Sklerosierung derselben aufgetreten war und daß auch die feinen Fasernetze der Peripherie — die superradiären Flechtwerke — inkl. dem äußeren Baillargerschen Streifen gelitten hatten.

Ich möchte nun diese Befunde vergleichen mit solchen eines Falles amaurotischer Idiotie. Es handelt sich also um die Feststellung, welche Zellschichten in erster Linie gelitten haben und zweitens, ob sich der Prozeß in verschiedenen Rindenschichten gleichmäßig ausbreitet.

Aus der Literatur konnte ich Genaueres über diese Fragen, soweit das ganze Gehirn in Betracht kommt, nicht eruieren, obwohl in einzelnen Arbeiten auch diesbezüglich kleine Notizen vorhanden sind. Wenn ich sie nicht erwähne, so hat das seinen Grund, um diese kleine Studie nicht übermäßig auszudehnen, vor allem aber, weil es sich immer nur um einzelne Areale und nicht um das ganze Gehirn handelt.

In meinem Falle kann man sagen, daß die Molekularschicht unter allen Umständen verbreitert und sklerotisch ist. Sie hat eine höckerige Oberfläche und wenn auch die Markscheidenfärbung keine sehr verläßliche ist, da es sich hier nur um Aushilfsfärbungen handelt, so kann man schon aus dem Umstande der mächtigen Sklerose der äußeren Partien auf einen schweren Ausfall der feinen Fasern schließen. Sehr auffällig ist das Auftreten protoplasmatischer Gliazellen in diesen Gebieten. Ich war anfangs der Meinung, daß sich hier eine Differenz in den verschiedenen Teilen zeigt. Bei genauerer Durchsicht aber, besonders wenn man mehrere Präparate angesehen hat, zeigt sich, daß protoplasmatische Gliazellen der äußeren Molekularschicht überall zu finden sind, aber deren Intensität gelegentlich schwankt.

Sehr interessant ist das Verhalten der zweiten Schicht. Man sieht in der zweiten Schicht die meisten Zellausfälle. Außerdem kann man erkennen, daß in der zweiten Schicht wohl noch viele Zellen vorhanden sind, die den Pyramidencharakter erkennen lassen, wobei sich aber zeigt, daß solche Zellen mit Pyramidencharakter auffällig geschrumpft und deformiert sind. Selbstverständlich ist nicht zu leugnen daß in dieser Schicht auch Zellen sich finden, die die typischen Veränderungen der amaurotischen Idiotie erkennen lassen.

Was nun die dritte Schicht anlangt, so sind auch hier die Ausfälle sehr groß. Auch hier kann man Zellen mit typischem Pyramidencharakter wahrnehmen. Aber je tiefer man kommt, desto mehr zeigt sich die Veränderung der amaurotischen Idiotie.

Es ist nicht zu leugnen, daß auch in den tieferen Schichten Zellausfälle zu konstatieren sind. Sie sind aber unvergleichlich geringer als jene der äußeren Schichten. Dagegen sind in den tieferen Schichten nahezu alle Zellen im Sinne der Veränderung der amaurotischen Idiotie gestört.

Versucht man nun die Veränderungen von oral nach kaudal zu verfolgen, so fällt ins Auge, daß die oralen Veränderungen entschieden stärker sind als die kaudalen, daß also der Frontallappen mehr als der Okzipitallappen gelitten hat. Ich gehe nicht auf die die Amaurose bedingenden Störungen der tiefen Schichten ein, sondern beschränke mich lediglich darauf, dasjenige was mit der Idiotie eventuell in Zusammenhang zu bringen ist, hervorzuheben. Leider ist die Faserfärbung nicht eine solche, daß ich etwas Bestimmtes darüber aussagen könnte. Aber auch ohne die Faserfärbung kann man aus diesem Falle schließen, daß bezüglich des Ausfalles ganz analoge Verhältnisse herrschen wie bei der Idiotie anderer Genese.

Man wird also schließen können, daß auch bezüglich der amaurotischen Idiotie das Schwergewicht auf eine Schädigung der Molekularschicht zu legen ist, mit schwerer Sklerose, sowie einer Schädigung der zweiten und dritten Schicht, welche die meisten Zellausfälle aufweisen.

Interessant ist, daß auch die Pia mater schwere Veränderungen im Sinne einer Meningofibrose zeigt, die aber keineswegs im Zusammenhang steht mit den Veränderungen der Rinde, so daß wir nicht annehmen können, daß eine Korrelation zwischen den beiden herrscht.

So kann man also schließen, daß in bezug auf die Lokalisation des krankhaften Prozesses, soweit die schwerste Schädigung und der Zellausfall in Frage kommen, bei der amaurotischen Idiotie analoge Verhältnisse herrschen wie bei den anderen Formen der Idiotie.

Geht man nun die einzelnen Areale genauer durch, so ergeben sich folgende Resultate:

Ich habe die Areale 1, 2, 3 und 4 in toto geschnitten und es zeigt sich hier, daß die Molekularschicht vorwiegend Gliazellen enthält und einzelne Ausläufer von Ganglienzellen, die sehr dick sind. Ganz peripher zeigt sich eine verdichtete Lage von Glia. Es erscheint jedoch möglich, die Schichten zu differenzieren. Dabei ergibt sich, daß in der zweiten Schicht neben deutlich veränderten Zellen, wie sie der amaurotischen Idiotie eigen sind, noch einzelne vom Pyramidencharakter zu erkennen sind. Aber die gesamte Zellzahl ist sehr gering. Man sieht eigentlich immer nur Häufchen von Zellen nebeneinanderliegen, dazu deutliche Astrozyten und dichtes Glianetz. Je tiefer man kommt, desto weniger Pyramiden, desto mehr veränderte Zellen. Die meisten Ausfälle sind in der dritten Schicht zu erkennen. Auch hier sind noch Zellen von deutlichem Pyramidencharakter zu sehen. Aber ein großer Teil der Zellen zeigt schon die klassischen Veränderungen. Es ist interessant, daß diese Veränderungen an der Gegenseite des Spitzenfortsatzes beginnen, d. h. an der Basis der Zellen. Viel reicher ist dort, wo sie vorhanden ist, die vierte Schicht. Allerdings besteht sie aus vollständig veränderten Zellen, während in der sechsten Schicht die Zellveränderung noch eine verhältnismäßig geringfügigere, wenn auch deutliche ist.

Man kann also sagen, wenn man die motorische und die sensible Region betrachtet, daß die äußeren Schichten auffällige Zelldefekte und neben noch einzelnen erhaltenen Pyramidenzellen, schwer veränderte Zellen aufweisen, daß die inneren Schichten viel reicher an Zellen sind, alle aber den Typus, der bei der amaurotischen Idiotie gekannten Veränderung aufweisen und daß nur die sechste Schicht vielleicht diese Veränderung in geringerem Maße zeigt. Sehr interessant ist das Verhalten der Gefäße. Man sieht die Gefäße alle gleichsam in einem Hohlraum liegen. Die Peripherie dieses Hohlraumes wird durch verdichtete Glia gebildet. In dem Innern dieses Hohlraumes liegt gewöhnlich ein feines Netzwerk von Fasern, am ehesten als Glia zu bezeichnen.

Die Faserfärbung wurde nur nach SPIELMEYER vorgenommen. Es zeigen sich die Radien wohl blaß, aber ganz deutlich vorhanden, während das gesamte Rindengrau nur sehr wenige Fasern erkennen läßt. Es ist allerdings die Methode vielleicht daran Schuld, denn auch die Körnchen in den Zellen, die sonst eine sehr dunkle Farbe anzunehmen pflegen, sind hier nur sehr mäßig am Markscheidenpräparat gefärbt.

Areal 8.

Hier zeigt die Pia eine Verbreiterung und ein lockeres Maschenwerk, das in seinem Innern eine Reihe verschiedenartiger Zellen, besonders Pigmentzellen, enthält. Die meisten dieser Zellen sind mesodermaler Natur. Auch hier ist die Molekularschicht verbreitert, die zweite Schicht deutlich als solche erkennbar, zeigt große Ausfälle. Die Mehrzahl der Zellen läßt hier schon den Charakter der typischen Zelle bei amaurotischer Idiotie erkennen. Einzelne zeigen noch Pyramidencharakter, aber diese sind vollständig geschrumpft. Den größten Ausfall hat wieder die dritte Schicht, bei der alle Zellen umgewandelt sind. Nur einige wenige zeigen Pyramidencharakter ohne schwere Schädigung. Es ist ganz interessant, wie mitten im Haufen veränderter Zellen immer eine oder die andere Zelle von typischem Pyramidencharakter auftaucht. Auch hier ist der Prozeß in den tieferen Schichten vollständig entwickelt. Aber die Ausfälle sind lang nicht so groß in der vierten Schicht sowie in der fünften und sechsten als in der dritten Schicht. Allerdings lassen sich hier in der sechsten Schicht ebenfalls Ausfälle erkennen. Das Verhalten der Gefäße ist das gleiche wie in dem vorigen Areal.

Auch hier zeigt das Spielmeyerpräparat wohl im Markstrahl erhaltene Fasern, in den Radien jedoch keine Faserung, was sicherlich zum Teil Schuld der Färbung ist, da auch hier an den Zellen, die mit Hämatoxylin sich schwärzlich färbenden Körnchen eine sehr geringe Ausprägung zeigen.

Areal 9.

Pia und Molekularschicht wie früher. Hier ist der Ausfall an Zellen ein weitaus größerer als in den vorigen Schnitten. Man sieht in der zweiten Schicht nur Grüppchen von Zellen, auffallend viele vom Pyramidencharakter, ohne die gewohnte Veränderung. In der dritten Schicht sind auch solche Zellen von Pyramidencharakter. Aber es sind hier fast nur Lücken vorhanden. Nur in den tieferen Ebenen sind einige große Pyramidenzellen zu sehen. Auch die inneren Schichten zeigen hier eine auffallende Zellverarmung. Aber die inneren Schichten lassen zum Teil auch die typische Veränderung der amaurotischen Idiotie erkennen. Man kann hier also beinahe von einem Schwunde der äußeren Zellschichten sprechen, bei einer verhältnismäßig geringen Ausbildung der inneren Schichten. Das ganze Gewebe erscheint gliös, fleckig. Das Weigertpräparat läßt keinerlei Differenzen gegenüber den anderen geschilderten erkennen.

Areal 10 (Abb. 1).

Die Pia ist deutlich verbreitert, vorwiegend bindegewebige Verdichtung, verhältnismäßig geringfügiges Infiltrat. Die gliöse Rindenschicht ist verdichtet. Hier sind in der zweiten Schicht verhältnismäßig viele Zellen in Pyramidenform erhalten. In der dritten Schicht sind die Ausfälle mächtiger, aber auch hier sind mehr Pyramidenzellen als in den früheren Präparaten. Die tiefen Schichten sind noch reicher an Pyramidenzellen. Wenn man zwei nebeneinandergelegene Windungen betrachtet, so ist der Unterschied ein besonders auffälliger, indem die peripheren Windungen mehr Pyramidenzellen enthalten als die zentralen. Es ist hier kein Zweifel, daß die tieferen Schichten drei, vier und fünf die stärkst veränderten Zellen enthalten. Aber auch in der sechsten Schicht sind sehr viele veränderte Zellen, wenn auch noch viele normale dabei sind. Es fällt immer wieder auf, daß die Veränderung in der dem Spitzenfortsatz entgegengesetzten Seite beginnt. Das Spielmeyerpräparat dieses Gebietes unterscheidet sich in diesem Areal in nichts von dem der anderen Gebiete.

Areal 38 (Abb. 2).

In diesem Areal fallen große Zellen in der Molekularschicht auf, die nicht ganz den Typus der Gliazellen zeigen, jedenfalls aber doch Gliazellen sind, da sie nicht die Entartung der anderen Zellen aufweisen. Außerdem sieht man in der zweiten Schicht fast alle Zellen verändert, in der dritten Schicht starke Ausfälle, nahezu alle Zellen verändert. Auch in den übrigen Schichten gilt dasselbe, so daß hier tatsächlich fast das ganze Gebiet schwerst getroffen

ist. Und doch hat man, wenn man bei schwächerer Vergrößerung ein Nißlpräparat anschaut, den Eindruck einer verhältnismäßig normalen Rinde. Auffällig
ist nur die Gliose der peripheren Schicht. Wir haben tatsächlich im Areal 39
das bisher schwerst veränderte Gebiet vor uns. Die gliöse Rindenschicht ist
tatsächlich hier verbreitert. Es zeigt sich auch ein perivaskuläres Ödem und
ein Ödem in der Rinde selbst. Hier ist der Markstrahl verhältnismäßig wenig
gut entwickelt.

Abb. 1. Areal 10 (Brodmann). Auffallende Zellverarmung

Areal 40.
Auch dieses Areal zeigt zum größten Teil sehr mächtige Gliazellen in der
Molekularschicht. Auch in der Schicht der kleinen Pyramidenzellen sieht
man bereits eine Veränderung, die, je tiefer wir kommen, desto stärker wird,
also ein analoges Verhalten, wie eben beschrieben. Betrachtet man die Gliazellen in der Molekularschicht genauer, so zeigt sich, daß es sehr große plasmatische Zellen sind mit stacheligen Fortsätzen. Auch die Glia in der
Tiefe ist beträchtlich vermehrt.
Areal 20.
Hier sind wieder mehr Zellen in ihrer Pyramidenform erhalten. Aber es ist
doch die Mehrzahl schwer verändert. Zahlreiche Zellausfälle zeigen sich und

der Typus der veränderten Zellen ist der klassische. Sonst keine Veränderung von dem Gebräuchlichen.

Areal 21.

Dieses Areal zeigt die Veränderung der Rinde durch die ganze Breite. Hier sieht man nicht nur an der Oberfläche, sondern auch in der Tiefe zahlreiche plasmatische Gliazellen mit stacheligen Dendriten. Hier sind die Markstrahlen etwas besser erhalten, aber Radien zur Rinde finden sich nicht.

Areal 41.

Dieses Areal zeigt erstens in der Molekularschicht nicht so viele Astro-

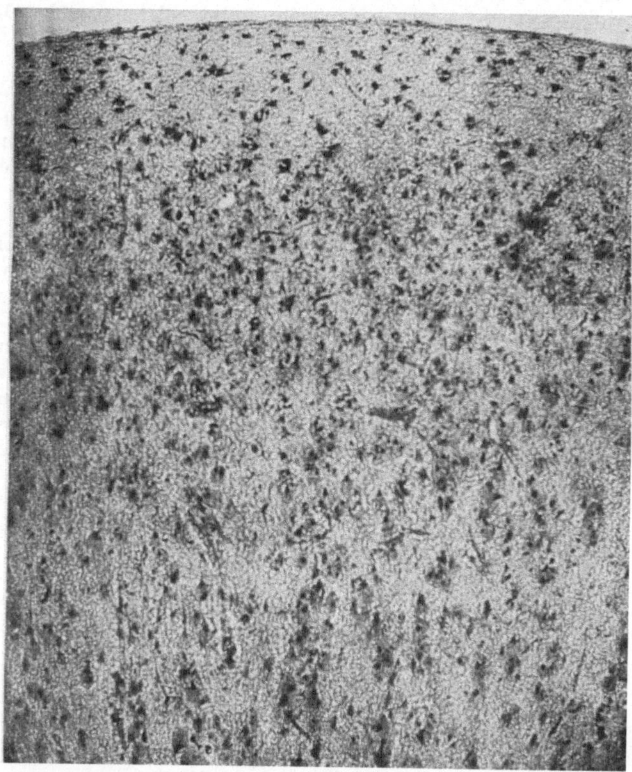

Abb. 2. Areal 38. Man beachte die Zellen der molekularen Schichte

zyten. In der zweiten Schicht zeigen sich noch deutlich einige intakte Zellen, aber sonst ist das ganze Gebiet schwer affiziert, zeigt nur umgewandelte Zellen, allerdings viele davon im Beginn. In der Tiefe sieht man die Veränderung nicht so intensiv wie in der Mitte des Querschnittes der Rinde. Deutlich perivaskuläres Ödem. Das Markscheidenpräparat zeigt keine wesentliche Veränderung gegenüber den anderen bisher beschriebenen.

Areal 42.

Dieses Areal verhält sich wieder ähnlich dem Areal 39 mit starken Astorzyten, schweren Veränderungen der Ganglienzellen schon in der zweiten Schicht, mehr noch in der dritten und den tieferen Schichten. In den tieferen Schichten

25*

ist überhaupt keine Zelle mehr der Norm entsprechend. Auch hier sind in der Tiefe Astrozyten. Deutliches Ödem der Rinde. Die Spielmeyerpräparate sind nicht sonderlich gelungen.

Das Ammonshorngebiet gehört, soweit die äußersten Schichten in Frage kommen, mehr in jene Areale, die eine verhältnismäßig geringe Affektion der zweiten Schicht aufweisen. Das ist jedoch nur scheinbar. Denn auch hier zeigt sich das Randgebiet sklerotisch und die Zellen nahezu alle zum Teil im Beginn, zum Teil in weit fortgeschrittenem Stadium verändert. Die dritte Schicht zeigt gewaltige Ausfälle, die inneren Schichten sind total affiziert.

Das Hypokampusgebiet verhält sich analog. Hier ist der Markstrahl fast gar nicht gefärbt.

Areal 17.

Dieses Areal erweist sich in seiner Totalität verändert. In der Molekularschicht sind allerdings nicht sehr viele Astrozyten wie in den anderen Gebieten. Dafür ist aber auch schon die zweite Schicht ohne eine normale Pyramidenzelle. Das ganze Gebiet ist vollständig im Sinne der amaurotischen Idiotie verändert und zeigt eine ziemlich starke Gliose. Der Markstrahl ist kaum gefärbt.

Zur Ergänzung sei noch das Kleinhirn angeführt, und zwar die Lobi semilunares. Die Molekularschicht läßt eigentlich verhältnismäßig wenig Veränderungen erkennen. Die Purkinjeschen Zellen sind vollständig verändert. Auch im Gebiete der Körner sieht man große veränderte Zellen. Die Körner zeigen sonst einen mächtigen Schwund, soweit sie aber vorhanden sind, lassen sie sich als ziemlich normal erkennen. Die Pia im Kleinhirn zeigt keine sehr wesentlichen Veränderungen. Sie ist nur etwas dicker als normal. Dagegen zeigen die Spielmeyerpräparate die Markstrahlen hier besser als im Großhirn. Allerdings nur in der Tiefe. Die zu den einzelnen Läppchen ziehenden sind entmarkt.

Über die Folgen der Unterbindung der Arteria spinalis ventralis

Von

Dr. **Ikutaro Takagi**, Nagoya (Japan)

Trotz vielfältiger Beobachtungen am kranken Menschen und im Tierversuch ist das Zustandekommen der Störungen in der Funktion der tieferen Reflexzentren des Rückenmarks nach hohen Querschnittaffektionen desselben noch immer kontrovers. Wenn auch die GOLTZsche Hypothese, daß die nach querer Durchtrennung auftretende initiale Depression der spinalen Reflexfunktionen auf Hemmungswirkung infolge Reizung absteigender Rückenmarksbahnen zurückzuführen sei, ziemlich verlassen ist (ausführliche Erörterung dieser Fragen bei SPIEGEL) und mit SHERRINGTON angenommen werden kann, daß der Wegfall fördernder Impulse aus höheren Teilen des zentralen Nervensystems in der Hauptsache dem Schock zugrunde liege, so muß doch auch die Bedeutung der durch den Eingriff gesetzten Gefäßschädigung berücksichtigt werden.

Die Tatsache, daß es geräde Verletzungen kaudal von der Brücke sind, welche am Rückenmark die Erscheinungen des Schocks zur Folge haben, brauchte nicht bloß damit zusammenhängen, daß aus der Brücke oder dem Mittelhirn stammende Impulse unterbrochen werden. Denn wenn wir bedenken, wie empfindlich die nervöse Substanz, insbesondere die Ganglienzelle, gegenüber Zirkulationsstörungen ist, so könnte am Zustandekommen des Schocks nach hohen Querschnittverletzungen des Rückenmarks auch der Umstand teilhaben, daß die zum Rückenmark hinabziehenden Längsarterien, die ja gerade kaudal von der Brücke aus den Vertebralarterien entspringen, durchtrennt und dadurch die kaudal von der Verletzung gelegenen Segmente in ihrer Blutversorgung geschädigt werden. Um die Bedeutung dieses Faktors zu analysieren, wurde in der vorliegenden Untersuchung auf Veranlassung von Herrn Doz. Dr. SPIEGEL die Unterbindung der Arteria spinalis ventralis, der wichtigsten Längsarterie des Rückenmarks, in der Höhe des ersten Halswirbels vorgenommen. Als Versuchstiere wurden Hunde gewählt, weil bei diesen Tieren die Längsarterien gut entwickelt sind und sie auch eingreifende Rückenmarksoperationen relativ gut überstehen.

Um den Zugang zur ventralen Fläche des Rückenmarks zu erleichtern, wurde zunächst in die Trachea eine Kanüle eingeführt, so daß die Trachea bzw. der Kehlkopf ohne Gefährdung der Atmung stark zur Seite gezogen werden konnte. Es erfolgte nun, möglichst unter stumpfer Präparation, die Darstellung der tiefen Halsmuskeln, die weiters von den Wirbelkörpern seitlich abgeschoben wurden, so daß schließlich die Ventralfläche der obersten Halswirbel frei lag und der ventrale Bogen des ersten Halswirbels sowie der Dens epistrophei abgekneipt werden konnten. Nach vorsichtiger Freilegung und Inzision der Dura konnte die vordere Spinalarterie zur Ansicht gebracht und unterbunden werden. Nach Duranaht, tiefer Muskelnaht, Entfernung der Trachealkanüle und Verschluß der Trachealwunde beschlossen Muskel- und Hautnaht den Eingriff.

Zwei Versuchsprotokolle seien auszugsweise aus dieser Serie (im ganzen acht Tiere) mitgeteilt.

Hund Nr. VI.

2./V. 1927. Unterbindung der Arteria spinalis anterior nach der eingangs beschriebenen Methode. Das Tier zeigt schon am Operationstag spontane Beweglichkeit aller vier Extremitäten, wird aber zur Vermeidung von Nachblutungen liegen gelassen.

3./V. Der Hund liegt mit nach links konkaver Wirbelsäule. Aus dem Käfig genommen, geht er langsam, wobei die linken Extremitäten etwas einknicken. Pat. SR beiderseits gut auslösbar. Sehnenreflexe an den vorderen Extremitäten weniger deutlich, aber doch auslösbar. Verstellt man die Vorderpfoten auf das Dorsum, so werden sie nach einer etwas verlängerten Latenz (20 bis 30'') reponiert.

4./V. Der Hund läuft recht gut. Läßt man die beiden Hinterextremitäten von einem Tisch herunterhängen, so werden sie erst nach längerer Zeit hinaufgezogen. Stellt man die rechte Hinterpfote auf das Dorsum, so bleibt sie lange in dieser Lage, die linke Hinterpfote wird prompt reponiert. Die Reposition der Vorderpfoten erfolgt gut, wenn auch etwas verzögert.

6./V. Das Tier läuft prompt nicht nur auf einer ebenen Fläche, sondern auch stiegenabwärts. Es ist dagegen schwer dazuzubringen, die Stiege hinaufzulaufen, springt dabei immer zuerst mit beiden Vorderextremitäten und dann erst mit den beiden hinteren. Springt prompt vom Sessel auf den Boden, ohne umzufallen oder auszugleiten. Stellen der Pfoten auf das Dorsum wird an allen Pfoten prompt korrigiert. Keine sichere Reaktion auf Stiche.

9./V. Wie früher. Auf Stiche zuckt er zusammen, sowohl bei Stich in die vorderen als auch in die hinteren Extremitäten. Sehnenreflexe an den Vorder- und Hinterextremitäten prompt auslösbar. Er geht gut treppenauf- und -abwärts.

17./V. Wie früher, sehr munter. Beim Herunterspringen von einem Tisch knickt er mit den vorderen Extremitäten etwas ein, ohne aber umzufallen.

23./V. Knickt noch etwas mit dem Vorderbein ein, wenn er von einem Tisch herunterspringt. Läuft sehr gut die Stiege hinauf und hinunter, besonders wenn er durch vorgehaltenen Zucker oder Fleischstücke gelockt wird. Umlegen der Pfoten wird prompt korrigiert. Er vermag sich auf den Hinterpfoten aufzustellen, wenn man ein Stück Kuchen über ihn hält.

Tötung: Die Sektion ergibt Unterbindung der Arteria spinalis ventralis bei c_1.

Histologische Untersuchung von c_1, c_2, c_8, $l_{5/6}$.

Im ersten Zervikalsegment zeigt sich die Arachnoidea an der ventralen Fläche des Rückenmarks verdickt, von einem mäßig entwickelten, mononukleären Infiltrat durchsetzt. Ventral vom Sulcus anterior sind Querschnitte kleiner, anscheinend neugebildeter Gefäße bemerkbar. Die weiße Substanz zeigt auf der einen Seite einen kleinen keilförmigen Erweichungsherd, dessen Peripherie etwa der Lage des Tr. spino-thalamicus entspricht, dessen Spitze in die Übergangszone von Vorder- und Hinterhorn reicht. In der grauen Substanz sind einzelne Vorderzellen geschrumpft, andere zeigen besonders in den Randpartien Tigrolyse.

In C_2 finden sich weniger Gefäßneubildungen. Der oben geschilderte Erweichungsherd ist verschwunden. Auch sind die Vorderhornzellen hier schon besser erhalten. In c_8 und im Lumbalmark sind keine pathologischen Veränderungen nachweisbar.

Hund Nr. VIII.

5./V. 1927. Unterbindung der Arteria spinalis anterior; starke Blutung infolge Einreißen des Gefäßes, die aber durch Tamponade mit Coagulen-Tupfern und mit Muskelstückchen gestillt wird. Sonst typische Operation. Das Tier wird wegen der Blutung an diesem Tage nicht mehr untersucht.

6./V. Sitzt im Käfig, macht einzelne spontane Bewegungen, wird noch nicht weiter untersucht.

9./5. Geht gut im Zimmer umher, auch stiegenauf- und -abwärts. Bei Verstellen der Pfoten auf das Dorsum werden die Vorderpfoten nicht, die hinteren prompt korrigiert. Trizeps- und Patellarreflex positiv. Das Tier zuckt bei Stich in die Glieder.

17./V. Läuft munter herum. Springt auch gut vom Tisch herunter. Verstellen der Vorderpfoten auf das Dorsum wird noch nicht korrigiert. Es scheint eine gewisse Hypotonie der Handgelenkstrecker zu bestehen, sonst Tonus gut.

23./V. Läuft und springt sehr gut. Verstellen der Pfoten auf das Dorsum wird nun auch an der vorderen Extremität gut korrigiert. Er stellt sich auf die Hinterextremitäten auf, um die Pfoten zu heben, läuft rasch treppab- und -aufwärts. Promptes Zurückziehen der Beine auf Stich.

Tötung: Die Sektion zeigt, daß die Unterbindung bei c_1 erfolgte.

Histologische Untersuchung von c_1, c_2, c_8, l_5.

Das erste Halssegment zeigt an der ventralen Fläche eine mächtige Bindegewebsschwarte, in der nekrotische Muskelstückchen eingebettet sind. Zahlreiche Gefäßneubildungen in der Umgebung dieser Schwarte. Auf der einen Seite zeigt das Rückenmark einen Erweichungsherd, der den Vorderstrang und das Vorderhorn einer Seite betrifft und auf den Seitenstrang übergreift. Im Vorderhorn der Gegenseite sind die Zellen ungleichmäßig gefärbt, zeigen Tigrolyse, unscharfe Begrenzung einzelner Kerne.

Im untersten Teil dieses Segments tritt die Arteria spinalis ventralis wieder auf und ist von der Erweichung nur mehr ein kleiner Herd im Seitenstrang zu sehen.

Im zweiten Halssegment findet sich ein kleiner Erweichungsherd an der Hinterhornbasis der einen Seite. Die Vorderhornzellen sind schon viel besser erhalten, zeigen in der Hauptsache ein gut gefärbtes Tigroid.

Im Bereiche des 8. Halssegmentes sind graue und weiße Substanz schon so ziemlich der Norm entsprechend.

Im Lumbalmark findet sich nur an einzelnen Vorderhornzellen unscharfe Begrenzung der Kerne, nur stellenweise eine leichte Aufhellung des Tigroids, sonst normale Verhältnisse.

Überblicken wir unsere Versuche, so zeigt sich, daß die Operationsfolgen auffallend gering sind. Schon an dem Operationstag ist spontane Beweglichkeit der Extremitäten festzustellen. Die Sehnenreflexe bleiben erhalten. Schon am Tage nach der Operation vermag beispielsweise Hund VI zu gehen, die geringgradigen Störungen in der Reposition der aufs Dorsum gelegten Pfoten bildeten sich rasch zurück, auch komplizierteren Anforderungen an das Gangvermögen (Stiegensteigen) bzw. die Standfestigkeit (Herabspringen vom Sessel, Tisch) kommen die Tiere schon nach wenigen Tagen nach. Histologisch sind gröbere Veränderungen (kleine Erweichungsherde, Tigrolyse und Kernveränderungen an den Vorderhornzellen) nur in dem der Unterbindung entsprechenden Rückenmarksabschnitt feststellbar, während die Zellen der tieferen Segmente sich ziemlich normal erweisen.

Dem Moment der Zirkulationsstörung nach Läsion der Arteria spinalis ventralis scheint also, beim Hunde wenigstens, bei Entstehung des Schocks nach hohen Querschnittläsionen nur eine unbedeutende Rolle zuzukommen. Bedenken wir nun, daß beim Hunde noch nach Unterbindung aller vier Gehirnarterien das Gehirn von den Interkostalarterien durch die Spinalnervenarterien und weiters durch eine in der Arteria spinalis ventralis zur Arteria basilaris rückläufig gerichtete Zirkulation genügend Blut erhalten kann (Versuche von Hill, Mott und Hill, Wood und Carter), daß also die Längsarterien beim Hund als recht gut entwickelt anzusehen sind, so scheint es um so interessanter, daß nach Unterbindung der mächtigsten Längsarterie keine gröbere Funktionsstörung auftritt. Dies steht mit einer Beobachtung von Rothmann in Übereinstimmung, daß nach Einstich in den ventralen Abschnitt des Rückenmarks, wobei die Arteria spinalis ventralis allerdings erst weiter kaudal durchtrennt wurde, der betreffende Hund noch gut laufen konnte.

Bedenken wir, daß bei manchen Tieren, wie beispielsweise beim Kaninchen, die spinalen Längsarterien noch geringer entwickelt sind, so wird die Bedeutung der Zirkulationsschädigung für die Entstehung des Rückenmarksschocks für diese Tiere wohl zumindest ebenso gering einzuschätzen sein. Demnach scheinen diese Versuche darauf hinzuweisen, daß bei der Entstehung des Schocks, wie dies Spiegel neuerdings näher ausführt, die Unterbrechung von Erregbarkeit-fördernden bzw. erhaltenden Faserzügen, bzw. noch schwer darstellbaren „Fernwirkungen" die Hauptrolle spielen.

Literaturverzeichnis:

Hill, L.: Transact. Phil. Roy. Soc. London. 193, B. 69. 1900. — Mott, F. W. u. Hill, L.: Journ. of phys., 23, XIX. 1898. — Rothmann: Arch. f. (Anat. u.) Physiol., S. 365. 1900. — Sherrington, C. S.: Integrative action. London 1906. — Spiegel, E. A.: Experimentelle Neurologie. Berlin: Karger. 1928. — Wood u. Carter: Journ. of exp. med., 2, 131. 1897.

Verantwortlicher Schriftleiter: Professor Dr. Otto Marburg, Wien, I., Operngasse 4. — Eigentümer, Herausgeber und Verleger: Verlag Julius Springer, Wien, I., Schottengasse 4. Manzsche Buchdruckerei, Wien, IX., Lustkandlgasse 52.

Gedanken zur Naturphilosophie. Von Professor Dr. med. et phil. **Paul Schilder**, Wien. 133 Seiten. 1928. RM 7,80

Inhaltsverzeichnis. Erster Teil: Das Unbelebte: Vorbemerkung. — Die Masse. — Die Kraft. — Energie. — Actio in distans, Kontinuität und Diskontinuität. — Die Erhaltung der Energie. — Der zweite Satz der Thermodynamik. — Die Wahrscheinlichkeit. — Die Qualitäten. — Das psychophysische Problem. — Das Raumproblem und das Zeitproblem. — Zweiter Teil: Das Belebte: Der Organismus. — Die Bewegung. — Über den Realitätswert der Wahrnehmung. — Soma und Keimplasma. — Vererbung erworbener Eigenschaften - Modifikation. — Vererbung erworbener Eigenschaften. — Der Instinkt. — Problem der Weichenstellung. — Die Vererbungssubstanz. — Mutation. — Konvergenz. — Kampf ums Dasein - Darwinismus. — Lamarckismus. — Gedächtnis, Denken, Art. — Trieblehre. — Lust, Unlust, Einverleibung und Ausstoßung. — Das Bewußtsein. — Tod. — Geschlechtlichkeit. — Männlich — weiblich. — Zweck und Welt.

Die Lagereflexe des Menschen. Klinische Untersuchungen über Haltungs- und Stellreflexe und verwandte Phänomene. Von Dr. med. **Hans Hoff**, Sekundararzt der psychiatrisch-neurologischen Klinik der Universität Wien und Dr. med. et phil. Professor **Paul Schilder**, Assistent der psychiatrisch-neurologischen Klinik der Universität Wien. Mit 20 Abbildungen im Text. 186 Seiten. 1927. RM 12,—

Subordination, Autorität, Psychotherapie. Eine Studie vom Standpunkt des klinischen Empirikers. Von Professor Dr. **Erwin Stransky**, Wien. IV, 70 Seiten. 1928. Abhandlungen aus dem Gesamtgebiet der Medizin. RM 4,80

Jahrbücher für Psychiatrie und Neurologie. Organ des Vereines für Psychiatrie und Neurologie in Wien. Herausgegeben von F. Hartmann, Graz, C. Mayer, Innsbruck, O. Pötzl, Prag, J. Wagner-Jauregg, Wien. Redigiert von E. Pollak, Wien und E. Raimann, Wien. Die Jahrbücher erscheinen in einem Gesamtumfang von jährlich etwa 20 Bogen, in 3 oder 4 einzeln berechneten Heften. 46. Band, Erstes Heft (Ausgegeben am 6. Juni 1928). Mit 11 Textabbildungen. 112 Seiten. RM 18,—

Inhaltsverzeichnis. L. Eidelberg und A. Kestenbaum Konvergenzreaktion der Pupille und Naheinstellung. H. Hoff und E. Stransky Studien über den Joddurchgang und die Jodausscheidung auf dem Harnweg bei Psychosen. J. Schuster Über Erfahrungen mit der Malariatherapie Wagner von Jaureggs. F. Halpern Zur Frage der Manègebewegungen beim Menschen. Jahn H. van. Eeden Isolierte Pagetsche Erkrankungen des Schädels mit Stirnhirnerscheinungen und Korsakowschem Symptomenkomplex. H. Herschmann Die Unterbringung der unzurechnungsfähigen und vermindert zurechnungsfähigen Rechtsbrecher. R. Dangl Die Unterbringung der unzurechnungsfähigen und der vermindert zurechnungsfähigen Kriminellen. Sitzungsberichte des Vereines für Psychiatrie und Neurologie in Wien, Sitzungen vom 15. März 1927, 12. April 1927, 10. Mai 1927, 24. Mai 1927, 14. Juni 1927. Referate.

J. v. Wagner-Jauregg anläßlich seines 70 jährigen Geburtstages gewidmetes Heft 28 der Wiener klinischen Wochenschrift. RM —,60

Inhalt: Behring, Kritisches zur Malariabehandlung der Syphilis. Bonhoeffer, Über Dissoziation der Schlafkomponenten bei Postenzephalitikern. Bumke, Über die gegenwärtigen Strömungen in der Psychologie. Foerster, Das operative Vorgehen bei Tumoren der Vierhügelgegend. Jahnel, Über die Möglichkeit von Syphilisübertragung durch Paralytiker und Tabiker. Jakob, Zum Problem der malariabehandelten Paralyse. Mingazzini, Über das Zwangsweinen und -lachen. Nonne und Demme, Degenerative Myelitis nach Spinal-Anästhesie. Plaut, Das Nervensystem als Bildungsstätte für Antikörper bei Rekurrens. Pötzl, Über die Großhirnprojektion des horizontalen Gesichtsfeldmeridians. Spielmeyer, Das Interesse am Studium der Kreislaufstörungen im Gehirn und die Paralyse-Anatomie. Weygandt, Soziale Einschätzung paralytischer Akademiker nach Infektionsbehandlung. Harmer, Die absoluten Indikationen für die Nottracheotomie und deren einfachste Ausführung durch den praktischen Arzt.